国家工程技术研究中心建设与治理

▶▶▶ 欧阳欢　主编

中国农业科学技术出版社

图书在版编目（CIP）数据

国家工程技术研究中心建设与治理／欧阳欢主编 . —北京：中国农业科学技术出版社，2018.6

ISBN 978-7-5116-3702-4

Ⅰ.①国…　Ⅱ.①欧…　Ⅲ.①农业工程-研究中心-建设-中国　Ⅳ.①S-242

中国版本图书馆 CIP 数据核字（2018）第 104845 号

责任编辑　徐　毅
责任校对　李向荣

出　版　者　中国农业科学技术出版社
　　　　　　北京市中关村南大街 12 号　邮编：100081
电　　　话　（010）82106636（编辑室）　　（010）82109702（发行部）
　　　　　　（010）82109709（读者服务部）
传　　　真　（010）82106631
网　　　址　http://www.castp.cn
经　销　者　各地新华书店
印　刷　者　北京富泰印刷有限责任公司
开　　　本　710mm×1 000mm　1/16
印　　　张　16.5
字　　　数　300 千字
版　　　次　2018 年 6 月第 1 版　2018 年 6 月第 1 次印刷
定　　　价　50.00 元

◄━━◄ 版权所有·翻印必究 ►━━►

《国家工程技术研究中心建设与治理》
编委会

主　编：欧阳欢

编　委：龙宇宙　　孟晓艳　　蔡胜忠　　庞玉新

　　　　王凯丽　　林爱华　　余树华　　林立峰

　　　　汪秀华　　白菊仙　　朱安红　　袁晓军

　　　　曾宗强　　何斌威　　李希娟　　符静静

内容摘要

国家工程技术研究中心作为国家创新体系建设和国家重大创新基地的重要组成部分，秉承加强科技与经济结合、促进科技成果转化的宗旨。经过 20 多年建设发展，国家工程技术研究中心在推动传统产业技术水平提升，促进新兴产业崛起，培养工程技术人才队伍等方面均取得了显著成效。但也存在着发展不平衡不充分的矛盾，成为新时期需着力解决的课题。本书基于我国实施创新驱动发展战略，建设创新型国家，推动国家治理现代化大背景，系统梳理我国国家工程技术研究中心建设与发展现状，并以国家重要热带作物工程技术研究中心为重点案例，理论与实践相结合，分析其发展存在的主要问题，探讨其在新时期建设与治理的新思路、新路径和新举措。系统回答了新时代建设和发展什么样的国家工程技术研究中心，如何建设和治理国家工程技术研究中心的问题，从而推动科技治理理论体系的丰富和完善，为国家科技创新基地改革发展和治理现代化提供参考借鉴。

序　言

　　科学技术是第一生产力，创新是引领发展的第一动力。当今世界，新一轮科技革命和产业变革正在孕育兴起，全球科技创新呈现出新的发展态势，创新战略竞争在综合国力竞争中的地位日益重要。科技资源开放共享、整合与开发利用能力成为影响一个国家科技进步和创新能力的重要因素。面对科技创新发展新趋势，世界主要国家都在寻找科技创新的突破口，抢占未来经济科技发展的先机，在不断加大科技创新基地投入的同时，积极推进治理体系建设。科技创新基地是国家科技创新体系的重要组成部分，是实施创新驱动发展战略的重要基础和保障，是提高国家综合竞争力的关键。

　　国家工程技术研究中心是以技术创新、成果转化为主的科技创新基地。20世纪80年代，美国国家科学基金会为促进"大学—产业"联系、加强跨学科合作及改革高等工程教育，依托大学建立了工程研究中心这一合作研发组织形式。为探索科研与生产结合的有效形式和新的运行机制，促进我国科研成果向现实生产力的转化，国家发展改革委（原国家计委）1988年开始尝试进行国家工程研究中心建设，并逐步形成计划，依托具有雄厚实力的科研院所、大学或企业建设了130多个国家工程研究中心，使其成为产业共性技术开发、科技成果产业化的重要平台。1991年，科技部（原国家科委）发布《中华人民共和国科学技术发展十年规划和"八五"计划纲要》，依托行业、领域科技实力雄厚的重点科研机构、科技型企业或高等院校开始组建国家工程技术研究中心。截至2015年年底，共建成国家工程技术研究中心346个，包括分中心在内359个。国家工程技术研究中心成为我国国家创新体系建设和国家重大创新基地的重要组成部分。同时，全国大部分省、自治区、直辖市也陆续建立了多家省级工程技术研究中心，并形成我国重要的科技创新基地。

　　经过近20多年的建设与发展，国家工程技术研究中心很好地发挥了促进科技成果转化功能和辐射、带动作用，在提高自主科技创新能力、工程化及产业化能力、提高传统产业技术水平、促进新兴产业崛起，培养工程技术人才队伍，建设创新型国家等方面作出了重大贡献。同时，从总体来看，现阶段，我国国家工程技术研究中心运行中存在的主要矛盾是创新驱动发展对技术转化类科技创新基地的需求和国家工程技术研究中心发展不平衡不充分这两者间的矛盾，我国科技创新基地建设与发达国家仍然存在较大差距，这是新时期推进我国科技治理现代化的主要制约因素。

党的十九大报告指出，经过长期努力，中国特色社会主义进入了新时代，这是我国发展新的历史方位。明确要坚定实施创新驱动发展战略，加快建设创新型国家，推进国家治理体系和治理能力现代化。新时代创新趋势和现实需求要求科技管理向科技治理转变。习近平总书记强调指出："在新一轮全球增长面前，唯改革者进，唯创新者强，唯改革创新者胜。""科技创新、制度创新要协同发挥作用，两个轮子一起转。"当前我国正处于建设创新型国家的决定性阶段，进入实施创新驱动发展战略的关键时期，着力推进供给侧结构性改革、加快转变经济增长方式的攻坚时期，努力推动国家治理现代化的重要时期。全社会科技创新活动对科技治理提出了更高的期望和要求。科技创新成果工程化、产业化迫切需要更高水平、治理现代化的国家科技创新基地。国家工程技术研究中心作为我国重要的科技创新基地，如何坚持解放思想、实事求是、与时俱进、求真务实，坚持辩证唯物主义和历史唯物主义，紧密结合新的时代条件和实践要求，深化体制机制改革创新，优化整合科技资源，加快推进国家工程技术研究中心建设与治理，增强自主创新能力、工程化和产业化能力，加快科技成果转化，推动科技和经济紧密结合，支撑引领国家重点产业发展，把国家战略落到实处，亟待我们加以探索和思考。

本书基于我国特色社会主义进入了新时代，我国实施创新驱动发展战略，建设创新型国家，推动国家治理现代化的大背景下，以国家工程技术研究中心为研究对象，运用创新理论、资源配置理论、公共治理理论等基础理论，通过文献分析法、比较分析法、实证研究法、规范研究法等方法，理论与实践相结合，系统梳理我国科技创新基地与国家工程技术研究中心建设与发展现状，分析其建设发展存在的主要问题，探讨其在新时期建设与治理的思路、路径和举措。并以国家重要热带作物工程技术研究中心为重点案例开展调研，总结其建设运行的做法和成效，提出进一步推进该中心建设与治理的对策和建议。系统回答了新时代建设和发展什么样的国家工程技术研究中心，如何建设和治理国家工程技术研究中心这个课题，从而推动科技治理理论体系的丰富和完善，为国家科技创新基地改革发展和治理现代化提供参考借鉴。

本书是在海南省自然科学基金项目"热带农业工程技术研究中心创新体系构

建研究"（80649）、中国热带农业科学院中央级公益性科研院所基本科研业务费专项"重要热作成果转化平台建设与运行模式研究"（1630012016008）、"国家重要热带作物工程技术研究中心运行机制研究"（1630012013009）等研究成果基础上完成的。

　　本书的选题、论证过程得到王庆煌、汪学军、李开绵、朱恩林等领导和专家的宝贵意见和指导，同时，在组织材料过程中参阅相关书刊，收集了有关科技部、海南省科技厅和从事国家工程技术研究中心研究人员撰写的素材，得到参与国家重要热带作物工程技术研究中心、各省级工程技术研究中心建设的中国热带农业科学院机关部门、院属单位同事的支持和帮助。在此，谨向上述领导、前辈和同事及所有为本书提供资料的同仁表示衷心感谢！

　　书中难免存在缺点和不足，恳请各位读者和同仁提出宝贵意见，以便更好地推进我国国家工程技术研究中心的建设与发展。

编　者

2017 年 12 月

目　　录

第一章　背景和意义

一、研究背景

（一）工程化研发发展迅速

自 20 世纪 80 年代以来，全球出现一股不可阻挡的科技产业浪潮，科学技术的发展也就更多地聚焦在成果的工程化和产业化方面，要求科技成果迅速普及与推广。美国硅谷的大部分计算机公司和集成电路公司集研究、开发、生产和销售于一体，即自我形成研究、开发、工艺、设计、产品、市场的循环，从而加快了技术创新和技术转移的进程，也逐渐形成了工程研究中心的概念。美国国家科学基金会为促进"大学—产业"联系、加强跨学科合作及改革高等工程教育，依托大学建立了工程研究中心（ERC）这一合作研发组织形式。ERC 作为重要的科技创新基地，一种带动高新技术及其产业化的重要载体，一种促进产学研合作、提高工业竞争力的制度创新形式，引起了各国的普遍关注。随后，澳大利亚、日本和奥地利等国先后组建了 ERC，并形成了以技术创新、成果转化为主的新型科技创新基地。

为探索科研与生产结合的有效形式和新的运行机制，促进我国科研成果向现实生产力的转化，国家发展改革委（原国家计委）1988 年开始尝试进行国家工程研究中心（NERC）建设，并逐步形成计划。1992 年 11 月，国家计委出台了《国家工程研究中心管理办法（试行）》，依托具有雄厚实力的科研院所、大学或企业建设一批国家工程研究中心。为规范国家工程研究中心的组建工作，2002 年 6 月，国家计委制订了《国家计委关于建设国家工程研究中心的指导性意见》，提出将在若干高技术领域有重点、有步骤地继续建设一批国家工程研究中心。为贯彻落实《中共中央国务院关于实施科技规划纲要增强自主创新能力的决定》，2007 年 3 月，国家发展改革委修订发布了《国家工程研究中心管理办法》，加强和规范国家工程研究中心建设与运行管理。目前，NERC 建设总数已达 131 个，成为产业共性技术开发、科技成果产业化的重要平台。

为探索科技与经济结合的新途径，加强科技成果向生产力转化的中心环节，缩短成果转化的周期，同时，面向企业规模生产的实际需要，提高现有科技成果的成熟性、配套性和工程化水平，加速企业生产技术改造，促进产品更新换代，为企业引进、消化和吸收国外先进技术提供基本技术支撑。1991 年，科技部（原国家科委）发布《中华人民共和国科学技术发展十年规划和"八五"计划纲要》，决定在今后十年加强工业性试验基地、工程技术研究中心和国家重点科学实验室等科研基础设施建设。自 1991 年开始组建国家工程技术研究中心（CNERC）。1993 年 2 月，为了加强对 CNERC 的组建与运行管理，充分发挥其在工程化研究开发、转化科技成果方面的作用，国家科委出台了《国家工程技术研究中心暂行管理办法》，主要依托于行业、领域科技实力雄厚的重点科研机构、科技型企业或高等院校组建国家工程技术研究中心。此后，国家有关部门又陆续出台了《关于"十五"期间国家工程技术研究中心建设的实施意见》（2001）、《国家自主创新基础能力建设"十一五"规划》（2007）、《"十二五"国家重大创新基地建设规划》（2013）等一系列有关 CNERC 的政策文件，保证了 CNERC 建设的持续推进。经过 20 多年的建设发展，截至 2015 年年底，国家工程中心总数已达 346 个，包括分中心在内 359 个，分布在全国 30 个省、自治区、直辖市。涵盖了农业、电子与信息通信、制造业、材料、节能与新能源、现代交通、生物与医药、资源开发、环境保护、海洋、社会事业等国民经济社会发展的主要行业。国家工程技术研究中心已成为我国国家创新体系建设和国家重大创新基地的重要组成部分。

与此同时，教育部、卫生部、水利部等部委也依托有关资源组建工程研究中心，教育部于 2001 年在有关高校开始组建工程研究中心，现已建设教育部级工程研究中心 370 多家。各省、自治区、直辖市也陆续建立了多家部省级工程技术研究中心。河南省于 1996 年组建工程技术研究中心，现已建成河南省工程技术研究中心 330 多家。广东省于 1998 年开始组建工程技术研究中心，现已建设广东省工程技术研究中心 4 600 多家。江苏省于 2001 年开始组建工程技术研究中心，现已建设江苏省工程技术研究中心 2 700 多家。海南省于 2001 年开始组建工程技术研究中心，现已建设海南省工程技术研究中心 52 家。

习近平总书记指出："科技成果只有同国家需要、人民要求、市场需求相结合，完成科学研究、实验开发、推广应用的三级跳，才能真正实现创新价值、实现创新驱动发展。"一大批具有较强的科研开发实力和较高的技术水平的国家级、省级工程技术研究中心，始终秉承促进行业共性关键技术创新和成果转化的使命，很好地将科研成果迅速转化为现实生产力，在相关行业、领域发挥着重要的技术辐射和技术扩散作用，在加强自主创新、提高工程化和产业化能力、培养工程技术人才队伍、促进传统产业技术升级和战略性新兴产业崛起、推动行业技术进步和区域经济发展等方面呈现出蓬勃发展的良好局面，取得了卓著的成效，得到部门、地方、企业等社会各界的多方支持与高度重视。工程技术研究中心在经济社会发展中的影响力日益增强。在发展的同时，国家工程技术研究中心也存在资源配置不合理、行业带动不理想等发展不平衡不充分的突出问题和矛盾，有待加以分析解决。习近平总书记在党的十八届五中全会报告提出："我国同发达国家的科技经济实力差距主要体现在创新能力上。提高创新能力，必须夯实自主创新的物质技术基础，加快建设以国家实验室为引领的创新基础平台。"

（二）面临新的形势需求

进入 21 世纪以来，新一轮科技革命和产业变革正在孕育兴起，全球科技创新呈现出新的发展态势，科技创新链条更加灵巧，技术更新和成果转化更加快捷，产业更新换代不断加快。科技创新活动不断突破地域、组织、技术的界限，演化为创新体系的竞争，创新战略竞争在综合国力竞争中的地位日益重要。科技资源开放共享、整合与开发利用能力成为影响一个国家科技进步和创新能力的重要因素。面对科技创新发展新趋势，世界主要国家都在寻找科技创新的突破口，抢占未来经济科技发展的先机，在不断加大科技创新基地投入的同时，积极推进治理体系建设。一流的科技资源需要现代化的研发设施，有世界级的研发设施才有可能出世界级的研究成果和科技人才，加强一流科技创新基地建设已成为主要发达国家政府最具优先权的任务。

近年来，尽管我国学科发展取得一些重大突破和重要进展，但是从总体运行来看，我国科技经济实力与发达国家仍然存在较大差距，在科技创新基地建设方面的差距显著。我国科技创新基地普遍存在布局不平衡、资源分散、体量较小、学科单一、综合度低、创新能力低等问题。科技创新基地的发展与配合实施创新驱动发展战略的要求相比仍有差距，与科技发展前沿的创新引领需求相比仍有差距，与科技创新资源的规模效应需求相比仍有差距，与科技创新体系的创新扩散需求相比仍有差距，难以适应科学技术迅猛发展的要求，成为制约我国科技发展、进一步提高国际竞争力的瓶颈之一。提高创新能力，必须夯实自主创新的物质技术基础，加快国家工程技术研究中心等科技创新基地建设步伐。

党的"十八大"提出了实施创新驱动发展战略，强调科技创新是提高社会生产力和综合国力的战略支撑，必须摆在国家发展全局的核心位置。党的十八届三中全会《关于全面深化改革若干重大问题的决定》提出，深化改革的总目标是完善和发展中国特色社会主义制度，推进国家治理体系和治理能力现代化。习近平总书记在中国科学院第十七次院士大会、中国工程院第十二次院士大会上指出："实施创新驱动发展战略，最根本的是要增强自主创新能力，最紧迫的是要破除体制机制障碍，最大限度解放和激发科技作为第一生产力所蕴藏的巨大潜能。坚持自主创新、重点跨越、支撑发展、引领未来的方针，加快创新型国家建设步伐。"习近平总书记在科技创新大会上强调："科技创新、制度创新要协同发挥作用，两个轮子一起转。"党的"十九大"，对实施创新驱动发展战略，推进国家治理、科技创新提出了更高的期望和要求。党的"十九大"报告中明确提出："必须坚持和完善中国特色社会主义制度，不断推进国家治理体系和治理能力现代化""坚定实施科教兴国战略、人才强国战略、创新驱动发展战略、乡村振兴战略、区域协调发展战略、可持续发展战略、军民融合发展战略""创新是引领发展的第一动力，是建设现代化经济体系的战略支撑。加强国家创新体系建设，强化战略科技力量。深化科技体制改革，建立以企业为主体、市场为导向、产学研深度融合的技术创新体系，加强对中小企业创新的支持，促进科技成果转化。"这对国家工程技术研究中心建设和运行赋予了新的使命和责任。

为了加快国家工程技术研究中心等科技创新基地改革与发展，2012年9月，《中共中央、国务院关于深化科技体制改革加快国家创新体系建设的意见》提出，加强技术创新基地建设，发挥骨干企业和转制院所作用，提高产业关键技术研发攻关水平，促进技术成果工程化、产业化。2015年3月，《中共中央 国务院关于深化体制机制改革加快实施创新驱动发展战略的若干意见》提出，优化国家实验室、重点实验室、工程实验室、工程（技术）研究中心布局，按功能定位分类整合，构建开放共享互动的创新网络，建立向企业特别是中小企业有效开放的机制。2015年9月，中共中央办公厅、国务院办公厅印发《深化科技体制改革实施方案》提出，以构建中国特色国家创新体系为目标，全面深化科技体制改革，推动以科技创新为核心的全面创新，推进科技治理体系和治理能力现代化；优化国家实验室、重点实验室、工程实验室、工程（技术）研究中心布局，按功能定位分类整合，构建开放共享互动的创新网络。2017年8月，科技部、财政部、国家发展改革委印发《国家科技创新基地优化整合方案》提出，对现有科技创新基地进行评估梳理，逐步按照新的功能定位要求合理归并，优化整合。

2017 年 10 月，《"十三五"国家科技创新基地与条件保障能力建设专项规划》提出，到 2020 年，形成布局合理、定位清晰、管理科学、运行高效、投入多元、动态调整、开放共享、协同发展的国家科技创新基地与科技基础条件保障能力体系。

面对新时代新形势新任务，我国必须加快国家工程技术研究中心等科技创新基地建设和治理，进一步突出国家工程技术研究中心在我国产业领域技术创新发挥战略支撑引领作用，加强与相关规划、计划的衔接，构建和完善国家现代产业技术体系；优化国家工程技术研究中心等科技创新基地布局，提升治理能力，形成较为完善的科技创新基地治理体系，提升自主创新能力，有力支撑中国特色国家创新体系和创新型国家建设。

二、研究意义

国家工程技术研究中心作为国家创新体系建设和国家重大创新基地的重要组成部分，加快其建设与治理步伐，不仅具有积极的现实意义，而且具有重大战略意义。

第一，加快国家工程技术研究中心建设与治理是提高我国科技国际竞争力的必然要求。当今国与国之间的竞争，越来越取决于科技资源的开发和利用能力。有关研究表明，现在世界上 2/3 的重大科学发现和技术发明，都与科研设施和仪器设备的配备直接相关。目前，我国科技资源开放共享平台与科研条件建设方面与发达国家存在较大差距，成为制约科技发展和制约我国自主创新能力提升的瓶颈之一。工程技术研究中心建设是国家技术创新与成果转化所必备的物质基础，是实现科技进步的基本保障，也是抢占战略制高点、提高国家科技总体实力的关键因素之一。实施创新驱动发展战略，迫切需要更高水平、体系化的工程技术研究中心的条件支撑和技术服务，促使全社会的创新活动形成新高潮。因此，加强工程技术研究中心的条件保障能力建设与治理，是提高我国科技国际竞争力、缩短与世界先进水平差距的必然要求。

第二，加快国家工程技术研究中心建设与治理是加快建设国家创新体系的关键环节。加强国家创新体系建设，强化战略科技力量，是现阶段的主要任务。工程技术研究中心是国家创新体系建设中的一项战略性基础工程，为增强自主创新能力、促进研发和成果转化活动提供有力支撑。工程技术研究中心不仅为工程化研究提供技术支持手段，而且其建设和运行往往能够带动高新技术及其产业化的发展，又是进行集成创新和创新人才培养的重要载体。加强国家工程技术研究中心建设与治理，以其信息、技术条件等优势开展有效的工作，可进一步加速科研成果的实用化、新技术向生产的转移和扩散，加快应用先进技术逐步改造产业，提高行业的整体生产技术水平，将有助于形成一个结构合理、机制灵活，具有持续创新能力的中国特色国家创新体系，促进我国自主创新能力、工程化和产业化能力的提升。

第三，加快国家工程技术研究中心建设与治理是深化我国科技体制改革的主要抓手。近年来，我国通过科技体制改革实现科技计划整合，提高科技资源的配置效率，推进科技管理向科技治理转变，进一步释放创新活力已逐渐成为社会共识。促进科技与经济结合是改革创新的着力点，也是我国与发达国家差距较大的地方。科技体制改革必须与其他方面改革协同推进，加强和完善科技创新管理，促进创新链、产业链、市场需求有机结合。建设国家工程技术研究中心是为探索科技与经济结合的新途径，是加强科技成果向生产力转化的实际需要和迫切需要。推进国家工程技术研究中心治理模式创新，有效应对技术创新范式多主体、网络化、路径多变的变革趋势，形成政府、市场和其他社会主体多元参与的治理格局，有助于深化我国科技体制改革，建立以企业为主体、市场为导向、产学研深度融合的技术创新体系，实现科技与经济社会协调发展。

第四，加快国家工程技术研究中心建设与治理是提升我国科技创新效率的科学选择。在全球化背景下，科技创新受到越来越多因素的影响，尤其是重大科技创新需要多领域技术突破、多主体合作、多要素支撑成为发展的趋势和要求。工程技术研究中心是高新技术计划实施的生力军和主体，承担大量的高新技术研究和创新工作，在研究力量、学科积累、基础装备等方面为引进技术的消化、吸收、改进和创新创造有利的条件；同时，由于工程技术研究中心组建时的多学科融合和网络化研究平台优势以及高新技术集散地的特征，非常有利于高新技术的培育和产生，是高新技术的输出源泉。对国家工程技术研究中心进行合理布局及整合优化，强化治理方案设计，有利于与产业和区域创新发展有机融合，加快产业技术扩散与转移转化，提升我国科技创新效率。

第五，加快国家工程技术研究中心建设与治理是培养高水平综合型人才的重要平台。造成目前我国科技与经济结合不力的一个重要原因，就是缺乏既懂科技又懂成果转化和产业化全过程的高水平综合型人才。工程技术研究中心的特殊使命在于要在科学技术研究与科技成果转化之间架起一座坚实的桥梁，培养既要有一定的科学技术研究水平与技术产品开发能力，又要有较强的科技成果转化能力与科技经营理念及实际操作能力的高水平综合型人才。加强工程技术研究中心建设与治理，有利于促进知识、信息等创新要素在不同创新人员、企业和研究机构之间的流动及融合，为广大科研工作者特别是青年人才提供高水平的创新条件和交流机会，为优秀科技人才不断涌现和充分发挥作用提供强有力支撑，从而增强我国在科技人才方面的竞争力，为科技进步、经济和社会发展提供充足而有力的人才保障。

三、研究目的

作为我国技术创新与成果转化类科技创新主体，工程技术研究中心是科研机构以及企业之间的桥梁，工程技术研究中心建设的好坏直接影响科技成果转化和科技成果产业化。对工程技术研究中心的建设和治理进行研究，可以使我们能够更加全面、准确地了解工程技术研究中心发展的不足之处和有待提高的地方，能够有效地增强自主创新能力、工程化和产业化能力，提高科技成果转化率和科技成果产业化率。

当前我国正处于建设创新型国家的决定性阶段，进入实施创新驱动发展战略的关键时期，着力推进供给侧结构性改革、加快转变经济增长方式的攻坚时期，努力推动国家治理体系和治理能力现代化的重要时期，全社会科技创新活动对科技治理提出了更高的期望和要求。科技创新成果工程化、产业化迫切需要更高水平、体系化的国家科技创新基地。国家工程技术研究中心作为我国科技创新基地的重要组成部分，如何坚持解放思想、实事求是、与时俱进、求真务实，坚持辩证唯物主义和历史唯物主义，紧密结合新的时代条件和实践要求，深化体制机制改革创新，优化整合科技资源，加快推进国家工程技术研究中心建设、治理体系和治理能力现代化，增强自主创新能力、工程化和产业化能力，加快科技成果转化，推动科技和经济紧密结合，实现科技创新引领支撑产业发展，把国家战略落到实处，亟待我们加以探索和思考。

本书基于我国特色社会主义进入了新时代，我国实施创新驱动发展战略，建设创新型国家，推动国家治理现代化大背景，以国家工程技术研究中心为研究对象，运用科技生产力理论、创新理论、资源配置理论、创新体系理论、创新扩散理论、供给经济学理论、制度变迁理论、公共治理理论等基础理论，通过文献分析法、比较分析法、实证研究法、规范研究法等方法，系统梳理国内外科技创新基地与国家工程技术研究中心建设与发展现状，分析国家工程技术研究中心建设发展存在的主要问题，探讨其在新时期建设与治理的思路、路径和举措。并以国家重要热带作物工程技术研究中心为重点案例开展调研，总结其建设运行的做法和成效，提出进一步推进该中心建设与治理的对策建议，以便更好地为我国国家工程技术研究中心治理现代化提供参考借鉴。

希望本课题的研究，从理论和实践结合上系统回答新时代建设和发展什么样的国家工程技术研究中心，如何建设和治理国家工程技术研究中心这个问题，从而推动国家工程技术研究中心治理理论体系的丰富和完善，提升国家科技创新基地建设发展与治理现代化水平，有助于深化科技体制改革，加快促进我国科技治理体系建设，为我国实现国家治理体系和治理能力现代化，奠定坚实的基础。

第二章 概念和理论

一、相关概念

（一）科技创新基地有关概念

1. 创新

创新是指以现有的思维模式提出有别于常规或常人思路的见解为导向，利用现有的知识和物质，在特定的环境中，本着理想化需要或为满足社会需求，而改进或创造新的事物、方法、元素、路径、环境，并能获得一定有益效果的行为。

创新是以新思维、新发明和新描述为特征的一种概念化过程。其起源于拉丁语，有三层含义：第一，更新；第二，创造新的东西；第三，改变。创新是人类特有的认识能力和实践能力，是人类主观能动性的高级表现，是推动民族进步和社会发展的不竭动力。一个民族要想走在时代前列，就一刻也不能没有创新思维，一刻也不能停止各种创新。创新在经济、技术、社会学以及建筑学等领域的研究中举足轻重。从本质上说，创新是创新思维蓝图的外化、物化。

2. 科技创新

科技创新是贯穿于整个科学技术活动过程中的所有创造新知识、产生新技术、应用新知识和新技术的科学技术活动和经济活动。科技创新是为人类创造财富、生存提供精神和物质支撑的复杂过程，经历由创新冲动、行为实施到成果转化等不同阶段。经济学史研究认为科技创新一直是经济社会发展的动力，带来经济发展史上不同阶段的演进——农业经济、工业经济和高技术经济，从资源占有方面来看，科技创新带来经济发展重点的变化，从劳力经济、资源经济到知识经济。

科技创新的涵义很广，既包括自身或单位内部研究开发的科技成果，也涵盖从国外引进的新技术、新工艺、新品种、新设备等，如何让技术创新发挥巨大的作用，关键取决于科技成果转化应用速度。中国学者认为，科技创新包括科学创新和技术创新两个部分，科学创新包括基础研究和应用研究的创新，技术创新包括应用技术研究、试验开发和技术成果商业化的创新。

3. 科技创新基地

科技创新基地，亦称科技创新平台或科技基础条件平台。对于科技创新基地，学术界主要有几个方面的理解。一是载体论，认为创新基地是集成创新资源的重要载体，是开展科研活动的主要条件和物质基础，是承接项目、培养高层次人才、开展国际合作的依托单位；二是体系论，认为创新基地是国家创新，更是核心、依托力量；三是能力论，认为在《国家自主创新能力建设"十一五"规划》指出的"创新基地"作为创新基础能力的构成部分，是与研究试验体系、科技公共服务体系、产业技术开发体系、企业技术创新体系等共同构成自主创新能力的物质支撑体系。本书所界定的科技创新基地是为实现国家、区域及产业发展目标，在某一特定经济与技术领域具备较强创新功能及持续发展能力的创新组织。

从组织形态看，科技创新基地主要是依托高校、科研院所和企业建设的各级实验室和工程（技术）中心等。科技创新基地是具有独立法人资格或具有相对独立地从事创新活动的创新主体，是科学研究、技术发展、人才培养的综合性载体，是科技创新体系的重要组成部分。这些科技创新基地在本领域内具备较强的学科优势和持续创新能力，通过从事或组织重大创新活动，在研究开发、技术开发与工程化试验、成果转化、产业化等创新活动中发挥了重要作用。

从纵向上划分科技创新基地，可分为国家科技创新基地、省部级科技创新基地和市县级科技创新基地。国家科技创新基地会聚国家高水平研发队伍和优质科技资源，是统筹基地、人才、项目协调发展和集成的重要载体，是推动科技创新、提高自主创新能力、实施创新驱动发展战略的重要物质基础，是国家创新体系的重要组成部分。

（二）工程技术研究中心有关概念

1. 工程

18世纪，欧洲创造了"工程"一词，其本来含义是有关兵器制造、具有军事目的的各项劳作，后扩展到许多领域，如建筑屋宇、制造机器、架桥修路等。随着人类文明的发展，人们可以建造出比单一产品更大、更复杂的产品，这些产品不再是结构或功能单一的东西，而是各种各样的所谓"人造系统"（例如，建筑物、轮船、铁路工程、海上工程、飞机等），于是工程的概念就产生了，并且它逐渐发展为一门独立的学科和技艺。

在现代社会中，"工程"一词有广义和狭义之分。就狭义而言，工程定义为"以某组设想的目标为依据，应用有关的科学知识和技术手段，通过有组织的一群人将某个（或某些）现有实体（自然的或人造的）转化为具有预期使用价值的人造产品过程"。

2. 工程技术

工程技术亦称生产技术，是在工业生产中实际应用的技术。就是说人们应用科学知识或利用技术发展的研究成果于工业生产过程，以达到改造自然的预定目的的手段和方法。

工程技术基本特点：一是实用性。人们改造客观自然界的活动，都是为了人类的生存和社会的需要，所以就要运用工程技术的手段和方法，按照人的用途，去选择、强化和维持客观物质的运动为人类造福。因此，工程技术必须有实用性，离开了实用性，它就没有生命力。二是可行性。任何各项工程技术在设计的构思阶段，都必须考虑国家经济和社会发展的需要和可能，而往往可以形成几种方案，要根据实际的具体情况，尽量最佳地确定适合经济、社会的适用技术。三是经济性。工程技术必须把促进经济、社会发展作为首要任务，并要有好的经济效果，从而达到技术先进和经济效益的统一。因为，工程技术的物化形态既是自然物，又是社会经济物。它不仅要受自然规律的支配，而且还要受社会规律，特别是经济规律的支配。四是综合性。工程技术通常是许多学科的综合运用。它不仅要运用基础科学、应用科学等知识，同时，也要运用社会科学的理论成果。根据当前我国的国情，还应采用多种水平的技术多措并举。总之，上述这些特点，反映了工程技术的本质特征，它体现客观和主观、自然规律和社会经济规律、局部和整体的辩证统一。因而，工程技术在国民经济发展中具有举足轻重的地位和作用。

3. 工程技术研究中心

工程技术研究中心主要依托于行业、领域科技实力雄厚的重点科研机构、科技型企业或高等院校，拥有国内一流的工程技术研究开发、设计和试验的专业人才队伍，具有较完备的工程技术综合配套试验条件，能够提供多种综合性服务，与相关企业紧密联系，同时，具有自我良性循环发展机制的科研开发实体。

从纵向上划分工程技术研究中心，可分为国家工程技术研究中心、省部级工程技术研究中心和市县级工程技术研究中心。国家工程技术研究中心由科技部认定，是我国技术创新与成果转化类国家科技创新基地，是国家创新体系和国家重大创新基地建设的重要组成部分，是国家科技计划体系中科技条件能力建设的重要内容，是承担国家重点科研任务的重要力量，是促进项目、基地、人才结合的重要载体。

组建工程技术研究中心，旨在建立我国社会主义市场经济体制，充分结合区域经济和社会发展的特色和优势，探索科技与经济结合的新途径，加强科技成果向生产力转化的中心环节，缩短成果转化的周期。同时，面向企业规模生产的实际需要，提高现有科技成果的成熟性、配套性和工程化水平，加速企业生产技术改造，促进产品更新换代，为企业引进、消化和吸收国外先进技术提供基本技术支撑。工程技术研究中心通过向企业扩大开放，可促进企业之间、企业与高等院校和科研院所之间的知识流动和技术转移，可增强企业的技术创新能力，促进科技与经济的结合，促进高新技术产业的发展，促进地区经济的可持续发展。

（三）工程技术研究中心治理有关概念

1. 治理

治理概念源自古典拉丁文或古希腊语"引领导航"一词，原意是控制、引导和操纵，指的是在特定范围内行使权威。全球治理委员会对治理作出如下界定：治理是或公或私的个人和机构经营管理相同事务的诸多方式的总和。它是使相互冲突或不同的利益得以调和并且采取联合行动的持续的过程。它包括有权迫使人们服从正式机构和规章制度以及种种非正式安排。而凡此种种，均由人民和机构同意或者认为符合他们的利益而授予其权力。

治理有4个特征：治理不是一套规则条例，也不是一种活动，而是一个过程；治理的建立不以支配为基础，而以调和为基础；治理同时涉及公、私部门；治理并不意味着一种正式制度，而确实有赖于持续的相互作用。

治理的2个核心概念就是建设治理体系和提升治理能力。科学的治理体系是高水平治理能力的基础，良好的治理能力才能充分发挥出治理体系的"良治"

功能。从纵向上看，治理体系既包括国家治理体系和区域治理体系。国家治理体系由各个行业、各个系统的治理体系所构成，如科技治理体系、社会治理体系、文化治理体系、教育治理体系、环境治理体系等。区域治理体系由区域内各个系统、行业的治理体系构成，如区域科技治理体系、文化治理体系、社区治理体系等。

2. 科技治理

科技治理是指新公共管理中"治理"的理念、结构、模式等在科技公共管理中的运用，旨在提高创新效率，降低创新成本，提升创新资源的配置效率及科技创新与社会、经济等方面的发展协同。

科技治理的 2 个核心也是建设科技治理体系和提升科技治理能力，其中前者是基础和途径，后者是目标和导向。科技治理体系是创新主体、创新要素之间相互作用而形成的以体制、机制、制度、政策为核心依托的创新活动管理运行体系。科技治理能力是运用国家科技创新制度管理公共科技事务的能力。

科技治理体系包括核心层的价值导向、中间层的制度安排和外围层的政策工具。在这个体系中，主要包括三类要素：一是参与治理的主体，主要包括政府、大学与科研院所、科技创新基地（平台）、企业、中介组织和社会组织等；二是科技治理的对象，即治理客体，主要是指创新活动所需的各类创新要素，如知识、创新成果、创新资金、创新基础设施等；三是治理主体之间、治理客体之间相互作用的方式和途径，主要包括与创新密切相关的各类制度安排、政策设计及法律法规等，也包括影响创新活动的各类非制度性的行为规范、道德因素及习惯习俗等，如科学家共同体的基本规范等。工程技术研究中心作为科技创新主体，是科技创新治理体系中重要组成要素。

3. 工程技术研究中心治理

工程技术研究中心治理是指通过一套正式的或者非正式的制度来配置工程技术研究中心权、责、利，协调中心各方利益相关者之间的关系，以实现中心运行体系和管理能力现代化，最终目标是实现中心宗旨和利益相关者整体利益最大化。

工程技术研究中心治理不同于一般的公司治理，也与政府机构和非营利组织治理存在差别。工程技术研究中心治理的特殊性主要体现在以下几方面：一是治理目标社会化。工程技术研究中心的宗旨和使命更具有社会意义，公益性科研目标是其最大的价值诉求，其治理目标是最终实现建立一流科技创新基地、培养高素质科技人才、取得先进科研成果以及实现科技成果转移转化等一系列具有社会属性的目标。二是治理结构复杂化。工程技术研究中心在组建过程出现了多种治理结构并存的现象，有的沿用传统的事业单位管理模式，有的建立了现代企业制度，有的建立了理事会制度。三是治理行为分散化。工程技术研究中心治理涉及政府、依托单位、管理者、科研人员、资金提供者和科研成果使用者等利益相关者，各利益主体依据自身利益参与治理将导致工程技术研究中心治理行为分散，难以形成协同效应。四是治理对象多元化。工程技术研究中心大多以研发部门来设立，研发部门下设以课题组和科研项目为单位的组织研究团队，这使得工程技术研究中心治理的客体更加多元化。

二、基础理论

（一）科技生产力理论

马克思是科技生产力理论的奠基者。在从事资产阶级政治经济学批判的过程中，马克思发现科学技术是生产力。科学技术生产力在生产力思想史上具有里程碑式的意义，标志着现代生产力理论的诞生。马克思关于科学技术是生产力的思想集中汇集在《资本论》《机器、自然力和科学的应用》等著作中。马克思、恩格斯在论述科学技术在资本主义条件下的异化问题的同时，说明了机器的本质在于对自然力和自然科学的应用，分析科技在社会发展中的巨大作用，形成科学技术是社会生产力的思想。在马克思视域中，科学技术是生产力，是推动历史进步的革命力量；科学技术的产生和发展是由生产和实践决定的，而生产和实践的需求又推动着科学技术不断发展；强调搞科学研究必须坚持辩证思维方法，坚持唯物论，提出自然科学要与哲学联盟的思想。邓小平既深刻总结国内外社会主义建设实践的经验教训，又敏锐地观察到现代科学技术是发达资本主义国家发展经济的重要因素，提出"科学技术是第一生产力"这一科学论断。面对新一轮科技革命和产业革命孕育兴起，习近平提出"科技兴则民族兴，科技强则国家强，要结合实际坚持运用我国科技事业发展经验，积极回应经济社会发展对科技发展提出的新要求，深化科技体制改革，增强科技创新活力"。

工程技术研究中心作为一个科研开发实体，其对经济社会发展的推动作用日益突出，已成为国家综合实力的重要组成部分。要积极回应经济社会发展对科技发展提出的新要求，自觉用辩证唯物主义和历史唯物主义指导工程技术研究中心工作，不断增强核心竞争力，不断把科学技术广泛地应用到生产实践中，提高科技成果转化率，以此推进社会生产、企业技术改造和科学技术的进步。

（二） 创新理论

创新思想最早源于马克思。马克思在其相关论述中揭示了创新的内涵，从推动生产力发展、引起产业结构变化、对资本家和工人的影响和资源充分利用等方面阐述了技术创新的作用，从社会分工、社会制度、生产实践和教育发展4个方面揭示了影响技术创新的重要因素。美国奥地利经济学家约瑟夫·熊彼特是研究马克思创新思想的开创者，他在1912年的《经济发展理论》一书中，中首次使用了"创新"一词，并创立了"技术创新经济学理论"，他认为创新是新技术、新发明在商业中的首次应用，是建立一种新的生产函数，即实现生产要素的一种从未有过的新组合。熊彼特首次从演化的角度探讨了创新对经济发展周期的影响，将创新分为三类：即技术创新、市场创新和组织创新。1950年熊彼特去世后，其主要追随者从不同角度将创新扩展为2个分支：一是技术创新，主要研究技术创新和市场创新；二是组织创新，主要研究组织变革和制度变革。习近平指出："创新是引领发展的第一动力。抓创新就是抓发展，谋创新就是谋未来。适应和引领我国经济发展新常态，关键是要依靠科技创新转换发展动力。""实施创新驱动发展战略决定着中华民族前途命运"。

工程技术研究中心的建设运行涉及科技、经济、社会等多个领域，涵盖技术创新、市场创新和组织创新的方方面面。要建立和完善创新体制机制，加强创新与生产实践的紧密联系，健全技术创新市场导向机制和产业组织方式，使工程技术研究中心真正成为技术创新和成果转化的主体。

（三） 创新体系理论

创新体系包括国家创新体系和区域创新体系。国家创新体系是由美国创新经济学家理查德纳尔逊和弗里曼在20世纪80年代后期首次提出的，是指由参加技术发展和扩散的企业、大学和研究机构组成，是一个为创造、储蓄和转让知识、技能和新产品相互作用的网络系统，政府对创新政策的制定着眼于创造、应用和扩散知识的相互作用过程以及各类机构间的相互影响和作用上。国家创新体系主要由创新主体、创新基础设施、创新资源、创新环境和外界互动等要素组成。

区域创新体系是1992年英国的库克教授最早提出的，是指一个区域内有特色的、与地区资源相关联的、推进创新的制度组织网络，其目的是推动区域内新技术或新知识的产生、流动、更新和转化。区域创新体系由主体要素（包括区域内的企业、大学、科研机构、中介服务机构和地方政府）、功能要素（包括区域内的制度创新、技术创新、管理创新和服务创新）、环境要素（包括体制、机制、政府或法制调控、基础设施建设和保障条件等）3 个部分构成，具有输出技术知识、物质产品和效益 3 种功能。创新体系实质上是促进技术创新的制度。

从创新体系的角度分析工程技术研究中心及其服务在其中发挥的作用，可以发现，工程技术研究中心在国家创新体系中处于基础性的地方，它能够加快其他创新资源，如政策资源、技术资源的不断积聚和效能提升，能够提升技术发展在经济增长中的持续推动力，让创新成果更好更快地融入经济发展中去。

（四） 资源配置理论

资源配置这个概念首次被提出来是在 18 世纪的英国。市场对资源配置的概念和内涵最初由亚当·斯密在《国民财富的性质和原因的研究》中提出，他认为存在着一种调节机制，在经济自由的情况下引导资源的配置，从而提高配置效率。马克思是最早运用演化的观点来分析资源配置方式在社会发展三大历史阶段和 5 种社会经济形态中不同表现的人。他在《资本论》中通过研究资本主义资源配置方式来解释资本主义的经济关系。指出在社会分配中，劳动和生产资料的结合是通过资本实现的，所以，按比例分配资源的核心是按照比例分配资本。马克思还第一次将制度变量纳入经济学资源配置的分析中，认为资源不仅涉及人与物的关系，而且涉及人与人的利益关系，因此，他主张不能以制度不变为假设来研究资源，而应该把制度看作一个内生变量，历史地分析制度对资源的制约，从中探讨资源优化配置的规律，以实现经济社会的健康发展。

工程技术研究中心是较为独特的科技创新基地（平台）载体之一，无论是外部资源还是内部资源都会对其创新成果的产出以及所发挥的影响产生至关重要的作用。基于资源配置理论，研究各类资源中对工程技术研究中心能力产生影响，可更好地对有限的资源进行合理配置，统筹规划，合理布局及整合工程技术研究中心。

（五） 创新扩散理论

创新扩散的研究始于经济学家熊彼特，他提及"模仿"一词，即可理解为技术扩散。认为技术创新使得创新者获得垄断利润，促使许多企业来"模仿"

创新，因此，一项技术创新是通过对创新的模仿来实现扩散的。而美国经济学家斯通曼认为，技术扩散是将一项新的技术广泛应用和推广。他指出了技术扩散不仅仅是一种模仿过程，还应包括模仿基础上的自主创新活动。经济学家舒尔茨的定义是创新通过市场或非市场的渠道传播。目前，较为有影响力的是罗杰提出的，将技术扩散看作一项创新技术随着时间通过各种渠道被社会成员所接受的过程。曼斯菲尔德将"传染原理"和"逻辑斯蒂"成长曲线运用于扩散研究中，提出了"S形扩散模型"，并由此开创了对扩散问题的宏观、定量分析。大卫对发展中国家的社会资本、技术扩散和可持续发展进行了探讨，提出了技术溢出效应的影响模型。瑞安和格罗斯通过经典案例研究，指出了人际关系网络对技术扩散的重要作用。

工程技术研究中心的作用主要体现在促进科技信息的交流、促进科技成果转化等，通过依托的科研机构、高校或企业的科技进步带动相关组织，乃至行业的突飞猛进。其工作运转是一个促进技术创新扩散的过程，技术和知识溢出效应显著，创新扩散理论对指导工程技术研究中心布局、技术和知识流动有较好的促进作用。

（六）供给经济学理论

西方供给经济学源于19世纪初由法国经济学家萨伊所提出的著名的"萨伊定理"，即供给自动创造需求的理论。这一理论强调市场的绝对主体地位，其所倡导的经济政策基本上以放任自由和不干预为特征。20世纪70年代后，资本主义国家陷入经济危机，以罗伯特·蒙代尔等为代表的供给学派认为经济增长由供给而非需求决定，而供给取决于政府的各项政策和制度所形成的激励机制。其中，减税是增加激励最有效的手段。增加生产和供给必须通过投资和劳动生产率的提高来实现，同时，政府应当减少对经济活动的干预，让市场机制充分发挥作用。

2008年全球金融危机之后，我国贾康、徐林、姚余栋等学者提出的新供给经济学理论，新供给主义经济学的"新供给创造新需求"取代了传统供给学认为的"供给自发创造需求"。立足于发挥政府促进经济发展的关键作用，对包括制度经济学、转轨经济学和发展经济学在内的诸多理论进行了有效的整合，认为有效的供给比有效的需求更能促进经济的长期增长，其核心观点是政府应当以推动体制机制创新为切入点，以优化经济结构为重点，着重从供给端出发推动改革，有效化解"中等收入陷阱"和"滞胀"等潜在的风险，进而实现经济的持续健康发展。由此，供给侧结构性改革应运而生。

作为跨单位、跨部门、跨地区的平台联盟，供给侧结构性改革理论能很好地指导工程技术研究中心科技力量布局的精准化，最大限度地整合创新要素，促进科技成果有效供给和推进科技创新成果工程化、产业化，完成科学研究、实验开发、推广应用的三级跳，真正实现创新价值、实现创新驱动发展。

（七）制度变迁理论

马克思是第一个对人类社会制度发展和变迁的一般规律作出系统阐述的思想家。马克思认为，任何社会的生产都是在一定的生产关系及其制度条件下进行的，生产力决定论不是孤立的、绝对的，其制度分析的动力机制是系统性的，既强调了生产力是制度变迁的根本动力，又说明在保证生产力作为内在动力的前提下，具体通过"生产力—生产方式—生产关系"这一运行原理，最终决定制度变迁的发展变化。同时，生产关系也会对生产力发生反作用，上层建筑也会对经济基础发生反作用；在制度的更替期，旧制度往往会阻碍生产力的发展，而新制度则会促进生产力的发展。马克思强调，制度变迁是渐进与革命、量变与质变的辩证统一。

西方制度变迁理论大体经历了3个历史时期：第一个历史时期是以凡勃伦提出制度的概念，并用"累积因果论"来解释制度的变迁。第二个历史时期是以约·莫·克拉克为代表对制度变迁理论继承和发展的时期，涉及对资本主义企业的分析，制度与技术相互作用等问题。第三个历史时期是以加尔布雷斯为代表的新制度经济学和以诺思、科斯等人为代表的新制度学派蓬勃发展时期，研究成果卓著。诺思认为制度是一系列被制定出来的规则、服从程序和道德、伦理的行为规范。制度的构成要素主要是：正式制约（例如，法律）、非正式制约（例如，习俗、宗教等）以及它们的实施，这三者共同界定了社会的尤其是经济的激励结构。所谓的制度变迁是指一种制度框架的创新和被打破。

制度变迁是时代更迭的产物，是适应社会发展需要的理念创新。制度变迁理论作为理论载体，是与时俱进、不断革新的。实现工程技术研究中心治理现代化的必然要求是实现制度现代化，制度现代化目标的实现要求我们整体系统化把握制度，强调制度运行的协调性与系统性，加强配套治理制度的完善，坚持唯物辩证法的科学分析方法，循序渐进推进工程技术研究中心治理变革。

（八）公共治理理论

治理理论在公共管理领域的兴起在 20 世纪 90 年代的西方国家，治理主要是作为新公共管理的核心理论提出。该理论的提出初衷在于平衡国家权力与社会权力，通过引入独立于政府和市场的第三部门，一般称为社会组织，来解决公共管理领域的"政府失灵"和"市场失灵"。我国治理的思想渊源久远，西周王朝开始重视礼治的重要性，老子倡导"治大国若烹小鲜"。然而系统化引入和研究治理理论的是俞可平教授。2000年，他对治理概念的界定在国内学界具有较强的传播力和影响力。

公共治理理论的研究内容非常丰富，主要核心观点：治理的主体包括了公私组织和个人。治理的对象和治理客体包括科技领域、经济领域、社会社区等。治理的方式强调自愿、平等、协作。治理的理念是多主体、多层级、多中心、网络化。通过树立"多元"和"协商"的治理理念，把社会组织、公众等在内的各利益相关者都纳入治理体系，综合考虑各方的利益诉求，分享治理权限，实现"治理民主"。治理主要特征为：治理对象和治理主体的复杂性、治理过程的动态性、治理方式的多样性和治理机制的协同性。

学界通过研究不同国家的公共治理模式，主要有多层级治理、多中心治理和网络结构治理。多层级治理模式源自于欧盟国家的治理实践，国家与超国家之间的分权和合作，而非等级制的层级关系。多中心治理是强调治理主体的多元化，政府不再是唯一的治理主体。公众参与、公民社会、专家决策等都是研究实现多中心治理的途径。网络治理是治理理论与网络组织理论的有机结合，运用网络组织理论的方法进行治理。关于治理评估的研究分为两大类：基于客观数据的评价和基于主观调查数据的评价。基于客观数据的评价研究的典型代表，是哈佛大学肯尼迪学院发起的公共治理评价的研究；基于主观调查数据的研究的典型组织，是世界银行组织开发的综合评价指标体系。

借鉴国内外的治理理论成果，将新公共治理理论运用到工程技术研究中心治理，具有重要的参考价值，有利于从唯物史观来正确认识并解决工程技术研究中心运行中存在的体制机制问题，指导工程技术研究中心构建治理的理论框架，结合新的时代条件和实践要求，推动治理现代化的形成。

三、研究进展

（一）关于科技创新驱动发展战略研究

党的"十八大"确立创新驱动发展战略，提出把创新作为引领发展的第一动力，面向世界科技前沿、面向国家重大需求、面向国民经济主战场，全面创新，培育先发优势，带动经济和社会向科技强国跃升。十八届五中全会提出必须牢固树立创新、协调、绿色、开放、共享的发展理念。党的"十九大"进一步明确坚定实施创新驱动发展战略。习近平总书记指出："实施创新驱动发展战略，必须紧紧抓住科技创新这个'牛鼻子'，切实营造实施创新驱动发展战略的体制机制和良好环境，加快形成我国发展新动源"。

郭铁成（2016）认为，创新驱动发展战略的基本问题主要为发展动力转换、创新方向选择、全面创新支撑、先发优势带动 4 个。应建立智能型新兴技术体系、以企业为主体的国家创新计划体系、有效科技供给体系；全面创新包括科技创新，还包括以知识为基础的非科技创新；以先发展的领域、产业、地区为基础，先发展带动后发展，共同创新发展。王玉民、刘海波等（2016）则从驱动对象、驱动方式和驱动力源泉三要素出发，以科技创新和管理创新链条为坐标轴，建立四相模型研究创新驱动战略的要点内容间的关系，得出创新驱动是科学、技术与管理创新的综合作用的结论。凌捷（2016）认为，面对中国创新制度保障不足、企业科技创新能力整体偏弱、创新驱动战略协同性和系统性不强等问题，以创新驱动推进供给侧结构性改革必须完善创新驱动的统筹协调机制，实施以中国特色自主创新为核心的创新驱动战略，建立健全创新驱动战略的保障制度。张慧君（2016）认为，在供给侧结构性改革中，创新驱动具有战略引领作用，可以带动其他领域改革的深入推进，有助于加快结构调整步伐，实现经济发展方式的顺利转变。应构建产业技术创新联盟，促进科技与经济深度融合；构建有效的激励结构，激发科研主体的创新活力。王丽英、高方等（2017）认为，在创新驱动发展战略下，可通过推进股权多元化发展，提升企业创新能力，加强企业人才队伍建设，完善企业管理体制机制，强化企业国有资产监管等促进农业科研单位科技企业发展。葛兆建、杨华（2014）认为，有效整合科技资源，构建新型农业科技成果转化体系，既是实施创新驱动战略、加快转变经济发展方式的迫切要求，也是促进农业科技创新，提高核心竞争力的必然选择。应优化平台布局，加快现代农业科技园区、科技型孵化器、产业技术研究院、工程技术研究中心建设，积极实施重大科技专项，努力抢占技术制高点。

（二）关于科技供给侧结构性改革研究

党的十八届五中全会后，中央提出供给侧结构性改革。2015 年 12 月，中央经济工作会议明确提出把供给侧结构性改革作为应对经济新常态的根本出路，将去产能、去库存、去杠杆、降成本、补短板这"三去一降一补"短期任务作为当前的改革重点。党的十九大明确提出：必须坚持质量第一、效益优先，以供给侧结构性改革为主线，推动经济发展质量变革、效率变革、动力变革，提高全要素生产率，着力加快建设实体经济、科技创新、现代金融、人力资源协同发展的产业体系，着力构建市场机制有效、微观主体有活力、宏观调控有度的经济体制，不断增强我国经济创新力和竞争力。

肖文圣、周荣荣（2017）认为，供给侧结构性改革与创新驱动战略都是适应我国高经济增长进入新常态的国家规划，两者相互作用和影响，两者之间和谐联动有助于实现我国经济增长动力转换。白炎（2017）认为，作为一个处于战略转型关键时期的发展中国家，中国对于科技的需求正是科技供给侧改革的指引。中国科技供给侧结构性改革，就要下决心治理混乱的科技力量布局结构，使最优势的资源与最合适的科技目标相结合。陈天荣（2016）认为，建构创新驱动发展的经济新模式，必然要求把科技体制改革和科技机制创新作为供给侧结构性改革的重要内容。并基于供给侧结构性改革，从"技术研发侧–成果转化侧–技术需求侧"的良性互动视角，探讨科技体制机制创新的要求与目标，并提出政策建议。刘蠡、刘立等（2016）认为，在供给侧结构性改革视域下，我国科技成果转移转化政策体系建设呈现进程加快、破解难题力度大、操作性强等特点。经研究认为，科技成果转化是国家创新系统治理中的重要环节和内容，科技成果转化的供给侧结构性改革要与需求侧、环境面良好互动，同时，地方政策要与中央政策保持协调，才能实现改革的目标。彭竞、孙承志（2017）认为，农业科技园区创新能力是推进农业供给侧结构性改革的重要支撑，科学合理的农业科技园区创新能力评价模型的建立有利于对我国农业科技园区创新能力进行评价。并建立以市场需求为导向的农业科技园区创新能力评价指标体系。龚刚（2016）认为，发展知识密集型经济，执行技术追赶和创新驱动是供给侧结构性改革的主要目标。傅晋华（2016）认为，农业供给侧结构性改革是新时期"三农"工作的核心任务，对农村科技创新提出了新需求。在调结构、提品质、促融合、降成本和补短板等方面，科技创新在农业供给侧结构性改革中将发挥重要作用。程红星、袁秋红（2017）以湖北技术转移与成果转化公共服务平台"科惠网"为例，介绍了建设背景及思路、做法及成效，并提出了进一步推动科技供给侧结构性改革的建议。

（三）关于科技创新基地建设相关研究

科技创新基地和科技基础条件保障能力是国家科技创新能力建设的重要组成

部分，是实施创新驱动发展战略的重要基础和保障，是提高国家综合竞争力的关键。《"十二五"国家重大创新基地建设规划》提出，通过国家重大创新基地建设，加强创新载体间的协同与集成，促进各类创新载体向全社会开放服务，大幅提升成果快速转化扩散能力；集成各类创新载体的优势资源，提高对国家重大需求的保障能力。《"十三五"国家科技创新基地与条件保障能力建设专项规划》提出，建立完善国家科技创新基地和条件保障能力体系，全面提高国家科技创新基地与条件保障能力，为实现创新型国家建设目标，支撑引领经济社会发展提供强大的基础支撑和条件保障。

国外关于科技创新基地建设的相关研究主要集中在具体某个平台类型的研究，包括重点实验室、科技园区、生产力促进中心等。在相关研究中，国外学者对各类平台的建设运行机制做了相关研究。Diana，Katz（1996）指出：由于美国科学研究遵循国家目标和需求，使得其国家实验室的建设与发展历程呈现出目标需求主导型的模式。Zinn Jacqueline 等（2001）设计了基于德尔菲法的实验室绩效评价体系。Maura，Rodney（2008）通过对大学科技园内高新技术企业发展过程的纵向研究和分析。国内关于科技创新基地（平台）建设的理论与实证研究不少，对平台的研究认识随着实践的探索在不断深化。吴永忠（2004）认为，我国应当不失时机地推进国家科技基础条件平台建设，形成布局合理、功能齐全、开放高效、体系完备并能够为 21 世纪我国科技创新与综合国力增强提供服务的基础性知识平台。廖建锋、李子和等（2004）阐述了科技创新基地在高校发展和科技进步等方面的重要性，并分析了其在造就创新人才、组建科研团队、孕育重大原始性创新成果、高校科技转化的平台、产学研深度融合的"合作共赢"平台。王桂凤、卢凡（2006）梳理了国家科技基础条件平台的建设背景、发展历程、体系架构和重点任务，总结了国家科技基础条件平台自启动以来取得的成效和发展。张杰军等（2007）系统分析了国家科技基础条件平台项目建设的主要特点，提出应加强国家科技基础条件平台项目建设全过程的监控力度。罗珊（2009）分析了我国的科技基础条件平台建设存在的问题，并就如何借鉴国外经验，搞好广东省的科技基础条件平台建设提出建议与对策。岳晓杰（2008）在概括我国科技基础条件平台建设应遵循理念前提下，从制度保障、体制机制、管理机构、市场运营、投入模式、人才队伍、社会环境等方面，提出了加强我国科技基础条件平台建设的有效路径及具体措施。张德英（2007）分析了我国重点实验室和工程技术研究中心建设和发展过程中的成功经验和存在的不足，认为应通过改进平台建设的运行管理模式以及加强产学研的协调整合等方式推进基础性科技创新平台的发展。周琼琼（2015）认为，创新基地在经济发展"新常态"背景下，对我国实施创新驱动发展战略具有重要的基础性支撑作用。加强科技资源优化配置和科技成果转化，是提高我国创新基地建设，提升科技核心、竞争力的根本途径和有效手段。郑庆昌、谭文华（2005）以福建省为实证研究对象，对福建科技创新平台的内涵、特点、体系结构、发展定位等作了深入分析与探讨。

（四）关于科技创新基地治理相关研究

科技治理是国家创新治理体系和治理能力现代化建设的重要方面。科技创新基地治理是科技治理的重要基础。党的十八届三中全会提出："全面深化改革的总目标是完善和发展中国特色社会主义制度，推进国家治理体系和治理能力现代化"。党的"十九大"明确全面深化改革总目标是完善和发展中国特色社会主义制度、推进国家治理体系和治理能力现代化。2015 年 9 月，国家《深化科技体制改革实施方案》提出以构建中国特色国家创新体系为目标，全面深化科技体制改革，推动以科技创新为核心的全面创新，推进科技治理体系和治理能力现代化。

2000 年以来，国内外学者在研究较为成功的科研院所典型案例时，以管理模式、组织结构等方式介绍治理结构，如德国弗朗霍夫协会、法国国家信息与自动化研究所以及美国、日本和印度等国家科研院所治理模式。杨继明、冯俊文（2013）对世界主要国家的创新治理实践进行分析和概括，并结合中国实际，从创新治理角度提出我国科技宏观管理体制改革的思路和建议。孙福全（2014）认为，创新趋势和现实需求要求科技管理向创新治理转变，并提出几条具体对策。陈套（2015）总结比较了科技管理到创新治理的嬗变结果，分析了创新治理主体的利益驱动机制、价值驱动机制以及文化驱动机制，研究了我国创新治理的路径选择，给出了相应的政策建议。杨东占（2015）对全面推进国家科研治理能力现代化的几点建议。张仁开（2016）认为，创新治理是国家创新治理体系和治理能力现代化建设的重要方面，创新治理体系是实现创新治理的根本制度保障。多元共治是全球科技创新中心城市创新治理的基本模式。李政刚（2015）认为，公益类科研院所的"去行政化"改革应以创新法人治理结构为突破，着重建构有利于政府与院所之间形成良性互动的平衡治理机制，从而实现管理模式由政府主导向院所治理的转变。郭学婧（2014）围绕科研机构的使命定位、运行模式与治理结构等因素对机构绩效的影响进行研究、探索，并提出了相应的政策建议。李慧聪、霍国庆（2015）提出科研院所治理的概念，梳理了科研院所治理结构的演进路径，按照治理结构、治理行为和治理对象的框架初步构建了科研院所治理结构的评价体系，提出了科研院所治理转型的对策建议。杨丽丽（2014）对科研治理体系的建构、机构的设置、功能定位等进行探索，并建立起一套功能齐全的科研活动治理体系。陈劲、梁靓（2014）基于组织二元性的理论视角，分析了欧美等国重大创新基地的治理结构与管理模式。段小华（2014）认为，国家重大创新基地主要依托若干个创新载体，使得构建以产权为基础的治理结构面临较大挑战，进而影响着激励机制、决策机制等相关治理问题的解决。可资借鉴公共研发组织的经验及完善治理结构与机制的途径。费钟琳、黄幸婷等（2017）基于所有权和经营权分离思想，根据不同属性参与主体的组合发展了新的产业创新平台治理模式分类方法，为选择与平台创新活动需要相适应的治理模式，提升产业创新绩效提供了实践启示。汪艳霞（2017）以重庆北碚国家大学科技园为例，探究大学依托、政府支持、企业运作的共建办园、合作治理模式及其发展路径、特色优势和发展趋势。

（五）关于工程技术研究中心相关研究

美国是最早在高校建立国家工程技术研究中心，澳大利亚于1990年开始建立类似于美国工程技术研究中心的合作研究中心。目前，极少数理论研究针对国外的工程技术研究中心，研究主要集中在国家工程技术研究中心实践的总结和从中吸取的教训，以供政府和其他工程技术研究中心参考。我国自1991年开始组建国家工程技术研究中心。国内关于国家工程技术研究中心的公开研究也较少，且集中在目标定位、运行和管理体制、政策演进等方面。

丁学勇、曾晓萱等（1994）指出，发达国家中其科研体系专门设立工程技术研究中心，且发展较为成熟的是美国，美国国家科学基金会（NSF）在6大领域设立了19个工程中心，其运作方式、监督管理可以作为我国工程技术中心的借鉴。李钢（2003）基于利益博弈机制，从分析和界定国家工程技术研究中心理想运行目标入手，探讨运行机制的形成及其对工程中心运行行为及其绩效的影响，分析行为及其绩效与理想目标差异的原因，并提出相应政策建议。沈国强、冯志强（2004）分析了不同产权性质的工程中心的模式、机制、特点，阐述建设独立法人模式工程中心的意义，并提出建设思路。曹煜中、王发明（2008）从利益博弈机制和产权分析的角度，对国家工程技术研究中心的不同运行模式进行了理论阐述，并对其与相关利益主体的关系及路径选择基础进行了充分论证，并提出政策建议。苏慧欣（2012）运用WSR系统方法论，以西南交通大学国家工程技术中心为例，为高校国家工程技术研究中心的管理模式寻求到有效的理论支撑，扩充并丰富其内涵和精神。陈伟维、曹煜中（2014）从贯彻落实十八大精神和创新驱动战略的角度提出发展需求，重点分析总结国家工程技术研究中心在管理机制和布局发展模式方面开展的实践和探索，对管理工作提出相关政策建议。王健、柳春等（2014）回顾国家工程中心发展历程，从技术领域、地域、法人资格、支撑战略新兴产业等角度分析了工程中心布局状况，从中心实际布局和组织管理政策体系两方面提出今后开展工程中心布局研究和相关工作的建议。朱志凌、柳春（2014）通过国家工程技术研究中心运行评估的实践，综述了评估对象、原则和程序，探讨了评估指标体系的设计以及评估方法的使用，建立了专家评议结果相关模型，为合理利用综合评价结果提供实践参考。周琼琼（2015）选取国家工程技术研究中心的典型案例进行探索分析，并在此基础上进行创新基地的科技资源配置对技术创新能力的影响模型构建和实证分析。谢宗晓、林润辉等（2015）从协同创新的角度，以国家工程技术研究中心为研究背景，探讨了协同对象、协同模式和创新绩效的关系。周琼琼、何亮（2015）回顾工程中心的发展历程，分析工程中心在管理体制机制创新、人才队伍培养、推动集成、配套的工程化成果向行业的转移与扩散，提高行业技术水平等方面取得的成效和经验，并提出相关政策建议。

综上所述，国内外学者对于科技方面创新驱动发展战略研究、供给侧结构性改革研究有一定深度，对科技创新基地、国家工程技术研究中心的理论研究不多，多处在宏观政策、理论概述和个案分析方面，特别是在我国实施创新驱动战略，全面深化改革，推进国家治理体系和治理能力现代化大背景下，针对国家工程技术研究中心治理研究系统分析、实证分析还没有相关文献报道。

第三章　国家工程技术研究中心建设与发展现状

一、国家科技创新基地建设与发展现状

（一）我国科技创新基地基本情况

科技是国家强盛之基，创新是民族进步之魂。发达国家普遍把科技创新基地建设作为强化竞争优势的一项国策，为社会提供更多的创新条件，提高整个国家的创新能力，发展中国家也将科技创新基地建设作为实现跨越发展的战略举措。我国经济进入新常态，经济发展更多的由投资、要素驱动转变为创新驱动，科技创新对于经济社会发展影响越来越大。作为科技创新资源重要载体的科技创新基地也得到了国家高度重视。

1. 科技创新基地框架体系

实施创新驱动发展战略，就是推动以科技创新为核心的全面创新。创新体系包括科技创新与制度创新、管理创新、业态创新、文化创新等各类创新。科技创新体系从层级来分类包括国家科技创新体系和区域科技创新体系。从要素来分类包括创新主体、创新资源和创新环境。创新主体是指具有创新能力并实际从事创新活动的人或社会组织。主要包括科研院所、高等院校、科技创新基地（平台）、国际组织、中介机构等组织。创新资源是指企业技术创新需要有各种投入，包括人力、物力、财力各方面的投入要素，这些既是需要流动的商品，也是需要加以保护的重要资源。创新环境是指产业区内的创新主体和集体效率以及创新行为所产生的协同作用。

科技创新基地是具有独立法人资格或具有相对独立地从事创新活动的创新主体，是科技创新体系的重要组成部分。我国各部门通过组织实施重大计划与工程，形成了覆盖主要学科领域和行业，包括研究试验、技术开发与工程化、技术

转移到产业化的较完整的科技创新基地框架体系。科技创新体系框架，如下图3-1所示。

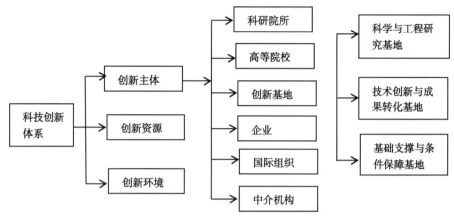

图 3-1　科技创新体系框架

我国众多的科技创新基地按照产业链和创新链所处环节，大体分为研究试验基地、技术开发与工程化基地和产业化基地三类。研究试验基地处在创新链前段，技术开发与工程化基地处在创新链中间环节，产业化基地处在创新链后端。按照国家战略需求和不同类型科研基地功能定位，对现有国家级基地平台归并整合分为科学与工程研究基地、技术创新与成果转化基地和基础支撑与条件保障基地三类。

2. 国家科技创新基地建设情况

当前我国正处于建设创新型国家的决定性阶段，进入实施创新驱动发展战略的关键时期，着力推进供给侧结构性改革、加快转变经济增长方式的攻坚时期，努力推动国家治理体系和治理能力现代化的重要时期。新形势下，全社会的科技创新活动迫切需要更高水平、体系化的科技创新基地建设。

国家科技创新基地是围绕国家目标，根据科学前沿发展、国家战略需求以及产业创新发展需要，开展基础研究、行业产业共性关键技术研发、科技成果转化及产业化、科技资源共享服务等科技创新活动的重要载体。国家科技创新基地是国家创新体系的重要组成部分，具有人才集聚优势，是创新人才特别是领军人才和高水平工程技术人才的培育基地。国家主要通过重大科研项目安排支持国家创新基地发展，而聚集、培育创新人才和充分发挥创新人才的作用，又是国家科技创新基地完成重大创新任务的重要基础。

自从 20 世纪 90 年代国家和地方相继启动科技创新基地建设以来，国家科技创新基地数量持续增长，规模持续扩大，专业水平持续提升，技术领域的涉及面也越来越广。目前，国家级科技创新基地有国家重点实验室、国家实验室、大科学工程、国家研究中心、国家野外科学观测台站、国家科技资源共享服务平台、国家工程研究中心、国家工程技术研究中心、国家工程实验室、国家级企业技术中心、国家技术创新中心、农业科技园、大学科技园、技术转移示范中心、国家级高新区、火炬特色产业基地、国家级科技企业孵化器、国家级生产力促进中心、"863"产业化基地、国际科技合作基地等 20 多个类型，数量超过 2 500 个。

3. 国家科技创新基地改革方向

2015 年 3 月，《中共中央 国务院关于深化体制机制改革加快实施创新驱动发展战略的若干意见》提出，优化国家实验室、重点实验室、工程实验室、工程（技术）研究中心布局，按功能定位分类整合，构建开放共享互动的创新网络，建立向企业特别是中小企业有效开放的机制。2015 年 10 月，习近平总书记在党的十八届五中全会报告提出："依托企业、高校、科研院所建设一批国家技术创新中心，形成若干具有强大带动力的创新型城市和区域创新中心。" 2017 年 8 月，科技部、财政部、国家发展改革委印发《国家科技创新基地优化整合方案》提出，对现有科技创新基地进行评估梳理，逐步按照新的功能定位要求合理归并，优化整合。根据国家战略需求和不同类型科研基地功能定位，国家科技创新基地分为科学与工程研究基地、技术创新与成果转化基地和基础支撑与条件保障基地三类。

第一类：国家科学与工程研究基地。定位于瞄准国际前沿，聚焦国家战略目标，围绕重大科学前沿、重大科技任务和大科学工程，开展战略性、前沿性、前瞻性、基础性、综合性科技创新活动。主要包括国家实验室、国家重点实验室。

第二类：国家技术创新与成果转化基地。定位于面向经济社会发展和创新社会治理、建设平安中国等国家需求，开展共性关键技术和工程化技术研究，推动应用示范、成果转化及产业化，提升国家自主创新能力和科技进步水平。主要包括国家工程研究中心、国家技术创新中心和国家临床医学研究中心。

第三类：国家基础支撑与条件保障基地。定位于为发现自然规律、获取长期野外定位观测研究数据等科学研究工作，提供公益性、共享性、开放性基础支撑和科技资源共享服务。主要包括国家科技资源共享服务平台、国家野外科学观测研究站。

（二）主要发达国家科技创新基地建设经验

主要发达国家非常重视科技创新基地建设，持续部署和重点支持了学科交叉、综合集成的科学研究实验设施和创新基地。这些科技创新基地为提升国家整体创新能力，抢占竞争制高点发挥了重要作用。

一是政府高度重视，强调国家目标，突出公共科技创新的战略地位与作用。发达国家的科技创新基地建设充分体现了国家意志，服从于国家发展战略。这些科技创新基地从事的研发工作具备大规模、高风险、周期性长的特征，涉及经济社会发展和国家安全等重大问题，涵盖了基础性、前瞻性研究、开发与创新工作。成立于 1943 年的美国橡树岭国家实验室就是在"二战"期间为了曼哈顿计划而设立；成立于 1946 年的阿贡国家实验室是在第二次世界大战曼哈顿工程和芝加哥大学冶金实验室的基础上发展起来的。随着社会经济发展，国家实验室的任务不断调整。橡树岭实验室的任务从 20 世纪 50—60 年代的核能、物理及生命科学的相关研究发展到当今的中子科学、能源、高性能计算、复杂生物系统、先进材料和国家安全。日本文部科学省从 2007 年开始实施"世界顶级水平研究所计划"，政府每年投入约 100 亿日元的资金，在生命科学、化学、材料科学、系统量子工学、情报学、精密、机械工学、物理学、数学等领域构建跨领域融合的世界顶级水平研究所，并提出了"世界顶级的研究水平""跨领域融合的创新能力""国际化优越的科研环境"及"实现研究机构的改革"4 个目标。欧盟为了保持在若干领域的技术领先地位，按照自身特点，设立联合研究中心，实施相关计划鼓励多国合作，加强大规模基础研究设施的建设，促进基础设施的共享。

二是功能完整、规模大、综合性强。国外先进的科技创新基地具有规模大、综合性强的优势，有效地发挥了科技创新的聚集效应。美国橡树岭国家实验室占地 150 平方千米，现有雇员 4 600 多人，其中，包括 3 000 名科学家和工程师，每年有客座研究人员大约 3 000 人，年度经费超过 14 亿美元。阿贡国家实验室有雇员 3 200 名，包括大约 1 000 名科学家和工程师，实验室每年的运行经费约为 6.3 亿美元，支持研究项目超过 200 个。此外，欧洲核子研究中心（CERN）和日本高能加速器研究机构（KEK）也都是随着科技发展的需要而建立的。CERN 现有 20 个成员国，雇用近 3 000 人，世界上的粒子物理学家约有 6 500 人曾到 CERN 访问。凭借完整功能和综合性强的优势，发达国家的科技创新基地在科学发展、国家经济社会发展和科学人才培养中发挥了重大作用。

三是开展重大基础研究和应用研究。由于拥有良好的科研环境、试验条件及研发的骨干力量，科技创新基地承担着大量的国家或地区的基础研究和应用研究。美国国家实验室大约承担着全美全部基础研究的18%、应用研究的16%和全部技术开发的13%，研发人员约占全美科学家和工程师队伍的8%。这些国家实验室基于先进的研究设施，开展前沿科学研究，不仅取得了许多突破性的科研成果，为一些基础学科的发展奠定基础，而且吸引和集聚了大量的优秀研究人员，成为诺贝尔奖获得者的摇篮。英国的卡文迪什实验室对气体导电的研究导致了电子的发现；放射性的研究导致了α、β射线的发现；正射线的研究发明了质谱仪，进而发现了同位素。这些成果使该实验室涌现出了20多位诺贝尔奖获得者。

四是组织开展高水平的技术转移和技术扩散。技术转移和技术扩散是科技创新基地实现服务国家目标的重要手段之一。1974年美国成立了面向技术转移的联邦实验室联盟（简称FLC），它是国家实验室将其技术成果与市场相联系的全国网络，有效促进了技术转移和成果转化。迄今，包括国家实验室在内的数百家研究机构以及它们的上级部门或机构已成为FLC的成员。欧洲核子研究中心（CERN）在内部建立了技术转移部，建立了非常完备的技术转移网络。欧盟成立了欧洲商业和创新中心，通过构建全球范围的公立技术转移中心和解化器网络，协助欧洲大型研究机构，如航空航天署的技术向民用和商业转移。

五是拥有科学合理的运行机制与管理模式。发达国家在治理结构、机构设置、激励约束机制、外部合作等方面，建立了一套有效的科技创新基地管理制度。科技创新基地实行董事会领导下的主任负责制。国家实验室设立的董事会拥有对国家实验室管理的最终决定权。政府拥有、承包商（如大学等依托单位）管理的国家实验室的主任人选由依托单位董事会及参加的国家职能部门共同确定后，由依托单位负责人任命。实验室主任由主管部门或托管机构在全球范围内选聘，任期根据其业绩和有关法律规定来确定。实验室根据研究方向下设研究小组，各小组负责人对实验室主任负责。工作人员采用合同制，科研人员的安排采用项目矩阵（项目团队）管理模式。

国外科技创新基地采取目标任务合同制管理模式，根据合同中的绩效指标对科技创新基地进行考核。上级主管机构设有专门的评估办公室，通过一系列的政策和程序来加强对科技创新基地的管理和运行。在合同有效期内，每年通过评估，有效保障其科技发展目标的实现。

综上所述，发达国家的科技创新基地十分重视与大学、研究机构、产业界的合作，在发挥各自优势的基础上，实现优势互补，共同解决学科发展前沿和关系经济社会发展及国家安全的重大科学问题。主要合作形式包括合作研究与开发、资助研究、设备开放与技术服务等。在开展广泛合作的同时，政府和国家实验室均鼓励对内对外的有限竞争。虽然，科技创新基地的经费主要源自政府拨款，但部分政府研究项目仍须通过竞争途径获得，其他经费来源还包括企业的技术开发经费。

（三）我国国家科技创新基地建设成效

近年来，我国充分运用现代信息技术，利用国际资源，搭建具有公益性、基础性、战略性的国家科技创新基地，在科技创新与促进相关产业发展中发挥了重要的作用。

一是在孕育重大原始创新、推动学科发展和解决国家重大科学技术问题方面发挥了主导作用。为满足国家重大战略需求，立足世界科技前沿，推动基础研究和应用基础研究快速发展。1984 年启动国家重点实验室计划，2000 年启动试点国家实验室建设。"十二五"期间，新建国家重点实验室 162 个，启动青岛海洋科学与技术试点国家实验室建设，已有国家重点实验室 481 个、试点国家实验室 7 个，覆盖基础学科 80% 以上。获国家科技奖励 569 项，包括自然科学奖一等奖的 100%、自然科学奖二等奖的 62.5%、国家技术发明奖一等奖的 50%、国家科学技术进步奖特等奖的 50%。国家累计投入专项经费和引导经费 160 亿元。在科学前沿方面，取得了铁基超导、拓扑绝缘体与量子反常霍尔效应等一批标志性成果，带动了量子调控、纳米研究、蛋白质、干细胞、发育生殖、全球气候变化等领域的重大原始创新。在满足国家重大需求方面，解决了载人航天、高性能计算、青藏铁路、油气资源高效利用、资源勘探、防灾减灾和生物多样性保护等重大科学技术问题，带动了大型超导、精密制造和测控、超高真空等一批高新技术发展。牵头组织实施了大亚湾反应堆中微子试验等重大国际科技合作计划项目。

二是解决了一大批共性关键技术问题，推动了科技成果转化与产业化，带动了相关产业发展。为推动相关产业发展，促进行业共性关键技术研发和科技成果转化与产业化，自 1991 年开始，启动实施了国家工程技术研究中心、国家工程研究中心、国家工程实验室建设，目前已建设国家工程技术研究中心 346 个、国家工程研究中心 131 个、国家工程实验室 217 个，在先进制造、电子信息、新材料、能源、交通、现代农业、资源高效利用、环境保护、医药卫生等领域取得了一批对产业影响重大、体现自主创新能力的工程化成果，突破了高性能计算机、高速铁路、高端数控机床等一批支撑战略性新兴产业发展的共性关键技术和装备，培育和带动了新兴产业发展。通过科技成果转移转化和技术扩散，推动了农业、环保、水利、国土资源等行业的技术进步，加快了装备制造、冶金、纺织等传统产业的转型升级。通过面向企业提供设备共享、检测测试、标准化、信息检索、人才培训等服务，促进了大批科技型中小企业的成长。

三是提高了科技资源有效利用，为全社会科技创新提供了重要的支撑服务。"十二五"期间，科技部、财政部支持了23个国家科技基础条件平台建设运行，涵盖科研设施和大型科学仪器、自然科技资源、科学数据、科技文献等领域，形成了跨部门、跨区域、多层次的资源整合与共享服务体系，聚集了全国700多家高等院校和科研院所的相关科技资源，涵盖了17个国家大型科学仪器中心、81个野外观测研究试验台站，拥有覆盖气象、农业、地球系统、人口健康、地震等领域71大类，总量超过1.6 PB科技数据资源，保藏的动物种质、植物种质、微生物菌种以及标本、试验细胞等试验材料资源超过3 500万份。科技资源集聚效应日益显著，为开放共享打下坚实的物质基础，建设了一批有较高知名度的科学数据中心、生物资源库（馆）。国家科技资源共享服务平台聚焦重大需求和科技热点，已开展上百项专题服务，年均服务各级各类科技计划过万项，为大飞机研制、青藏高原生态评估、石漠化治理、防灾减灾等重大工程和重大科研任务，提供了大量科技资源支撑和技术服务。

四是科技基础条件保障能力建设成效显著，为科学研究和创新活动提供重要手段和保障。"十二五"以来，通过实施重大科学仪器设备研制和开发专项，攻克了一批基于新原理、新方法的重大科学仪器设备的新技术，研制了一批发现新现象、揭示新规律、验证新原理、获取新数据的原创性科研仪器设备。攻克了一批科研用试剂的核心单元物质、关键技术和生产工艺，研发了一批重要的科研用试剂。支持了重大疾病动物模型、试验动物新品种、试验动物质量监测体系等研究。开展了应对国际单位制变革的基于量子物理基础前沿研究，计量基标准和量传溯源体系进一步完善，国际互认能力进一步提高。通过生态观测、材料腐蚀试验、特殊环境与灾害研究、大气成分本地观测、地球物理观测等105个国家野外科学观测研究站，开展了自然资源和生态环境的长期观测、数据采集和科学研究，积累了大量原始野外科学数据，并广泛应用于资源综合利用、生态环境修复、城市大气和水体污染治理、农业生产技术模式改进、城镇化建设，取得显著的社会和经济效益。通过实施科技基础性工作专项，开展了土壤、湖泊、冰川、冻土、特殊生境生物多样性等专题调查，中国北方及其毗邻地区、大湄公河地区等跨国综合考察。在中国动物志、中国植物志和中国孢子植物志等志书编撰及中国地层立典剖面等立典方面取得显著进展。收集了一批重要的科学数据，抢救、整编了一批珍贵资料，促进了支撑科学研究的自然本底、志书典籍等基础性科技资料的长期、系统、规范化采集和整编。

五是科技创新基地培养和造就高素质科研人才和队伍。依托一流、优质的科技资源和创新条件，各类科技基础条件平台会聚和培养了大批高素质、专业化和具有全球视野的战略科学家和工程师队伍。据统计，国家工程技术研究中心技术带头人中 90% 主持或参与了国家重大科技计划项目，95% 获得过国家或省部级奖励，一大批技术带头人在工作中走上管理领导岗位，或成为具有国际视野的战略科学家。国家重点实验室集聚了新增的 50% 以上的中国科学院院士和 25% 左右的中国工程院院士以及杰出青年等高层次研发人才及一批创新研究群体，目前国家重点实验室固定人员总数 2.65 万人，占全国基础研究人员总数的 15% 和 R&D 人员总数的 0.9%。试点国家实验室和国家重点实验室 6 位科学家获得国家最高科学技术奖。

二、国家工程技术研究中心职责任务与运营模式

国家工程技术研究中心是我国技术创新与成果转化类国家科技创新基地，是国家创新体系和国家重大创新基地建设的重要组成部分，是国家科技计划体系中科技条件能力建设的重要内容，是承担国家重点科研任务的重要力量，是促进项目、基地、人才结合的重要载体。

（一）国家工程技术研究中心职责任务

国家工程技术研究中心基本宗旨是通过建立工程化研究、验证的设施和有利于技术创新、成果转化的机制，培育、提高自主创新能力，搭建产业与科研之间的"桥梁"，推进科技与经济深度融合、加强科技成果向现实生产力转化的中间环节，促进产业技术进步和核心竞争能力的提高。作为市场体系中的经济运行主体，国家工程技术研究中心的建设运行必须首先满足科技部、地方科技主管部门、依托单位和相关投资主体的利益要求权。

1. 国家工程技术研究中心主要职责

一是根据国民经济、社会发展和市场需要，针对行业、领域发展中的重大关

键性、基础性和共性技术问题，持续不断地将具有重要应用前景的科研成果进行系统化、配套化和工程化研究开发，为适合企业规模生产提供成熟配套的技术工艺和技术装备，并不断地推出具有高增值效益的系列新产品，推动相关行业、领域的科技进步和新兴产业的发展。

二是培训行业或领域需要的高质量工程技术人员和工程管理人员。同时，结合国外智力引进工作，在工程技术研究开发方面全方位地开展国际合作与交流。

三是实行开放服务，接受国家、行业或部门、地方以及企业、科研机构和高等院校等单位委托的工程技术研究，设计和试验任务，并为其提供技术咨询服务。

四是运用其工程化研究开发和设计优势，积极开展国外引进技术的消化、吸收与创新，成为企业吸收国外先进技术、提高产品质量的技术依托。

2. 国家工程技术研究中心主要任务

对于科技部来说，建设国家工程技术研究中心是国家科技发展计划的重要组成部分，中心建设任务：对科研成果进行系统化、配套化和工程化研究开发，推动相关行业技术领域的科技进步和产业化进程；承接工程技术研发任务并将成果辐射和推广；培养工程技术人才和科技型企业家，为科技成果产业化输送推动发展的骨干队伍；开展国际合作，引进、吸收与创新国外先进技术，为企业新产品开发和技术创新提供依托。

对于地方科技主管部门来说，中心建设任务：一方面中心良好的经济效益可以产生良好的财政收益，促进地方企业发展和当地经济增长，树立地区形象；另一方面希望中心能够依托自身的科技研发优势，承担国家级、省部级各类课题，带动当地科技发展。

对于依托单位和相关投资主体来说，中心建设任务是如何通过自身运作条件的不断改善，实现良好的经济效益，从而对投资主体产生较高的投资回报，并提升自身知名度和影响力。

（二）国家工程技术研究中心基本特征

国家工程技术研究中心是我国技术创新与成果转化类国家科技创新基地，是我国科技与经济紧密结合的国家科技创新基地。其基本特征体现为如下4点。

第一，国家工程技术研究中心覆盖创新链条较多环节。目前，我国科技创新基地大多具有较强的专业性，主要承担创新链中某一环节的创新（或支撑服务）

活动，如研究开发、试验观测、中试、推广示范、产业化及创新服务等，服务范围从本地、区域甚至全国。国家工程技术研究中心是在众多科技创新基地类型中，能够覆盖产业链、创新链中较多环节的创新载体。在国家工程技术研究中心建设序列中，有一部分是依托大学和科研院所组建的公益类中心，通过改进实验条件，引进领军人才，将科研活动、学科建设和团队发展相结合，形成集聚创新资源、承担国家重大科技任务的开放式科技创新基地，同时，围绕重大基础研究问题开展工程技术研发和科技成果转化。此外，依托龙头企业组建的企业类中心，则具备大规模组织实施成果转化的能力，能够面向行业需求进行技术扩散，形成我国具备国际竞争力的高新技术产业，带动地方、行业科技创新基地发展和全社会科技创新，从产业链角度上则将从研究开发阶段延伸到了产业化、市场化阶段。

第二，国家工程技术研究中心体现政府和市场双重配置作用。国家工程技术研究中心也属于技术开发与工程化基地的类型。在我国现有体制下，研究试验基地偏重在科学问题研究和基础研究，重要任务是揭示自然规律，获取新知识、新原理、新方法，培育和支持新兴交叉学科，解决一批国家经济社会发展中的关键科学问题，目标是提高我国原始性创新能力、积累智力资本，不需要考虑研究成果的产业化和市场化问题，因此，在这个阶段，主要采用政府配置科技资源的方式。对于产业化基地，则更多的应以市场需求导向为主进行科技资源配置。只有处于中间环节的，如国家工程技术研究中心这类创新基地，更多地需要政府和市场共同配置科技资源，从而实现国家目标和能力现代化建设。

第三，国家工程技术研究中心依托单位类型多，实力雄厚。多年来，国家工程技术研究中心已经成功探索出在社会市场经济条件下的科技成果转化机制，形成了一批代表国家实力、代表产业发展方向，具有较强市场化意识、具有较强研究能力和转化能力的国家队。国家工程技术研究中心的依托单位多是科技实力雄厚的重点科研机构、科技型企业或高校，无论在科研实力、行业影响力还是市场份额方面都是行业中的佼佼者。例如，依托科研院所优势技术领域，中国建筑材料科学研究总院组建了国家玻璃深加工工程技术研究中心，中国热带农业科学院组建了国家重要热带作物工程技术研究中心；依托高校优势专业学科，清华大学组建了国家计算机集成制造系统工程技术研究中心，浙江大学组建了国家光学仪器工程技术研究中心；依托企业优势转化能力，华为技术有限公司组建了国家宽带移动通信核心网工程技术研究中心，中车青岛四方机车车辆股份有限公司组建了国家高速动车组总成工程技术研究中心，等等。从某种意义上说，国家工程技术研究中心体现我国工程技术研究队伍的最高水平。

第四，国家工程技术研究中心在技术领域范围具有唯一性。在国家工程技术研究中心认定条件中，技术领域的唯一性是论证的必要条件，也就是说在某一个关键共性技术领域，只能建设一家国家工程技术研究中心，在评审论证环节国家工程技术研究中心的技术领域研究内容是否具有较多的重复、交叉是必须论证清楚的关键问题之一。在当前科技创新范围不断扩大、科技创新活动不断进行融合、交叉，国家工程技术研究中心在技术领域的唯一性为其"国家队"地位的奠定至关重要，这也在另一个层面体现了国家工程技术研究中心技术领域覆盖全面，涵盖了当前科学问题研究和科技研发的各个环节，能很好地引领技术领域和产业发展。

（三）国家工程技术研究中心建设模式

从组织形态来划分，国家工程技术研究中心建设模式分为独立型（独立法人式）、相对独立型（单位部门式）、整建制挂牌型（与依托单位一套人马两块牌子）、联合型（多单位联合组建）等类型。

1. 独立型（独立法人式）模式

独立型国家工程技术研究中心的特点是：按照《中华人民共和国公司法》由科研院校或大型企业作为依托单位由股东投资建立，具有独立的法人资格，实行独立核算、自主经营、自负盈亏，与依托单位的关系表现为以资产为纽带，风险共担，利益共享，具有现代企业制度的特征。

其优点是：具有独立的法人资格，能直接开展对外承接科技开发经营业务，能围绕自身发展需要自主处理事务，灵活应对市场，能较好地适应市场经济的发展和科技市场瞬息万变的趋势。

其缺点是：需要直接面对激烈的市场竞争，市场风险大；收入不稳定，完全取决于自我经营能力及工作绩效；科研资金无来源保证，项目开发需"找米下锅"，必须实现经济自主发展。

2. 相对独立型（单位部门式）模式

相对独立型国家工程技术研究中心的特点是：由一些院校、科研单位或大型企业在其内部建立，是一个职能研发部门或机构，产权完全属于组建单位，按组建单位的管理体制和运行机制运行，产品开发、技术服务及建设发展均围绕组建单位的业务展开。

其优点是：有现成的管理制度，管理形式比较规范；在技术研究与开发上能得到单位其他部门的支持，资金来源有保证；项目无须"找米下锅"；收入分配随大溜，无后顾之忧。

其缺点是：易造成人浮于事，效率低下；对生存和发展没有危机感和紧迫感，缺乏创新性，影响了科技开发创新能力的发挥和提高；内部从属管理的体制阻碍了公共平台的开放和科技成果的辐射，影响了中心社会功能作用的发挥。

3. 整建制挂牌型（与依托单位一套人马两块牌子）模式

整建制挂牌型国家工程技术研究中心的特点是：与依托院校、科研单位或大型企业一套人马两块牌子，是一个非独立法人核算单位。在人才、技术、信息上以依托单位为支撑；在行政、人事、投资等重大事项的决策上由组建单位负责；在开发、业务上由中心主任经营，有一定的经营管理权但自主性不强。

其优点是：在技术研究与开发上能得到依托单位的支持，资金来源相对有保证；无需直接面对市场竞争，竞争压力小，市场风险小；收入分配相对稳定。

其缺点是：非独立法人地位使工程中心缺少较大经营自主权；决策程序烦琐，中心的建设和发展受到组建单位的影响，因此，易失去发展的机遇；非独立核算使行政管理、人事分配、资金调配权受到限制，束缚了经营者开拓能力的充分发挥，激励措施难到位，易挫伤科技人员积极性；由于不处在市场前沿，市场竞争和市场风险意识差，难以适应市场经济的发展。

4. 联合型（多单位联合组建）模式

联合型国家工程技术研究中心的特点是：采取院校、科研单位或大型企业联合组建，合作方式包括联合投入、共同立项、合作申请项目、联合举办工作周、研讨会等。

其优点是：可促进科技资源合理配置，解决资源分散、重复、封闭等多种问题，促进相互之间的合作共建、协同研发、成果共享、风险分担。

其缺点是：存在成立的目的在于申请基地牌子，后期联合流于形式；行政捆绑没有充分考虑到不同参建单位在行政体制上的差异，使得组织上的实质性合作流产，共同办公和联合试验的机制无法落实，只能各管各的，从组织合作蜕化为学术交流。

（四）国家工程技术研究中心运行模式

现行国家工程技术研究中心运行模式有"独立运行""紧密合作""相对松散合作""国际合作""技术创新联盟""股份制""会员制"等多种模式。

1. 独立运行模式

这类国家工程技术研究中心的依托单位为一家。具体分为 2 种情况：一种是一家独大的行业领军型；另一种是注重公益服务的行业辐射型。前一种通常依托于行业技术垄断或聚集度很高的龙头企业，研发及产业化能力占据国内半壁江山，其自身技术发展就能引领行业进步，提升我国产业的国际竞争力，例如，依托华为、中兴通讯、潍柴动力、中国商飞、泰和新材等公司组建的国家工程技术研究中心。后一种通常依托于非营利性的科研院所，由于其自身没有商业逐利动机，因此，能够更好地发挥行业服务和技术辐射功能，例如依托电科集团 55 所组建的国家超细粉体工程技术研究中心，坚持自身不办企业、不搞产品、为行业服务的公益性原则，国内几百家同行企业均享技术扩散的福祉。

2. 产学研紧密合作模式

这类国家工程技术研究中心的依托单位为 2 家，通常一家为大学或科研院所，一家为企业，双方能够优势和利益互补，形成产学研紧密结合的共同体。具体又分为 2 种情况：第一种类型两家依托单位有先天利益联结，因此，具有良好的合作基础，技术成果转移的效益较高，例如，国家橡胶与轮胎工程技术研究中心，其企业依托单位软控股份有限公司，前身是青岛科技大学的校办企业，借助于学校的行业科研优势资源和良好的运作机制，迅速成长为行业领军的高科技企业。第二种类型是两家依托单位并无先天利益联结，凭借建立良好的合作机制和利益分享机制，形成紧密合作关系，例如，依托南京农业大学和雨润集团组建的国家肉品质量安全工程技术研究中心。

3. 相对松散合作模式

这类国家工程技术研究中心的依托单位为 2 家或多家，依托单位通常具有同一属性，从产业链的角度缺乏合作的互补性和利益激励机制，因此，依托单位之间的合作较为松散，协作效率相对较低，具体也分为两种类型。第一种类型是由于历史原因或行业、区域特点，部分工程中心设有分中心，例如，玉米、大豆、节水灌溉、农产品保鲜和生化、冶金自动化等方面均设有 2 个及以上分中心，这些分中心之间基本上独立运行，没有形成紧密合作关系。第二种类型是国家工程技术研究中心没有分中心，拥有 2 家以上依托单位，但合作联系较为松散，没有形成创新的有机集成体。

4. 国际合作模式

部分国家工程技术研究中心在经济全球化、产业一体化的背景下，参与国际产业分工和竞争，实施走出去战略，实现了跨出国门的建设布局。例如，国家乘用车自动变速器工程技术研究中心实施三国四地的发展布局，技术的在德国，工程化在英国，国产化在北京航空航天大学，产业化在盛瑞公司。国家风力发电工程技术研究中心形成了新疆维吾尔自治区、北京和德国的两国三地布局。国家玉米工程技术研究中心与美国先锋公司建立合资公司。国家橡胶与轮胎工程技术研究中心先后设立了捷克和美国研发中心。华为和中兴通讯作为行业龙头企业，已经实施了全球化市场战略，研发和生产基地遍及几大洲。

5. 协同创新模式

部分国家工程技术研究中心注重加强不同创新主体之间的协作创新，促进资源优势集成和高效配置，发挥更大创新合力。例如，国家橡胶与轮胎工程技术研究中心将中心放在依托单位顶层设计位置，通过组织模式、运行模式、合作模式、保障模式创新，设立专项基金发动行业上下游企业共同开展关键技术攻关，实现成果和利益共享。国家电力自动化工程中心和行业内百余家科研单位联合攻关，电液控制工程中心和泥水平衡盾构工程中心加强跨领域技术集成。

6. 技术创新联盟模式

国家工程技术研究中心技术创新联盟模式有明确的专业技术方向和创新目标，通过契约关系建立共同投入，联合开发，利益共享，风险共担的机制，有助于搭建集研发、管理、创新和服务的共享平台，汇聚科技资源，协同推进科技创新，增强产业发展动力。如"农业—食品领域国家工程技术研究中心协同创新战略联盟"充分发挥农业、食品领域国家工程技术研究中心在供给侧结构性改革中的作用及科技资源聚集与协同优势，合力推进科技创新、成果转化与产业化应用。

三、国家工程技术研究中心发展历程与建设成效

（一）国家工程技术研究中心发展历程

经过近 20 年的建设与发展，国家工程技术研究中心经历了从无到有、从初建到蓬勃发展的过程，可以说国家工程技术研究中心发展历程是伴随着我国计划经济体制向市场经济转变、改革开放和自主创新成长起来的，是一个不断探索和完善组织管理和运行模式的过程。

1. 创建奠基阶段（1991—1995 年）

随着我国计划经济体制向市场经济体制转变，按照科技体制改革要求，自1991 开始，为促进科技成果向现实生产力转化，提高科技成果的成熟性、配套性和工程化水平，原国家科委在国民经济和社会发展有重要影响的行业开始建立国家工程研究中心。1993 年 2 月，原国家科委颁布《国家工程技术研究中心暂行管理办法》，明确国家工程技术研究中心的定义、定位、管理程序、条件及标准等关键内容。"八五"期间，共建设了 70 个左右工程技术研究中心，这一阶段国家工程技术研究中心主要以计划项目方式支持，支持强度不到100 万元。

2. 基本框架形成阶段（1996—2000 年）

"九五"期间，社会主义市场经济体制逐步确立，我国科技体制改革进程进一步加快。工程技术研究中心逐步确立了建设宗旨：一是探索科技与经济结合的新途径，加强高科技成果向生产力转化的中间环节；二是面向企业规模生产的需要，提高现有科技成果的成熟性、配套性和工程化水平，促进产业结构升级。在管理体制方面进行了有益的探索，实行了多种模式的运行机制。设立了经费渠道，支持强度为 300 万元。截至 1999 年，在全国 18 个省、市、自治区，9 个主要行业领域建立了 95 个国家工程技术研究中心（包括分中心 108 个），60 个通过验收。

3. 巩固与提高阶段（2001—2005 年）

随着市场经济体制逐步完善和科技体制改革的不断深化，国家工程技术研究

中心队伍逐步发展壮大，已经成为能够带动行业整体技术水平、促进高科技产业发展的国家队，成为行业科技成果的集散地和科技体制改革的排头兵，并逐步得到地方科技部门的重视。2001 年科技部印发了《推进国家工程技术研究中心建设的实施意见》，各地方将工程技术研究中心作为提高科技能力建设的重要内容，开始建立省部级工程技术研究中心。国家工程技术研究中心的支持强度增加为500 万元。截至 2005 年，共建设国家工程技术研究中心达到 148 个，包括分中心在内共计 160 个，分布在全国 28 个省、市、自治区。

4. 快速发展阶段（2006—2010 年）

按照我国提出的推进自主创新、建设创新型国家的重大战略决策要求，"十一五"期间，工程技术研究中心以提高自主创新能力和推动行业发展为目标，围绕十大振兴产业和战略性新兴产业崛起，注重与国家重大专项和国家技术创新工程实施相结合，更加重视依托具有高成长性的企业建立工程技术研究中心，并根据已建工程技术研究中心在管理和运行方面所体现出来的不同特点，进行分类管理。2008—2010 年仅 3 年，国家工程技术研究中心组建数量达到 96 个，占总量的 36%，支持强度也由原来的 300 万~700 万增加为 1 000 万左右，这是国家工程技术研究中心在组建规模和支持力度上发展最快的时期。截至 2010 年，共建设国家工程技术研究中心达到 264 个，包含分中心在内为 277 个，分布在全国 29个省、市、自治区。

5. 成熟发展阶段（2011—2015 年）

随着工程中心在经济社会发展中的影响力日益增强，党的十八大和 2012 年全国科技创新大会，从实施创新驱动战略的高度，对工程中心工作提出了更高的期望和要求，布局进入成熟发展阶段。"十二五"，国家工程技术研究中心围绕提升自主创新能力核心目标，坚持把促进科技成果转化为现实生产力作为主攻方向，注重与国家科技计划、国家科技重大专项相结合，国家工程技术研究中心建设和发展呈现出蓬勃发展的良好局面。"十二五"期间，共新建 84 个国家工程中心，共有 108 个国家工程中心通过验收进入运行阶段。截至 2015 年，共建设国家工程技术研究中心达到 346 个，包含分中心在内为 359 个，分布在全国 30 个省、市、自治区。

（二）国家工程技术研究中心布局情况

1. 区域分布情况

与我国地区科技、经济基础和发展状况基本一致，国家工程技术研究中心在地区分布从三大地域看，截至 2015 年年底，包括分中心在内的 359 个国家工程技术研究中心分布在东部地区 224 个，中部地区 73 个，西部地区 62 个，分别占总数的 62.40%、20.33% 和 17.27%。从区域看，地区分布广，包括分中心在内 359 个国家工程技术研究中心广泛分布于 30 个省、自治区和直辖市。其中，北京市 67 个，山东省 36 个，江苏省 29 个，广东省 22 个，上海市 21 个，湖北省 19 个，四川省 16 个，湖南省和浙江省各 14 个，辽宁省 12 个，重庆市、天津市和河南省各 10 个，安徽省 9 个，江西省 8 个，陕西省、黑龙江省和福建省各 7 个，新疆维吾尔自治区 6 个，吉林省、甘肃省和贵州省各 5 个，河北省和云南省各 4 个，广西壮族自治区和宁夏回族自治区各 3 个，海南省和内蒙古自治区各 2 个，青海省和山西省各 1 个。

2. 技术领域分布情况

国家工程技术研究中心定位于工程技术研发和中试转化，特别是共性关键技术，与行业、产业联系紧密。根据工程技术研究中心主要研发方向、内容和特点，结合管理部门在组建、验收和评估等管理过程中所采用的技术领域划分方法，可梳理为 3 大技术领域、11 个具体技术领域，分别为工业高新技术领域的制造业、电子与信息通讯、新材料、能源与交通，农业领域的现代农业、食品产业、农业物质装备，社会发展领域的建设与环境保护、资源开发、轻纺与医药卫生、文物保护。346 个国家工程技术研究中心分布在工业高新技术、农业和社会发展三大技术领域，分别有 190 个、76 个和 80 个，分别占总数的 54.9%、22%、23.1%。其中，制造业 48 个，电子与信息通讯 36 个，新材料 64 个，能源与交通 42 个，现代农业 43 个，食品产业 13 个，农业物质装备 20 个，建设与环境保护 24 个，资源开发 16 个，轻纺与医药卫生 39 个，文物保护 1 个。

3. 依托单位布局情况

国家工程技术研究中心依托具有法人资格的具体单位建设。从依托单位的法人资格来看，截至 2015 年年底，包含分中心在内的 359 个国家工程技术研究中心，具有企业属性 194 个、事业属性 165 个，分别占总数的 54.04% 和 45.96%。其中，随依托单位转企 36 个，依托民企 54 个，依托院校 102 个。从依托单位的组织形态来看，截至 2015 年年底，包含分中心在内的 359 个国家工程技术研究中心，其中独立型 26 个，相对独立型 232 个，整建制挂牌型 57 个，多单位联合组建型 44 个，分别占总数的 7.24%、64.62%、15.88% 和 12.26%。

（三）国家工程技术研究中心建设成效

国家工程技术研究中心作为国家创新体系建设和国家重大创新基地的重要组成部分，秉承加强科技与经济结合、促进科技成果转化的宗旨，着力提升自主创新能力、工程化及产业化能力，推动传统产业技术水平提升，促进新兴产业崛起，培养工程技术人才队伍，加强研发、中试和产业化基地建设，取得了良好的经济效益和社会效益。"十二五"期间，国家工程技术研究中心在建设和运行中积极探索科技与经济结合的新方式、新途径，推动了集成、配套的工程化成果向行业的转移与扩散，为行业技术进步、产业结构调整和产业发展提供了有力支撑。

1. 承担国家重大科技创新任务

"十二五"期间，国家工程技术研究中心共承担科研项目 10.34 万项，完成科研项目 5.07 万项。其中，2015 年，国家工程技术研究中心共承担科研项目 2.53 万项，同比增长 8.94%。其中，承包大型成套工程项目 1 748 项。完成科研项目 1.31 万项，完成项目占承担项目总数的 51.69%。承担国家级项目 4 602 项，占承担项目总数的 18.20%。其中，"863" 计划项目 455 项，科技支撑计划项目 737 项，"973" 计划项目 192 项，星火计划项目 21 项，火炬计划项目 21 项，其他国家级项目 3176 项。

2. 取得一批重大科研成果和专利

"十二五"期间，国家工程技术研究中心共获得地市级以上成果奖励 5 565 项，其中，国家级奖 390 项；申请专利 5.57 万项、授予专利 3.67 万项。其中，2015 年，国家工程技术研究中心获得 6 355 项科技成果，同比增长 13.85%。其中，自行研发成果 4 526 项，吸收依托单位成果 1 542 项，吸收外单位成果 187 项，引进国外技术 73 项，吸收其他成果 27 项。共获得地市级以上成果奖励 1 119 项，其中，国家级技术发明奖、自然科学奖、科技进步奖共计 57 项，省部级奖 746 项，地市级奖 316 项。共申请专利 1.36 万项，其中，申请发明专利 8 739项；授予专利 8 872项，其中，授予发明专利 4 722项。

3. 建立一批高水平的工程化研究试验基地

"十二五"期间，国家工程技术研究中心共建成中试基地 1 650 个、中试生产线 1 646 条；建成农作物示范基地 12 089 个、畜牧繁育基地 586 个。其中，2015 年，国家工程技术研究中心新增大型设备 1 164 台/套，总金额 16.03 亿元。共建成中试基地 288 个，中试生产线 277 条；建立技术服务网点 735 个。新建农作物示范基地 2 505 个，示范面积达 27 314.99万亩；新建畜牧繁育基地 103 个，育种 151 665万头/万只，畜牧出栏规模 149 656万头/万只。

4. 加快工程中心成果向行业转化推广

"十二五"期间，国家工程技术研究中心共转化科技成果 62 370项。其中，2015 年国家工程技术研究中心共转化科技成果 14 767项，同比增长 38.77%。其中，以技术入股方式转化 32 项，以技术转让方式转化 855 项，以技术承包方式转化 689 项，以技术服务方式转化 13 191项。累计推广科技成果 42 315项，同比增长 125.44%。其中，推广新技术（新工艺）2 046项，推广新产品 31 480个，推广新设备 8 789台/套。

5. 培养一批高素质工程技术人才队伍

截至 2015 年年底，国家工程技术研究中心共拥有职工 98 696人，同比增长 3.86%。其中，固定人员 82 901人，客座人员 15 795人，分别占职工总数的 84% 和 16%；其中，科技人员 63 071人，生产经营人员 21 736人，管理人员 7 922人，其他人员 5 967人，分别占职工总数的 63.91%、22.02%、8.02%和 6.05%。共拥有院士 224 人，"千人计划"入选者 178 人，"杰出青年"称号获得者 160 人。

6. 开展广泛产学研合作和学术交流

2015 年，国家工程技术研究中心共对外开放实验室 1 979个；开放设备 22 769台/套，同比增长 8.49%；开放生产线 520 条。举办国内外学术报告会与专题讲座 5 154期；召开国内技术交流会与展销会 3 261次，成交项目 926 项，成交金额 15.94 亿元；进行国际学术交流活动 3 052次，签订合作项目 497 项。举办各类技术培训班 17 437期，参加人数 96.85 万人。"十二五"期间，国家工程技术研究中心共为科研机构、企业等培养各类急需人才 470.84 万人。

7. 取得显著的经济效益和社会效益

截至 2015 年年底，国家工程技术研究中心总资产达 1947.39 亿元，同比增长 30.11%。其中，固定资产 578.25 亿元，流动资产 979.96 亿元，对外投资 90.78 亿元，其他资产 298.40 亿元。年末负债 858.73 亿元；年末净资产 1 088.66亿元，同比增长 24.33%。2015 年国家工程技术研究中心总收入 1 263.49亿元，是 2011 年总收入 630.73 亿元的 2 倍。其中，产品销售收入 1 012.98亿元，技术转让收入 114.41 亿元，承包工程收入 77.83 亿元，其他收入 58.27 亿元；创造利税 133.65 亿元，出口创汇 17.42 亿美元。

（四）国家工程技术研究中心发展的成功经验

作为我国重要的科技创新基地，国家工程技术研究中心经过近 20 多年的建设与发展，很好地发挥促进科技成果转化功能和辐射带动作用，在提高科技自主创新能力，工程化及产业化能力、推动传统产业技术水平提高、促进新兴产业崛起，培养工程技术人才队伍，建设创新型国家等方面作出了重大贡献，也取得了一些成功经验。

1. 建立了规范的组建标准和管理模式

20 多年来，国家工程技术研究中心建立了一套从遴选、同行可行性专家论证、综合评审、验收、运行评估的管理程序，严格坚持由政府决策、专家咨询、运行评估的"三位一体"管理模式。探索完善了"立项—组建—验收—运行"四大管理流程；建立了相对成熟的运行评估制度和动态调整、优胜劣汰机制，促进工程技术研究中心良性竞争发展。目前，国家工程技术研究中心已经开展了 5 次大规模的总体运行评估，评价重点主要包括持续创新能力、成果转化能力、行业作用、对外开放服务、运行机制建设等方面，取得了很好的实践效果，积累了丰富经验。

2. 形成了我国重要的科研开发实体

在科学问题发现、基础研究、应用研究、工程化和产业化四个阶段中，我国在工程化和产业化阶段的科技投入最为薄弱，按照国际惯例，工程化阶段经费投入是基础研究和应用研究的 10 倍。国家工程技术研究中心作为具有准公益性质的科研开发实体，是在市场经济条件下，政府通过公共财政支持产业发展科研开发活动的最好载体。多年来，国家工程技术研究中心一直秉承促进我国工程化、产业化能力，带动行业发展和技术进步的宗旨，在国家创新体系建设中，不断丰富系统功能和建设内容，发挥国家工程技术研究中心在创新链、产业链中的重要作用，取得了显著的成效。

3. 探索实施适合自身特点的不同运营模式

作为科技创新基地体系中的微观个体，国家工程技术研究中心在长期运行管理过程中重视体制机制创新，积极地探索实施适合自身特点的不同组织管理体系。工程技术研究中心以市场为导向，结合自身实际特点，探索形成了独立型、相对独立型、整建制挂牌型、联合组建型等不同类型的建设模式（或称为独立法人式、单位部门式、与依托单位一套人马两块牌子、多单位联合组建），逐步完善了管理制度。国家工程技术研究中心采取"独立运行""紧密合作""相对松散合作""国际合作""技术创新联盟""股份制""会员制"等多种运行模式，基本形成了"开放、流动、联合、竞争"的运行机制，促进了产学研紧密结合和全产业链协同创新，较好地实现了技术、人才和经济上的良性循环发展。

4. 探索出行之有效的成果转化推广体系

国家工程技术研究中心在实践中普遍建立了以市场为导向，"科研—中试—产业—市场—科研"的创新体系，借助品牌优势形成"小中心、大网络"的建设发展模式；并根据不同行业特点与需求，以适用的高新技术、高附加值产品为突破口，积极探索国家工程技术研究中心工程化成果扩散、辐射机制，通过工程技术承包、技术服务、技术入股、技术转让等多种途径，不断地向行业推广新技术、新产品、新工艺，大力促进了传统产业升级和新兴产业崛起，促进了行业技术进步，对行业技术发展的引导、带动和示范作用逐步增强。

5. 推动了科研院所转制和企业创新发展

国家工程技术研究中心是科技体制改革的试验田，在不同历史阶段发挥了重要的示范作用。20世纪90年代，国家工程技术研究中心在我国科技体制改革调整结构、分流重组的背景下，为探索科技与经济结合的新途径应运而生，重点支持了一大批行业科研院所，为科研院所转制的顺利实施提供了重要支撑手段。近年来，国家工程技术研究中心重视在具备条件的行业骨干企业布局，充分调动企业的创新积极性和行业带动辐射意识，提升企业创新主体地位；特别是大力支持民营企业创新，既包括华为、雨润、法尔胜、科伦、赛维等一批 500 强民营企业，也包括聚龙、软控、南山铝业等一批快速成长为行业龙头企业的民营企业。

四、国家工程技术研究中心发展存在的主要问题

党的十九大报告指出，中国特色社会主义进入新时代，我国社会主要矛盾已经转化为人民日益增长的美好生活需要和不平衡不充分的发展之间的矛盾。国家工程技术研究中心经过近 20 多年的建设与发展，在促进我国重要的科技创新基地发展，建设创新型国家等方面做出了重大贡献。同时，从总体运行来看，现阶段，我国国家工程技术研究中心存在的主要矛盾是创新驱动发展对技术转化类科技创新基地的需求和国家工程技术研究中心不平衡不充分的发展之间的矛盾，我国科技创新基地建设与发达国家仍然存在较大差距，这是新时期推进我国科技治理现代化的主要制约因素。主要问题如下。

（一）国家工程技术研究中心发展的不平衡问题

国家工程技术研究中心发展的不平衡问题表现为资源配置不合理、区域分布不平衡、领域分布不平衡和研发方向不适应，制约国家工程技术研究中心的发展，以及难以更好地为行业技术进步、产业结构调整和发展提供支撑。

1. 资源配置不合理

目前，国家工程研究中心顶层设计上存在资源分散和多头管理，国家工程研究中心、国家工程实验室和国家工程技术研究中心，均是国家组建的技术创新与成果转化类科技创新基地，这三类中心分别由国家发展改革委和科技部牵头负责。多个部门分头建设同一类型的科技创新基地，在整体上缺乏系统设计和统一规划，一方面使得有限的科技资源相对分散，不仅造成重复建设和严重浪费，而且支持平台建设资金政策也不平衡，导致有限资源难以实现系统集成，建设基础不够强大。另一方面因为部门利益关系，缺乏统筹协调，不仅造成创新基地创新能力弱化、协调成本加大，而且导致公共科技能力下降，资源配置效率不高，体现国家战略的许多重大科技需求也难以得到有效满足。

2. 区域分布不平衡

"十二五"时期各地区国家工程技术研究中心数量都有不同程度的增长，但在各地区分布上不尽合理。从我国三大地域看，包括分中心在内的359个国家工程技术研究中心分布东部较多，现建有国家工程技术研究中心224个；西部较少，现建有国家工程技术研究中心只有62个。从我国区域看，在科技、经济发达省市，如北京市、山东省、江苏省、广东省、上海市比较集中，达175个；海南省、内蒙古自治区、青海省和山西省很少，只有6个；我国西藏、台湾、香港、澳门4个地区尚未建有国家工程技术研究中心。西部地区在国家工程技术研究中心建设方面与东部地区存在较大差距，成为制约科技发展，增强该地区自主创新能力、工程化及产业化能力的瓶颈之一。

3. 领域分布不平衡

目前，我国战略性新兴产业整体创新水平还不高，一些领域核心技术受制于人的情况仍然存在，迫切需要加快发展壮大一批支撑战略性新兴产业的国家工程技术研究中心。对照《"十三五"国家战略性新兴产业发展规划》中八类重点产业，359个国家工程技术研究中心中涉及新材料、高端装备、生物、新能源产业的中心较多，达197个；节能环保、数字创意产业较少，只有26个，特别是与人民对美好生活需要的数字文化创意产业，尚未建有国家工程技术研究中心。虽然，当前国家工程技术中心的布局已对战略性新兴产业已有一定程度的支撑，但支撑程度尚存在一定缺失和不平衡，尚不能全面支撑新兴支柱产业的发展。

4. 战略方向不适应

随着我国科技经济和社会民生的快速发展，产业发展战略、技术领域和行业发生了很大变化，一些早期组建的国家工程技术研究中心出现了不相适应的情况。主要表现为：一是技术领域发展较快，一些中心在组建初期所确定的研发方向已不能满足实际需求，名称过大或过小，与研发方向已不相适应。如国家新能源工程技术研究中心。二是一些中心对应的技术方向过宽或相对偏窄，不能满足行业发展需求，这在材料领域的一些中心表现比较明显。三是一些中心的实际研发方向发生了偏离，不能聚焦于组建定位方向。四是一些中心之间的研发方向有所重叠，可能造成资源的重复投入。五是随着产业兴替，一些行业发生了革命性变化，个别中心的存在价值大幅下降。如国家感光材料工程技术研究中心。

（二）国家工程技术研究中心发展的不充分问题

国家工程技术研究中心发展的不充分问题表现为管理体制不顺畅、运行机制不充分、管理体系不科学和技术扩散不理想，不能充分发挥国家工程技术研究中心发展对行业的辐射带动作用。

1. 管理体制不顺畅

在现行体制下，国家工程技术研究中心依托于一定组织而组建，大多采取的是非独立建制模式，分属不同部门、行业和科研单位，具有不同的产权关系和功能定位，限制了许多中心优势的进一步发挥。主要表现为：一是中心功能定位模糊，无经济支配权、人事权，完全脱离依托单位进行市场化运作难以实现，造成个别中心发展缓慢甚至面临生存危机。二是中心受传统科技管理制约，缺少创新有关的财政税收、金融保险、产业贸易、知识产权等相关部门的参与，不适应建立技术创新市场导向体制的要求。三是中心无独立账户，均只能以依托单位或下设经济实体的名义开展经济业务，抑制了部分中心在市场化运作中实现自身利益最大化的需求，主要技术和产品难以进入主流市场。四是中心公共投入不足，缺少国家固定运行基本经费，需要依托单位给予支持，开展技术创新和技术扩散活动受限，影响设施条件、技术能力提升。

2. 运行机制不高效

大多国家工程技术研究中心在具体运行管理过程中，"开发、流动、联合、竞争"机制作用发挥并不充分，离保证中心高效运行的理想机制还有一段距离。主要表现为：一是开放水平低。有的中心缺乏主动开放的思想，在很大程度上是为了应付评估而被迫开放，造成中心开放的层次较低，严重影响开放共享的水平与质量。二是人员流动少。受体制影响，与国内外行业人才合作交流少，市场型人员缺乏，而不能达到中心水平的人员又无法正常流出。三是联合流于形式。由于主管部门、依托单位不同，加之高效的联合方式缺失，容易造成形式上的联合，而实质上仍各自为政，联合效果差强人意。四是竞争实力弱。部分中心较多地关注科研经费、评估等，忽视对中心的研究发展进行系统、科学的规划，缺少加入国际环境中进行竞争的动力和信心。

3. 管理体系不科学

由于受传统科研管理体系的影响，大多国家工程技术研究中心的管理体系还比较陈旧，且不同程度上存在着较严重的行政化倾向。主要表现为：一是注重管理、轻视服务。在中心管理人员的观念里，管理就是按照既定程序办事，对各种文件进行上传下达，执行主管部门和中心制定的各种规章制度，忽视了民主参与，服务意识不强。二是注重制约、轻视激励。在中心的管理工作中，沿袭传统科研规范与要求，束缚了研究人员创新思维的发挥，忽视了激励对于科研成果转化的促进作用。三是注重结果、轻视过程。主要体现在中心的考核和绩效管理上，往往注重对结果的管理，忽视了对运行过程的监控，不注意加强规范性的过程控制体系建设，造成为了追求短期利益而损害中心的长远发展的结果。

4. 技术扩散不理想

在公共投入不足情况下，作为市场经济中的经济主体，大多国家工程技术研究中心难于实现行业内技术扩散、促进产业技术升级这一公益性目标。主要表现为：一是创新能力不足。一方面，技术成果结构性出现过剩，低端产品和传统产业技术过剩严重；另一方面，高端产品和新兴产业自主创新和技术研发严重不足。二是成果转化率不高。中心大量科技成果推广不出去，主要原因是转化资金投入不足、技术市场供求不明、技术转移渠道不畅、转化动力疲软、利益分配不合理、风险化解模糊等瓶颈，影响了中心科技成果有效转化和推广。三是成果辐射扩散不够。由于市场竞争，一些中心对竞争者进行技术封锁和垄断，在运行上追求短期利润的最大化，而忽视了中心作为技术集聚源与扩散地的社会职责。同时，在知识产权保护不力的情况下，中心理性选择往往以市场化方式直接对外销售实用性（非知识性）产品。

第四章　国家工程技术研究中心
建设与治理对策

一、国家工程技术研究中心建设与治理的框架体系

党的十八届三中全会提出的全面深化改革的总目标，就是完善和发展中国特色社会主义制度、推进国家治理体系和治理能力现代化。国家治理体系的丰富内涵，对完善现代科技治理提出了明确改革要求。国家工程技术研究中心作为国家创新体系和国家科技创新基地的重要组成部分，必须适应科技治理的改革方向，积极探索适合自身建设与治理需要的新思路、新模式、新举措，不断强化国家战略科技力量。

（一）科技治理的背景与改革方向

1. 科技治理的背景

当今世界，新一轮科技革命和产业变革正在孕育兴起，全球科技创新呈现出新的发展态势，创新战略竞争在综合国力竞争中的地位日益重要。在全球化背景下，科技创新受到越来越多因素的影响，尤其是重大科技创新需要多领域技术突破、多主体合作、多要素支撑。因此，科技创新比以往任何时代都更加复杂，风险和不确定性也越来越大。传统的科技管理已不能适应实施创新驱动发展战略的要求。创新驱动发展战略要求把科技创新作为经济社会发展的重要支撑，而传统的科技管理由于部门职能的限制，未能建立起科技与经济和产业活动的有效对接，科技在支撑经济社会发展方面显得力不从心。

要推动科技创新，一个十分重要的前提是全面深化科技体制改革，构建中国特色国家创新体系，形成充满活力的、系统化的科技治理制度。创新趋势要求科技管理向科技治理转变。一方面，科技治理的理念与创新的上述特征相契合，因为，科技创新的复杂性要求建立跨领域、跨学科、跨部门、多主体的合作架构和

制度体系，科技创新的风险和不确定性要求各相关主体共同合作、共享收益、共担风险。另一方面，由于信息通信技术的飞速发展、大量科技创新基地（平台）的建立和创新工具的提供，不再是少数科学家、工程师、企业家完成的事情，每个人都可以成为创新者。创新正在从以生产者为中心的模式向以用户为中心的模式转变，从生产范式向服务范式转变。科技治理特别强调让民众广泛参与创新。

2. 科技治理的改革方向

从科技管理向科技治理转变，是科技管理思路的重大转变。要建立具有中国特色的国家科技治理体系，推进国家科技治理体系和治理能力现代化。

一是从以控制为中心的管理理念向以协调为中心的治理理念转变。科技管理的核心理念是控制，科技治理的核心理念是协调。重点协调国内外的创新资源和活动，协调中央各有关部门的创新资源，协调中央和地方的创新资源和活动，协调不同地方之间的创新资源和活动，协调产学研等不同创新主体的创新活动。

二是从政府作为唯一的管理者向多元化主体共同参与治理转变。传统的科技管理把政府作为唯一或主要的管理者。而在全球化和互联网时代，由于知识信息的快速传播和信息不对称性的减少，使得各相关主体共同参与科技治理成为可能。在科技治理体系中，政府仍然是重要的参与者，企业、科研机构、大学以及金融机构、中介机构等是创新的重要参与者，是创新链和创新网络中的重要节点。

三是从以科学技术为对象向创新为对象转变。科技管理的对象是科学技术，科技治理的对象是创新。科学技术与创新相互区别又紧密联系，科学和技术只有实现了经济价值才能称之为经济意义上的创新。科技成果向创新转变还受到企业、资金、技术人员、市场需求、消费者购买力等多种因素的影响。因此，要加强科技治理的力度，实现技术链、创新链、产业链、资金链的有效衔接，构建政府、研究机构、院校、企业、金融、中介等主体互动的创新体系。

四是从计划管理和政策管理为主向多手段治理转变。我国的科技管理主要通过科技计划、科技政策支持创新活动，科技管理的手段还不够完善，也较为单一。科技治理除了完善科技计划和科技政策之外，还应加强其他治理手段的运用。如加强各创新主体之间的交流和对话，完善科技报告制度和创新调查制度，加强技术预测和未来发展战略研究，根据科技治理对象和内容选择不同的治理模式，发挥创新文化软实力的作用等。

（二）国家工程技术研究中心建设与治理的框架体系设计

随着科技体制改革的不断深化和科技、经济紧密结合程度的不断提高，国家科技创新基地的治理日益受到各级政府部门和社会各界的广泛关注。国家工程技术研究中心作为国家创新体系和国家科技创新基地的重要组成部分，顺应科技治理的改革方向，适应科技治理制度改革目标要求，是中心发展的必然趋势。加快国家工程技术研究中心管理向治理转变，建立支撑中心运行的治理体系和治理能力，必须做好建设与治理的框架体系的顶层设计。

国家工程技术研究中心建设与治理的框架体系主要包括基本方针、主体目标、实现路径、对策措施、实施保障五大块内容。建设与治理的框架体系呈棱锥型分布，见图4-1。

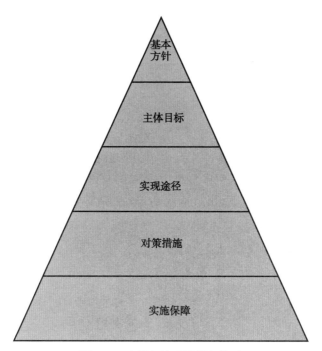

图4-1 建设与治理的框架体系

基本方针是国家工程技术研究中心建设与治理的经脉和灵魂，主体目标、实现路径、对策措施等内容则是基本方针的具体展开；主体目标是国家工程技术研究中心建设与治理的发展指向，是建设与治理的出发点，也是建设与治理的归宿点，实现路径、对策措施等都围绕主体目标的实现而展开；实现路径是国家工程技术研究中心建设与治理的重要谋略方式，没有路径就没有治理重点，也就无法确定行之有效的对策措施；对策措施是国家工程技术研究中心实现主体目标的具体保证，是建设与治理中的主体内容，没有切实可行的对策措施，再好的主体目标、实现路径也无法实现；实施保障是国家工程技术研究中心建设与治理的重要内容，没有系统的、必要的条件保障，再好的实现路径、对策措施，也会因难以执行而成为纸上谈兵的事或敷衍了事不了了之。

二、国家工程技术研究中心建设与治理方针目标

（一）国家工程技术研究中心建设与治理基本方针

基本方针就是国家工程技术研究中心建设与治理的思路，是建设与治理必须遵守的基本准则，是对建设与治理的方向性规定和原则性要求，是对建设与治理的目的、方向、基本途径和方式、主要依靠力量、重点等重要事项作出纲领性规定。其指导思想和基本原则如下。

1. 国家工程技术研究中心建设与治理指导思想

"十三五"时期是全面建成小康社会和进入创新型国家行列的决胜阶段，是深入实施创新驱动发展战略、全面深化科技体制改革的关键时期。国家已明确技术创新与成果转化类国家科技创新基地必须定位于面向经济社会发展等国家需求，开展共性关键技术和工程化技术研究，推动应用示范、成果转化及产业化，提升国家自主创新能力和科技进步水平。按照新时期国家科技创新基地定位，国家工程技术研究中心建设与治理指导思想是紧紧围绕创新驱动发展战略，加快建设创新型国家，推进国家治理现代化的各项要求，面向经济社会发展主战场，坚持解放思想、实事求是、与时俱进、求真务实，坚持辩证唯物主义和历史唯物主义，以构建国家创新体系为主线，以问题为导向，以新发展理念为引领，强化顶层设计，统筹推进布局建设，优化整合科技资源，深化体制机制改革创新，探索国家工程技术研究中心有效的治理模式，构建现代化治理体系，增强自主创新能力、工程化和产业化能力，为实现创新型国家建设目标，支撑引领国家重点产业领域科技创新提供强大的基础支撑和条件保障。

2. 国家工程技术研究中心建设与治理基本原则

按照现代科技治理改革要求，坚持顶层设计、激发创新、多元共治、机制创新、能力提升原则，加快推进国家工程技术研究中心治理体系和治理能力现代化。

一是坚持顶层设计原则。围绕实施创新驱动发展战略和建设中国特色国家创新体系，以问题为导向，根据国家工程技术研究中心战略定位，加强顶层设计，统筹布局，强化改革协同，加强工作衔接和协调配合，整体推进，分步实施，提升科技资源配置使用效率。

二是坚持激发创新原则。把加快科技成果转化，促进科技与经济紧密结合作为根本目的，以治理驱动创新，强化创新成果同产业对接、创新项目同现实生产力对接、研发人员创新劳动同其利益收入对接，释放国家工程技术研究中心潜能，打造创新驱动发展新引擎。

三是坚持多元共治原则。构建由政府管理部门、高校、科研院所、企业、社会组织等共同管理公共事务，多样化、网络化的国家工程技术研究中心治理模式，增强治理的系统性、全面性和协同性，有效促进全社会的科技创新资源集聚，打造共建共治共享的治理格局。

四是坚持体系有效原则。把破解制约国家工程技术研究中心发展的体制机制障碍作为突破口，建立自治、法治、德治相结合的治理体系。加强协同创新，完善组织运行，推进开放共享，强化目标考核和动态调整，构建系统完备、科学规范、运行有效的制度体系。

五是坚持能力提升原则。找准着力点，增强针对性，加强重要领域和关键环节能力建设，提升国家工程技术研究中心战略能力、投入能力、创新能力、扩散能力、转化能力和协同能力，提高治理的质量和效益，发挥国家工程技术研究中心的引领和带动作用。

（二）国家工程技术研究中心建设与治理总体目标

总体目标是国家工程技术研究中心建设与治理预定要实现的最终结果和要达到的最终水平，是建设与治理总体目的具体化、指标化。国家工程技术研究中心建设与治理目标包括内部目标和外部目标。内部目标是中心自身运作条件不断改善的总体要求，是中心实现自身良性运行实现设立宗旨的基础保障。外部目标是中心运行过程中对社会产生的正相关溢出效应，是中心拥有话语权和提高影响力的重要体现。

1. 国家工程技术研究中心建设与治理内部目标

国家工程技术研究中心的内部治理现代化目标是：持续提升发展质量和效益，实现"四个一流"和"三个良性循环"。"四个一流"指建设一流的程序化、标准化试验条件，产生一流的工程化、产业化技术成果，培养一流的民主化、法制化技术人才，争创一流的科学化、高效化管理水平。"三个良性循环"指实现技术、人才和经济的良性循环和持续发展：即不断吸收上游先进的技术研发成果，在中心完成工程化中试，最终向下游企业辐射；鼓励中心内的技术骨干向企业流动，同时，也鼓励中心不断吸收各层次的人才进行培养，成为该行业的人才培养基地；在技术和人才的双重支撑下，工程中心在技术扩散中实现相应的经济利益，保障中心的持续发展。

2. 国家工程技术研究中心建设与治理外部目标

国家工程技术研究中心在实现自身内部目标的同时，必然在产业内甚至于跨领域表现出其溢出效应，即形成国家工程技术研究中心建设与治理外部目标：产生"两大溢出效应"，实现科技创新引领支撑产业发展。"两大溢出效应"指从事研发活动时产生的技术溢出效应和从事平台公共服务时产生的知识溢出效应。技术溢出效应主要表现为对行业的影响与贡献，促进科技成果产业化、促进新兴产业崛起和传统产业升级改造、促进行业技术进步和产品升级等，引领支撑产业发展。知识溢出效应主要表现为开放的交流与服务，资源开放共享，提供免费或低价的技术咨询和技术转移服务，建立良好的产学研合作，建立行业内人才培养和交流中心，开展国内国际学术交流会，收集发布国内外行业技术前沿信息等行业技术服务良好。

3. 国家工程技术研究中心建设与治理的总体目标

综上所述，国家工程技术研究中心建设与治理的总体目标是：全面推进国家工程技术研究中心优化整合，打造共建共治共享的治理格局，建立适应新时代现代化的技术创新与成果转化基地，形成理念先进、布局合理、定位高端、投入多元、资源集聚、开放共享、管理科学、运行高效、协同发展的治理体系和治理能力，持续提升发展质量和效益，不断推进自身"四个一流"和"三个良性循环"发展，使其运行的"两大溢出效应"得以充分体现，更好促进科技和经济紧密结合，助力创新型国家和世界科技强国建设，支撑引领国家重点产业发展。

三、国家工程技术研究中心建设与治理实现路径

实现路径是为实现主体目标而选择的主攻方向和突破口。实现路径是国家工程技术研究中心建设与治理的重要谋略方式，只有集中力量，才能形成优势，也才能持久地保持优势。作为改革中的国家工程技术研究中心，为了更有效地确保主体目标的实现，必须分析实现有效治理的战略路径，找到治理的引领点、制高点、切入点、着力点和落脚点。

（一）治理的引领点：遵循新时代发展理念

党的十九大提出：发展是解决我国一切问题的基础和关键，发展必须是科学发展，必须坚定不移地贯彻创新、协调、绿色、开放、共享的发展理念。习近平指出："发展理念是发展行动的先导，是管全局、管根本、管方向、管长远的东西，是发展思路、发展方向、发展着力点的集中体现"。发展理念搞对了，目标任务就好定了，政策举措也就跟着好定了。"五个发展"理念就是中国经济社会发展进入新时代所提出的重大发展理念，也是指导我国科技发展的重大发展理念，将"五个发展"理念融入国家工程技术研究中心建设与治理中，可更好地促进国家工程技术研究中心发展。

遵循新时代发展理念推进国家工程技术研究中心治理实现路径：一是以"创新发展"推动国家工程技术研究中心治理新战略。创新是引领发展的第一动力。把国家工程技术研究中心治理基点放在创新上，着力提高发展质量和效益，塑造更多依靠治理理论创新、治理制度创新、治理模式创新、治理结构创新、治理形式创新，培育发展新动力、拓展发展新空间、构建产业新体系。二是以"协调发展"推动国家工程技术研究中心治理新结构。协调是持续健康发展的内在要求。努力协调解决国家工程技术研究中心发展存在的部门间资源配置不合理，解决区域、领域分布不平衡、研发方向不适应问题，着力形成均衡的发展结构，使之整体提升、相互适应、有机配合、优势互补与彼此促进。三是以"绿色发展"推动国家工程技术研究中心治理新环境。绿色是永续发展的必要条件。国家工程技术研究中心要把绿色发展放在突出地位，融入中心建设各方面和全过程，着力节约和高效利用资源，推动形成绿色发展方式和研发方式，为社会提供更多优质生态绿色技术成果和服务体系。四是以"开放发展"推动国家工程技术研究中心

治理新格局。开放是国家繁荣发展的必由之路。国家工程技术研究中心要发展壮大，必须主动顺应经济全球化潮流，着力扩大科技合作交流，积极参与全球科技治理和公共产品供给，提高我国技术在全球科技治理中的话语权；充分集成国内外创造的先进科学技术成果和有益治理经验，提高对外开放质量和水平。五是以"共享发展"推动国家工程技术研究中心治理新局面。共享是中国特色社会主义的本质要求。系统集成中心资源，链接跨行业、跨学科、跨领域的创新力量，着力推进科技支农惠民富民，努力提升科技促进社会管理创新和服务基层社会建设的能力，使广大人民切实共享科技进步带来的实惠，推动新型工业化、信息化、城镇化、农业现代化同步发展。

（二）治理的制高点：设计科学化建设布局

经历了长达20多年的探索和发展，我国形成了当前的国家工程技术研究中心布局，并建立了一套适应国情的具有中国特色的组织管理政策体系。国家工程技术研究中心的实际布局经历不断新建扩张和调整优化的过程，目前和今后一段时期仍将是国家工程技术研究中心优化布局的高速期和战略机遇期。借助国家对现有国家科技创新基地（平台）进行优化整合，重构科技创新基地（平台）布局，实行分类管理、分类支持，充分发挥国家工程技术研究中心工程技术创新和成果转化的"国家队"作用，更好支撑传统产业升级、新兴产业培育和社会发展进步，加快推进国家工程技术研究中心顶层设计和治理规划，形成科学化的建设布局。

紧密围绕当前国家战略发展方向和重点需求，有针对性地推进国家工程技术研究中心高效布局建设实现路径：一是结合国家工程技术研究中心建设的宗旨和职责任务，加强顶层设计和统筹协调。在现有工作基础上对国家政策、技术发展、市场需求等方面因素进行综合分析判断，研究建设布局是否符合国家科技与产业政策以及科技规划重点工作，以实现对政策实施的有力支撑；是否符合相关行业技术发展趋势和路线，能够有效推动共性关键工程技术的进步与突破；是否考虑相关市场发展的阶段、状况与特点，能够反映市场需求和发展规律，与战略性新兴产业的发展、产业结构的调整相适应。二是根据国家战略需求和国家工程技术研究中心功能定位，对国家工程技术研究中心进行系统性地梳理，科学布局建设。一方面，全局把握、统筹协调，完善已建国家工程技术研究中心布局。在运行评估基础上，掌握已建国家工程技术研究中心的技术方向、研发能力和规模、行业特点等，通过撤、并、转等方式，进行优化整合，符合条件的纳入相关基地序列管理；另一方面，战略前瞻、突出重点，加强新建国家工程技术研究中心布局建设。重点围绕《国家中长期科学和技术发展规划纲要（2006—2020）》《国家"十三五"科技创新规划》《"十三五"国家战略性新兴产业发展规划》等规划中确定的重点领域、具体方向和发展目标，同时，结合国家重大基地专项等，遵循"少而精"的原则，对尚未布局或布局不足的予以补充和完善，新建一批高水平国家工程技术研究中心，优化国家科技创新基地布局。

（三）治理的切入点：探索现代化治理模式

在全球化背景下，科技创新受到越来越多因素的影响，尤其是重大科技创新需要多领域技术突破、多主体合作、多要素支撑。因此，科技创新比以往任何时代都更加复杂，更具风险和不确定性。科技创新的复杂性要求国家工程技术研究中心建立跨领域、跨学科、跨部门、多主体共同建设、共同治理的架构和制度体系，创新的风险和不确定性要求国家工程技术研究中心各相关主体共享收益、共担风险。国家工程技术研究中心治理的模式构建中，治理存在多元投资主体，包括政府、社会组织、市场以及个人等；存在多形式运营主体，包括事业法人、企业法人、非法人等；存在多个层次，如国家层面、部省层面、依托单位层面等。治理的多主体、多形式和多层次等特征决定了国家工程技术研究中心治理模式多样化、网络化。

积极探索国家工程技术研究中心现代化治理模式实现路径：一是总体上政府不再是主要的管理者，但仍然是重要的参与者，政府从传统的行政管理转向公共科技服务；企业、科研机构、大学以及金融机构、中介机构等是国家工程技术研究中心的重要参与者，一起构成具有多元化出资主体的创新治理体系，从而使国家工程技术研究中心的运行管理更加公开和透明，创新资源的来源不再局限于政府，而是多元化主体；同时，资源配置对象多元化，资源配置方式多样化，使国家工程技术研究中心从以研发领域为服务重点扩展到创新的各个环节，从封闭式管理走向开放，有效动员起全社会的创新资源，形成纵横联合、公私合作、覆盖创新链上中下游的网络化治理结构。二是面向国际国内2个市场、2种资源，国家工程技术研究中心治理模式既要从我国国情和中心实际出发，又要学习借鉴西方发达国家科技创新基地治理的成功经验和先进理念；既要注重政府对国家工程技术研究中心治理谋划和宏观指导作用，又要使市场在资源配置中起决定性作用；既要针对国家工程技术研究中心的共性，作为一个整体治理，又要考虑不同类型中心的个性，留有自主治理的空间；既要与以往国家工程技术研究中心管理的衔接，保持连续性，又要着眼于未来的发展，留有创新的余地。三是国家工程技术研究中心的治理不存在"一刀切"的适配模式，在不同模式下，平台提供的产品和服务属性以及在受益排他性、消费竞争性等特征上会存在一定差异。选择或调整治理模式以便更有效地提供产品和服务，必须考虑不同产业赖以发展的科学技术知识、应用知识以及用户需求等产业知识的差异。在建设国家工程技术研究中心时，应根据产业技术范式、产业发展阶段、参与主体实际情况等选择适配的治理模式；当以上因素发生变化，国家工程技术研究中心治理模式也应作出相应调整，从而保证中心的整体绩效。

（四）治理的着力点：构建现代化治理体系

要治理好国家工程技术研究中心，没有良好的治理体系，治理就无所依从，就不会有规则、有秩序，就不可能有"善治"。治理体系是创新主体、创新要素之间相互作用而形成的以体制、机制、制度、政策为核心依托的创新活动管理运行体系。治理体系包括核心的价值导向、自身的制度安排和外围的政策工具，主要包括与国家工程技术研究中心密切相关的各类制度安排、政策设计及法律法规等，也包括影响中心运作的各类非制度性的行为规范、道德因素及传统文化等。国家工程技术研究中心作为国家创新体系和国家科技创新基地的重要组成部分，要适应科技治理制度改革目标要求，加快由管理向治理转变，着力建立支撑国家工程技术研究中心运行的现代化治理体系。

推进国家工程技术研究中心建设现代化治理体系实现路径：一是处理好政府和市场的关系，着力解决制度藩篱问题。一方面，坚持市场化的改革方向，强化政府对国家工程技术研究中心顶层设计和创新基础设施建设、产权保护、人才培养和集聚等责任，依法制定相关纲领性、指导性政策文件，做好发展规划和治理指引；另一方面，对干扰创新主体决策，阻隔市场本身发出供求信号的政策和制度，应予以退出，让市场、社会发挥应有的作用，让国家工程技术研究中心成为主角。二是理顺中央与地方的关系，着力解决条块分割问题。一方面，从中央总体层面加强改革的顶层设计，全面重构科技资源配置方式，建立统一的国家科技管理平台，使中央部门之间、中央与地方之间科技治理体系改革有效衔接；另一方面，地方必须拿出切实可行、富有成效的举措，先行先试，大胆创新，锐意改革，探索国家工程技术研究中心体制机制改革和治理体系现代化。三是建立健全治理机制，着力解决活力不够问题。完善决策、管理和咨询机制，整合、配置与运行机制，激励、约束和协调机制，开放、共享与合作机制建设，加强科技、经济、社会等方面政策的统筹协调和有效衔接，形成改革合力，更大范围、更高层次、更有效率配置创新资源，增强国家工程技术研究中心改革的系统性、全面性和协同性。四是加强治理文化建设，着力解决动力不足问题。治理文化是软治理环境建设的重要内容，具有强大的凝聚力的功能和调节规范效果。要构建治理共同体的核心价值观，营造"大众创业、万众创新"的创业创新文化氛围，加强科研道德建设，弘扬科学精神，发挥软治理的作用，提高科技竞争软实力。

（五）治理的落脚点：提升现代化治理能力

要治理好国家工程技术研究中心，仅有好的治理体系是不够的，如果没有有效的治理能力，再好的制度也难以发挥作用。治理能力是指治理主体整合、协调各种创新资源，促使形成创新成果，推进创新成果应用的能力以及治理主体与外界的交流、合作和影响力。在创新资源协调和整合发展过程中，各治理主体以共同的价值链为导向，产业链凝聚创新链构建创新网络，共享资源、共担风险，提升国家工程技术研究中心的治理能力。实现国家工程技术研究中心治理目标的基础和落脚点就是提升国家工程技术研究中心的现代化治理能力。

推进国家工程技术研究中心提升现代化治理能力的路径如下。

1. 开展治理能力分析

结合国家工程技术研究中心的功能定位，采用二维分类方法，对国家工程技术研究中心技术开发能力和技术产出能力两个方面4种组合进行分析。对于技术开发能力和技术产出能力均较强的中心，是带动行业发展的核心力量，政府重点关注和扶持的对象，应该继续提升能力，以支撑引领全球科技进步。对于技术开发能力强而技术产出能力弱的中心，应加强产学研合作以促进其提高技术产出能力，这是发挥工程技术服务功能的主要力量。对于技术开发能力弱而技术产出能力强的中心，可在立足市场需求、巩固市场地位的同时，通过资本运作整合产业创新资源，加大技术开发能力建设，向创新链上游延伸，从而全面提高技术创新能力。对于技术开发能力和技术产出能力都弱的中心，发展方向不明朗、能力建设滞后以及产品竞争力下降，已无力承担工程中心的服务职能，应予以摘牌处理。

2. 强化治理能力建设

结合国家工程技术研究中心的评估指标，有针对性地强化国家工程技术研究中心运行管理各方面的能力建设。现行国家工程技术研究中心运行评估指标包括工程化研发方向与条件、工程化研发任务与成果、行业影响与贡献、运营管理能力 4 项一级指标，工程化研发方向、工程化研发条件、工程化在科研任务水平、代表性成果水平、行业地位与作用、开放交流与服务、内部建设与效果、运营效益、发展前景 9 项二级指标。各项指标体现的能力可从 6 个维度构建国家工程技术研究中心治理能力，包括支撑能力、投入能力、创新能力、转化能力、扩散能力和协同能力。重点提升这六项能力，以更好地推动国家工程技术研究中心自身"四个一流"和"三大良性循环"发展，持续提升中心发展质量效益，促进科技和经济紧密结合，支撑引领国家重点产业发展。

四、国家工程技术研究中心建设与治理主要措施

国家工程技术研究中心建设与治理对策措施是为实现目标和任务而采取的具体行动和手段，包括建设与治理的各种手段、方式、方法等。它是根据方针、目标的要求，对建设与治理的手段、方式、方法等的选择和运用，是建设与治理的具体策略，是谋略性的具体体现。国家工程技术研究中心改革正逐步从"管理层面"向"治理层面"转变，通过一系列对策措施来创新完善国家工程技术研究中心治理，强化顶层设计，从而在我国深入实施创新驱动发展战略的进程中不断提升治理的有效性，实现治理体系和治理能力的现代化。主要对策措施如下：

（一）设计以供给侧结构性改革为主攻方向的治理方案

按照科技部、财政部、国家发展改革委印发《国家科技创新基地优化整合方案》和《"十三五"国家科技创新基地与条件保障能力建设专项规划》要求，面向国家长远发展和全球竞争，对国家工程技术研究中心开展优化调整、布局建设和治理方案设计。

1. 规范认定命名

加强国家工程技术研究中心顶层设计和源头治理，统筹推进技术创新与成果转化类国家科技创新基地认定命名。科技部牵头制定中心整体优化调整治理方案，明确相关评估考核和认定流程，对中心开展综合分析和认定，为中心规范化治理打下坚实基础；在评估基础上对中心统一更名，体现各种基地定位和功能，解决科技部和国家发展改革委两部委国家工程（技术）研究中心雷同问题，解

决前期一些中心命名过宽或过窄问题。

2. 科学布局重点

加强国家工程技术研究中心统筹协调和系统治理，多部门联合组织专家研究论证，确定国家工程技术研究中心重点建设发展的区域、领域。对国家战略领域逐层分解，与我国推进经济建设、社会建设、文化建设、生态建设有机结合起来，凝练出不同行业、不同区域、不同领域内核心技术、重点产品、产业影响等要素及相互关系。原则上每个子战略领域建设布局一个工程中心，所涉及的技术范围应包含重要的共性、关键技术，为相关行业或产业发展提供有效支撑。

3. 优化整合存量

加强国家工程技术研究中心资源整合和综合治理，在 2016 年第五次国家工程技术研究中心运行评估基础上，从主体技术、重点产品、产业影响等方面分析已建国家工程技术研究中心对目标领域的覆盖程度、支撑程度及其交叉重复情况撤销一些技术方向"老化"的中心，或进行改革调整、重新获取"生命力"；协调一些领域过宽或过窄、研发方向相似的中心，进行合并，避免重叠；调整一些偏离组建定位方向的中心，转为其他类型国家科技创新基地；加强对符合国家科技与产业政策，特别是符合国家战略性新兴产业政策的中心的支持，保持创新力、竞争力和影响力。

4. 补齐战略短板

加强国家工程技术研究中心投入力度和治理力度，根据战略领域和已建中心布局情况，对尚未布局或布局不足的予以补充和完善。在支撑领域发展上，重点围绕国家八大战略性新兴产业等未来经济增长重点领域进行前瞻布局，以期更好地培育和促进产业发展壮大；围绕国家当前支柱、重点产业等进行重点布局，以期更加全面、深入地推动产业升级和结构调整；围绕当前影响社会民生的重大瓶颈进行针对性布局。在支撑区域发展上，可围绕国家西部大开发、振兴东北老工业基地、中部崛起等区域发展战略，结合区域特色、特长技术方向和经济行业，加大对农业、资源开发等地域性较强的领域的布局力度。

（二）打造共建共治共享的治理模式

把握科技创新发展新态势，主动顺应和引领时代潮流，借鉴国内外机构治理先进经验，处理好政府、科研机构、大学、企业以及金融机构、中介机构等主体关系，构建由公共和私人部门、个人与机构共同管理，多主体、多层次、多样化、网络化的国家工程技术研究中心治理模式，建立健全各方参与、权力制衡的法人治理结构，打造共建共治共享的治理格局。

1. 开展产权改革和治理结构再造治理

借鉴我国国有企业产权改革重组和技术开发类转制院所企业化改革经验，构建国家工程技术研究中心产权改革和治理结构再造治理，实行现代企业制度，建立董事会、经理层、监事会等组成的法人治理结构。对国家工程技术研究中心现有科研仪器设备、中试基地、科技成果等国有资产通过委托代理关系实现财产权和经营权的分离。鼓励经营管理人员、科技人员持股，技术创新者和经营者人力资本成为一种资本的力量进入产权；允许职工自愿投资入股；鼓励社会法人资本、金融资本、个人资本和外商资本等多种资本投入股或受让股权；减少国有股持有量，同时建立弹性的股权结构制度，从而实现产权多元化。

2. 开展联盟式合作治理

借助网络化组织的运行模式，由几家研发方向相关、学术交流密切的国家工程技术研究中心共同发起，基于现代信息技术而联结起来形成合作性组织群体，在现代化治理制度框架内探索联盟式合作。通过长期契约和股权的形式，发挥国家工程技术研究中心所处领域核心技术能力专长，建立多边联系、互利和交互式的技术创新、人才培养、产业化开发合作。实行理事会制度，根据发展需要，成立理事会、经营层以及学术委员会、投资委员会、公共事务委员会等若干专业化的决策辅助机构，共同治理、共分费用，共享成果、共担风险，增加国家工程技术研究中心在本领域技术的话语权。

3. 设立联合执行体跨边界治理

由多个部门、不同性质依托单位共同组建的国家工程技术研究中心，为解决"协调难、决策慢"的通病，在现有国家工程技术研究中心基础上，以契约制为基本原则，以提高公共科研使命、效率和质量为主要目标，通过共同出资设立联合执行体，负责中心运营管理。联合执行体由各中心派专人组建，实行理事会制度，建立健全各方参与、权力制衡的法人治理结构，各主体在中心同一章程下保持各方有足够的参与权、话语权，形成更为刚性的组织间合作，共同参与的跨界治理。

4. 联合组建独立产权的新机构治理

由多个部门、不同性质依托单位共同组建的国家工程技术研究中心，为解决非独立建制造成产权关系和各方权责不明确问题，联合组建具有独立产权的新机构来运营管理国家工程技术研究中心。以独立产权的形式登记注册新的机构，淡化依托单位和人员身份色彩，各参与方按照贡献大小建立联合产权或紧密合作关系，提高合作效果。中心高级人员以固定为主，中级和辅助人员以流动为主，研究人员可采取保持原工作单位的身份，离岗到中心兼职或任职开展科技创新活动。

5. 委托第三方机构治理

由政府部门或依托单位为解决自身管理不善不活的问题，授权第三方机构建立综合管理机构，负责国家工程技术研究中心运营。第三方机构主要负责对国家工程技术研究中心开展规划、认定、评价、政策制定、市场开拓、技术转移、融资等管理；对于国家工程技术研究中心的运行，则由依托单位派专人与第三方机构成立管理委员会，作为独立的执行机构负责中心日常的运营管理。如依托单位为多家，则可实行理事会制度，建立健全各方参与、权力制衡的法人治理结构。

（三）构建自治、法治、德治相结合的治理体系

治理体系是实现国家工程技术研究中心治理的根本制度保障。要统筹协调创新驱动发展战略的实施和中心治理体系的建设，破解阻碍中心治理体系发展的组织壁垒、制度壁垒等，着力建立自治、法治、德治相结合的治理体系，形成系统完备、科学规范、运行有效、开放共享制度的治理体系，实现治理体系现代化。

1. 完善法治环境

构筑我国社会主义市场经济条件下的科技法律法规体系，是全面提高我国科技治理体系现代化水平的基本条件。国家工程技术研究中心作为国家科技力量布局重要组成部分，要有效进行治理，必须有法可依。国家科技的法治化，要以保护产权、维护契约、统一市场、平等交换、公平竞争、有效监管为基本导向，与社会大系统相适应，使市场在资源配置中起决定性作用和更好地发挥政府作用。要逐步清理不适应科技发展、有违公平的法律法规条款，体现权利公平、机会公

平和规则公平的原则。目前，应该加强以下几个层面的科技立法修订完善工作：一是国家科学技术进步法修订工作；二是促进科技成果转化法、科学技术普及法、科研机构组织法、产学研合作法、知识产权保护法立法与修订工作；三是国家科研计划法、国家科研项目实施法、国家科研机构法等的立法工作；四是专利法、合同法、著作权法、科技成果奖励法等相关法律研究的立法与修订工作。

2. 完善治理体制

全面深化科技体制改革，建立符合社会主义市场经济发展规律，符合依法行政建设法治政府需要的科技新体制，是实现我国科技治理体系现代化的根本条件。要紧紧围绕依法治国的大目标，明确各级政府科研管理部门事权划分、边界界定、管理内容和非政府管辖事务。认真把握在科技治理过程中政府科研管理和市场机制作用关系，政府管理和社会机构参与体制机制，依靠市场建立自由流动要素配置机制。真正把国家科研管理部门管理职责聚焦到科技发展战略与重点方向规划、社会公益性科研项目管理、国家科技创新制度和创新环境建设、国家科研项目公平公正竞争环境建设与监督上来。从国家工程技术研究中心来看，目前应重点改革的方面包括：国家创新驱动发展战略实施的顶层设计和发展路线图；国家科技创新体系建设与基本发展策略；国家科技创新基地顶层设计和发展路线；国家科技创新基地建设规划与使用；国家科技创新基地体制机制改革的原则与要求；产学研合作、开放共享与产业技术进步制度化设计等。

3. 健全治理机制

推进国家工程技术研究中心治理体系现代化，就是要建立现代自我治理机制，激发主体活力。一是完善决策、管理和咨询机制，与国家科技计划改革相配合，把握节奏，分步实施，建立符合法律法规、科研规律、高效规范的管理制度。抓好功能定位与资源配置，强化重大决策统筹协调；抓好平台的建设和管理工作，提高治理的综合化与专业化水平；建立专家咨询制，保证制度设定的民主化和科学化。二是完善整合、配置与运行机制。明晰科技资源产权属性，对科技资源进行合理的权利配置。建立以增量资源盘活存量资源，以外部优质资源激活内部资源的资源整合机制，在盘活内部资源的基础上，大力引进外部优质资源。通过市场机制运作，使资源所有者、使用者和服务者享有对各类资源的占有、使用、收益和处分权，提高科技资源使用效率。三是完善激励、约束和监督机制。加强科技、经济、社会等方面政策的统筹协调和有效衔接，建立平台的收益再投入制度，制定相关收益投入规则；建立科学合理的绩效评价机制，强化目标考核和动态调整，实现能进能出；建立公平公正的产权激励机制，推行技术成果参与分配，保障平台各组织机构及其科技人员的合法权益；完善跟踪和反馈制度，不断提高中心的运行效率和社会效益。四是完善开放、共享与合作机制。制订开放运行制度，搭建了网络化协同工作平台，更好地开展对外服务；注重与行业内部单位和企业之间的合作，开展技术交流，为行业提升提供了强有力的技术支持；建立完善的信任机制和利益分配机制，使中心与外部机构合作创新机制相互协调一致，确保合作顺利开展，合作目标得以实现。

4. 加强德治建设

治理文化建设，对于完善国家工程技术研究中心治理体系建设，推进中心治理能力现代化具有较强的正向激励和拉动作用。要构建和完善国家工程技术研究中心治理文化，打造健康的创新治理生态体系，促进治理协同，破解治理主体之间的创新要素流动壁垒，为实现发展目标提供持久不衰的精神动力。构建治理共同体的核心价值观，提倡严谨的科学精神和科学态度，培养敢于突破、勇于创新的自信心，提升工作人员使命感和责任感，形成团结协作、共同发展的团队精神；鼓励百花齐放、百家争鸣，营造"大众创业万众创新"的创业创新文化氛围，营造和谐向上的人际关系和良好的人文环境，打造海纳百川、开放互动的科技工作格局；加强科研道德建设，弘扬科学精神，建设良好的科研环境，推动形成风清气正的科研氛围，充分调动和激发广大科技工作者的积极性和创新精神。

（四）形成持续提升发展质量效益的治理能力

治理能力的提升对于国家工程技术研究中心决策的制定、政策的执行、治理体系的建设具有重要的作用。与治理体系同步演化，强化各方面能力建设，持续提升中心发展质量效益，实现治理能力现代化。

1. 提升支撑能力

支撑能力是国家工程技术研究中心创造持续竞争优势的必要条件，具有全局性、方向性、基础性和系统性。要培育和吸引技术创新人才，构筑高端人才集聚地；要面向行业技术发展趋势、面向国民经济、社会发展重大需求，有效地整合和优化资源，凝练特色鲜明的研发方向，使资源得到最大程度的发挥和利用，增强行业科技的支撑引领能力。

2. 提升投入能力

投入能力是在技术开发过程中可用于研发活动的创新资源的数量与质量，是国家工程技术研究中心开展研发活动的前提和基础，主要体现在人、财、物的投入方面。要建立顺畅的中央、地方、依托单位、社会等资金来源渠道，加大对平台条件能力建设和资源开放共享投入，设立国家工程技术研究中心专项运行经费，给予一定稳定性或引导性支持，保持中心站在技术的前沿和产业链的制高点。并采取后补助或奖励资助方式推动中心开展社会公益服务和扩大对外开放共享。

3. 提升创新能力

创新能力是国家工程技术研究中心技术经济竞争的核心，技术和各种实践活动领域中不断提供具有经济价值、社会价值、生态价值的新思想、新理论、新方法和新发明的能力。要掌握核心技术并进行集成创新，拥有自主知识产权，掌握行业关键、共性和基础性技术并进行集成创新，确保中心研发整体水平处于同类机构前列，推动行业技术进步和竞争力提升。

4. 提升转化能力

转化能力是科研成果转化为产品的能力，是使国家工程技术研究中心科技成果能够实际应用并走向市场的关键环节，也是促进科技与经济有机融合的重要举措。研发拥有一批技术集成度、配套性高，稳定性、可靠性强的代表性成果；拥有一批适用性好、有竞争力的工程化成果；核心技术推广应用面广、主导产品市场占有率高，面向国家重点产业发展需求，推动重大科技成果熟化、产业化。

5. 提升扩散能力

扩散能力指利用自身技术开发能力对外开展技术服务的能力以及在贡献共性技术和关键技术、为行业服务、带动行业发展方面的能力。对外服务的方式主要包括与其他科研机构进行联合开发、受企业委托进行委托开发以及直接科技成果转让。充分发挥行业技术扩散源作用，提高技术转移服务能力，扩大设备设施、信息资料等资源开放共享，推动共性关键技术的加速形成和有效传播、转移扩散，促进产业结构调整和产品升级换代。

6. 提升协同能力

协同能力指促进机构发挥各自的能力优势、整合互补性资源，实现各方的优势互补引导和机制安排的能力。建立国家工程技术研究中心与政府、依托单位、企业、行业和社会机构间良好协作关系，扩大产学研交流与合作，为政府和社会提供优质行业技术服务。建立跨地域、跨单位、跨部门的信息共享和业务协同，成为支撑相关产业上下游衔接、功能配套、分工协作的平台联盟，促进科技创新共同治理、协同发展。

第五章　农口国家工程技术研究中心建设现状

一、农口国家工程技术研究中心发展现状

农业是国民经济的基础，是国民经济中最基本的物质生产部门。农口国家工程技术研究中心是在农业领域组建的国家工程技术研究中心，是国家工程技术研究中心的三大技术领域之一。

（一）农口工程技术研究中心分类

作为国家工程技术研究中心的重要组成部分，农口工程技术研究中心组建的目的在于调整现行农业科技体系中的资源配置，强化农业工程化研究开发这一薄弱环节，加强成果转化的基础设施建设，解决研究与开发分散重复、科研与生产之间"断层"的问题，为农业科技与经济的结合架起坚实的桥梁，加速农业科技成果产业化和科技经济一体化进程，增强重要领域的技术创新能力和重大关键技术的自主开发能力。

对农口工程技术研究中心属性的划分可以有不同的办法，主要有以下几种。

按照单位级别的不同来划分，可以将农口工程技术研究中心分成三类：第一类，国家级农口工程技术研究中心，由国家科技部组建验收。第二类，省级农口工程技术研究中心，由各省科技厅组建验收。第三类，地市级农口工程技术研究中心，由各市县科技局组建验收。

按照依托单位性质的不同来划分，可以将农口工程技术研究中心划分成四类：第一类，依托科研单位进入创新体系的科学创新系统。第二类，依托大学进入创新体系的知识创新系统。第三类，依托企业进入技术创新系统。第四类，依托社会中介机构进入科技服务系统。

按照研发领域的特点来划分，可以将农口工程技术研究中心划分成六类：第一类，以农作物种植为对象，以提供优良品种和相应先进栽培管理技术体系为主要任务。第二类，以畜禽水产养殖为对象，以提供优良畜禽水产品种和相应养殖

捕捞管理技术体系为主要任务。第三类，以农业资源高效利用为目标，为农业生态环境、灾害防控、疫病防控、农产品质量安全等可持续发展提供技术、产品和服务为主要任务。第四类，以农林产品或副产品的增值为目标，提供相应的加工技术、工艺和产品为主要任务。第五类，以农业机械化为目标，为农业现代化发展提供相应的技术、机械和装备为主要任务。第六类，以农业信息化为目标，为农业现代化发展提供技术、软件和服务为主要任务。

按照现行体制划分，可以将农口工程技术研究中心划分成三类：第一类，具有事业属性的农口工程技术研究中心。第二类，具有企业属性农口工程技术研究中心。第三类，具有企事业双重属性的农口工程技术研究中心。

（二）农口国家工程技术研究中心建设基本情况

20多年来，伴随着我国计划经济体制向市场经济转变和改革开放发展，农口国家工程技术研究中心经历了从无到有、从创建到蓬勃发展的过程。截至2015年年底，已建有农口国家工程技术研究中心（包括分中心）78家，占整个国家工程技术研究中心的21.73%。

从我国区域分布看：农口国家工程技术研究中心分布于25个省、自治区和直辖市，地区分布较广。其中，北京市16家，山东省8家，江苏省7家，广东省、湖北省各4家，上海市、浙江省、黑龙江省、福建省、河南省、陕西省、湖南省各3家，天津市、河北省、江西省、吉林省、宁夏回族自治区各2家，重庆市、安徽省、辽宁省、甘肃省、云南省、海南省、新疆维吾尔自治区和内蒙古自治区各1家。

从技术领域分布看：农口国家工程技术研究中心均有分布于我国《"十三五"农业科技发展规划》11个科技创新领域。其中，现代种业领域4家，作物种植领域26家，畜禽水产养殖领域11家，农业资源高效利用领域8家，农业生态环境领域4家，农作物灾害防控领域1家，动物疫病防控领域2家，农产品质量安全领域3家，农产品加工领域9家，农业机械化领域9家，农业信息化领域1家。

从依托单位结构来看：农口国家工程技术研究中心具有事业属性的46家、企业属性的32家，分别占总数的58.97%和41.03%。其中，依托科研院所26家、依托院校18家、依托企业21家、依托多单位13家。从依托单位的组织形态来看，独立型6家、相对独立型42家、整建制挂牌型30家，分别占总数的7.69%、53.85%和38.46%。

（三）农口国家工程技术研究中心建设主要成效

经过 20 多年的建设与发展，农口国家工程技术研究中心在探索运行管理方面取得了明显成效。

1. 形成了我国重要的农业科技创新基地

多年来，农口国家工程技术研究中心在国家农业科技创新体系建设中，不断丰富系统功能和建设内容，发挥了在创新链、产业链中的农业科技体制改革试验田作用，并成为农业科技创新的"火车头"、农业先进技术的"辐射源"、推动农业技术扩散的"加速器"、农业高新技术成果产业化的"孵化器"和国内外农业技术信息交流的"交换机"。

2. 探索了适合自身特点的不同运营模式

农口国家工程技术研究中心积极探索实施适合自身特点的组织管理体系，形成了独立型、相对独立型、整建制挂牌型、联合组建型等不同类型的建设模式。并采取"独立运行""紧密合作""相对松散合作""股份制"等多种运行模式，基本形成了"开放、流动、联合、竞争"的运行机制，促进了产学研紧密结合和全产业链协同创新，较好地实现了技术、人才和经济上的良性循环发展。

3. 构建了行之有效的成果转化推广体系

农口国家工程技术研究中心在实践中普遍建立了以市场为导向，建立农业科技中试、示范基地，试验、集成、熟化和推广先进适用技术；并根据不同领域特点与需求，以高附加值产品为突破口，通过工程技术承包、技术服务、技术转让和技术入股等多种途径，推广新技术、新产品、新品种、新工艺，对行业技术发展的引导、带动和示范作用逐步增强。

4. 推动了行业服务支撑能力的快速提升

农口国家工程技术研究中心在技术转移服务、对外开放服务、培养人才方面能力明显提高，发挥了重要的示范作用，形成较好的品牌效应。同时，通过在行业骨干企业布局，充分调动企业的创新积极性和行业带动辐射意识，提升企业创新主体地位，推动了雨润、三元、奥凯等民营企业的创新和快速成长，有力支撑了农业科技创新发展。

二、农口国家工程技术研究中心发展分析

（一）作物种植行业工程技术研究中心发展分析

1. 作物种植行业发展现状

"十二五"以来，特别是党的"十八大"以来，中央高度重视"三农"工作，作出了一系列重大部署，出台了一系列强农惠农富农政策，有力促进了粮食和种植业持续稳定发展，取得了巨大成就。农业生产能力稳步提升。粮食产量连续5年超过5.5亿吨，连续3年超过6亿吨，综合生产能力超过5.5亿吨。同时，果菜茶等园艺作物稳定发展，棉油糖等工业原料作物单产水平进一步提高。已建成一批粮、棉、油、糖等重要农产品生产基地，"米袋子""菜篮子"的生产基础不断夯实。农业基础条件持续改善。农田有效灌溉面积达到9.86亿亩、占耕地总面积的54.7%，农田灌溉水有效利用系数达到0.52；新建一批旱涝保收的高标准农田，耕地质量有所改善。科技支撑水平显著增强。农业科技进步贡献率超过56%，主要农作物特别是粮食作物良种基本实现全覆盖；农机总动力达到11亿千瓦，主要农作物耕种收综合机械化率达到63%。生产集约化程度不断提高。承包耕地流转面积达到4.03（15亩＝1公顷。全书同）亿亩、占家庭承包经营耕地面积的30.4%；农民专业合作社28.88万家，入社农户占全国农户总数的36%左右；主要农作物重大病虫害统防统治覆盖率达到30%。主要产品优势带初步形成。小麦以黄淮海为重点，水稻以东北和长江流域为重点，玉米以东北和黄淮海为重点，大豆以东北北部和黄淮海南部为重点，棉花以新疆维吾尔自治区为重点，油菜以长江流域为重点，糖料以广西壮族自治区、云南省为重点，形成了一批特色鲜明、布局集中的农产品优势产业带。

当前，我国农业发展环境正发生深刻变化，老问题不断积累、新矛盾不断涌现，面临不少困难和挑战。一是品种结构不平衡。小麦、稻谷口粮品种供求平衡，玉米出现阶段性供大于求，大豆供求缺口逐年扩大。棉花、油料、糖料等受资源约束和国际市场冲击，进口大幅增加，生产出现下滑。优质饲草短缺，进口逐年增加。二是资源环境约束的压力越来越大。工业化城镇化快速推进，还要占用一部分耕地，还要挤压一部分农业用水空间。耕地质量退化、华北地下水超采、南方地表水富营养化等问题突出，对农业生产的"硬约束"加剧，靠拼资

源消耗、拼物质要素投入的粗放发展方式难以为继。三是消费结构升级的要求越来越高。经济的发展使城乡居民的支付能力和生活水平不断提高，消费者对农产品的需求由吃得饱转向吃得好、吃得安全、吃得健康，进入消费主导农业发展转型的新阶段。四是产业融合的程度越来越深。现代农业产业链条不断延伸，产业附加值不断提升，需要开发农业多种功能和多重价值，推进农牧结合，实现一二三产业融合发展。五是国内外市场联动越来越紧。经济全球化和贸易自由化深入发展，国内与国际市场深度融合，资源要素和产品加速流动，国内农产品竞争优势不足，进口压力加大。此外，受全球气候变暖影响，高温、干旱、洪涝等极端天气频发重发，病虫害发生呈加重趋势，对农业生产安全带来威胁。

2. 作物种植行业工程技术研究中心影响与贡献

作物种植行业的国家工程中心围绕改善农村民生，有效推动农业产业发展、农民增收和社会主义新农村建设，着力加强农业关键技术突破和成果转化应用，建立健全信息化、社会化农村科技服务体系和农业科技成果转化体系，有力保障了国家粮食安全和农产品有效供给，大幅提升了农业现代化水平。

国家杂交水稻工程中心组织在湖南省溆浦、隆回、汝城、龙山和衡阳等县进行超级杂交稻第三期目标亩产 900 千克攻关，在经受住了稻瘟病爆发等诸多不利因素严峻考验的情况下，7 个百亩攻关片均获得高产。湖南省农业厅组织专家对溆浦县横板桥乡兴隆村的 103.6 亩 "Y58S/R8188" 进行现场测产验收，百亩片平均亩产 917.7 千克，提前 3 年实现了连续 2 年在同一生态区百亩片亩产超过 900 千克的超级稻第三期育种目标，标志着我国杂交水稻研究继续处于世界领先地位。

国家大豆工程中心（吉林）开展了大豆超高产栽培和不同种植方式等栽培技术研究，明确了高产品种需肥规律及生理指标，初步确定大豆氮、磷、钾及中、微量元素高产施用量及效果。高产田建设取得明显成效，获得了吉林省常规大豆最高产量，亩产 286.2 千克；杂交豆小面积取点测产达到 355.5 千克/亩，创吉林省同类条件下大豆超高产纪录。

国家昌平综合农业工程中心选育粮食作物新品种 18 个，其中，国审品种 2 个，省审品种 16 个；小麦品种 6 个，大豆品种 8 个，玉米品种 4 个。大豆新品种中黄 30 高产、抗逆，适合间套种植，建立了与马铃薯、小麦、瓜类、幼林果树及孜然、甜叶菊等高附加值经济作物种植的模式。其中，与酒泉市农科院合作研究建立的孜然套种中黄 30，实现每亩实收大豆 289.8 千克，创造了全国间套种大豆高产纪录。

国家蔬菜工程中心选育和大面积推广了优质多抗耐贮运秋播大白菜品种"京秋3号"，具有抗病、高产、口感品质好、耐贮运、适应性广等突出优良特性，在北京、河北、辽宁、山东、黑龙江、天津等省市大面积推广，占北京、辽宁、河北等省市秋大白菜市场份额的40%左右，为我国北菜南运量最大的大白菜品种之一。项目成果荣获北京市科技进步二等奖。

国家油菜工程中心通过省级或国家级审定的油菜品种3个，40个品系（新组合）进入了省级和国家级区试，获得了一批适合机械收获和早熟的特异优质材料。在湖北、陕西、甘肃、河南、青海等省建立了杂交油菜制种基地3 000亩，在长江流域以及黄淮油菜主产区建立了18个试验示范基地。2012年推广2 800万亩，创直接经济效益900余万元，新增社会效益12亿元。

国家杨凌农业生物技术育种中心继续扩大超高产、优质、多抗杂交小麦西杂一号、西杂五号的大面积示范推广，利用具有自主知识产权的杀雄剂，选育出西杂七号、西杂九号、西杂十三号等杂交小麦新组合。西杂十三号产量达到705.37千克/亩，创陕西省有史以来小麦实打验收的最高产量纪录。

国家花生工程中心加强花生安全生产技术产业化开发，推广无公害花生高产栽培技术、绿色食品花生高产栽培技术、有机食品花生高产栽培技术，并在山东、河北、安徽、辽宁、吉林等省花生主产区建立基地进行大面积示范推广。基地生产的花生原料黄曲霉毒素B_1含量降至2微克/升以下，$B_1+B_2+G_1+G_2$降至4微克/升以下，总体指标优于国际标准。

国家植物航天育种工程中心建立以"空间诱变多代混系连续选择和定向跟踪筛选技术"为核心，集成常规育种、分子生物育种等关键技术的植物航天生物育种高效育种技术新体系。利用该技术培育了优质、高产、高抗水稻新品种"华航31号"，2012年在广东建立高产高效示范基地20多个，配套超级稻强源活库优米栽培技术，示范效果显著。

国家玉米工程中心（吉林）实施吉林省西部超高产技术攻关与典型创建，发挥粮食丰产科技工程技术支撑作用，超高产田建设取得重大突破，其中，超高产田亩产达到1 041.94千克，在吉林省西部半干旱地区首次建成了吨粮田，创造了玉米超高产田建设的新纪录。

国家玉米工程中心（山东）选育出具有早熟高产特点的杂交玉米新品种登海618，并在公司第十六试验场进行小麦、玉米一年两作夏玉米高产攻关试种。2012年10月经专家组测产验收，10亩高产田平均亩产量1 105.10千克。登海

618 具有高抗倒伏、出籽率高、品质好、适于密植和机械化收获等特点，有效解决了小麦高产区夏玉米高产难题，是早熟玉米高产品种的新突破。

国家粳稻工程中心选育的杂交粳稻组合隆优 1715 在河南、江苏等地推广 155 万亩，亩产量达 812 千克，与当地品种相比，每亩增产 54 千克，农民每亩增收 100~150 元。同时，开展了水稻精量晚直播栽培技术示范应用，大幅降低了用种量，可每亩增收 116 元，提高了水稻单产和经济效益，为杂交粳稻新组合在直播稻区的应用探索出新的技术途径。

3. 作物种植行业工程技术研究中心发展展望

新形势下，农业的主要矛盾已由总量不足转变为结构性矛盾，推进农业供给侧结构性改革，加快转变农业发展方式，是当前和今后一个时期农业农村经济的重要任务。这些重大部署和要求，给种植业结构调整带来难得的机遇。一是有发展新理念的引领。"创新、协调、绿色、开放、共享"五大发展新理念，为调整优化种植结构提供了基本遵循。二是有巨大市场消费的拉动。工业化、城镇化快速推进，进入消费需求持续增长、消费结构加快升级、消费拉动经济作用明显增强的重要阶段，蕴藏着巨大的市场空间，外在动力持续增强。三是有科技创新加速的支撑。以生物、信息、新材料、新能源技术为中心的新一轮科技革命和产业变革正蓄势待发，物联网、智能装备、DNA 生物记忆卡等一批新技术不断涌现，国家科技创新驱动战略和"大众创业、万众创新"的深入实施，智慧农业、生态农业等新业态应运而生，内在动力持续增强。四是有农村改革的深入推进。农村集体产权制度改革，改革完善粮食等农产品价格形成机制和收储制度，健全农业农村投入持续增长机制，推动金融资源更多向农村倾斜，将进一步释放改革红利。五是有国际国内的深度融合。我国已深度融入全球化格局中，"一带一路"战略的加快实施，统筹国际国内两个市场、两种资源，为调整优化种植结构拓展了空间。

面对新形势和新机遇，作物种植行业国家工程技术研究中心要以提高农业综合生产能力和粮食增产、农业增效、农民增收为目标，以主要经济作物优质高产为重点，集中力量补短板、抓薄弱、保安全，充分发挥科技在保障主要农产品有效供给方面的支撑作用。一是助力高标准农田建设，加快建设集中连片、旱涝保收、稳产高产、生态友好的高标准农田，优先建设口粮田。强化耕地质量保护与提升，开展土壤改良、地力培肥和养分平衡，防止耕地退化，提高地力水平。抓好东北黑土地退化区、南方土壤酸化区、北方土壤盐渍化区综合治理，保护和提升耕地质量。二是实施"藏粮于技"战略，加强农业关键共性技术研究，在节本降耗、节水灌溉、农机装备、绿色投入品、重大生物灾害防治、秸秆综合利用等方面取得一批重大实用技术成果。三是推进种业科技创新，深入推进种业科研成果权益分配改革，探索科研成果权益分享、转移转化和科研人员分类管理机制。全面推进良种重大科研联合攻关，创新育种方法和技术，改良育种材料，加快培育和推广一批高产优质多抗适宜机收的突破性新品种，加快主要粮食作物新一轮品种更新换代。加大现代种业提升工程实施力度，改善种业育种创新装备条件。推进技术集成创新，深入开展绿色高产高效创建和模式攻关，集成组装一批高产高效、资源节约、生态环保的技术模式，示范带动均衡增产和可持续发展。

（二）畜禽养殖行业工程技术研究中心发展分析

1. 畜禽养殖行业发展现状

畜产品是我国城乡居民重要的"菜篮子"产品，牛羊肉更是部分少数民族群众的生活必需品。我国是世界上最大的水禽生产和消费国，我国饲养着世界上70%以上的鸭，90%以上的鹅，水禽肉、蛋、羽绒产量均位居世界第一，被誉为"世界水禽王国"。

"十二五"期间，在市场拉动和政策引导下，畜牧业综合生产能力持续提升，生产方式加快转变，产业发展势头整体向好。一是产品产量持续增长。2015年，全国奶类、牛肉、羊肉、兔肉、鹅肉、羊毛和羊绒产量分别为3 870万吨、700万吨、441万吨、84万吨、140万吨、48万吨和1.92万吨，畜产品市场供应能力逐步增强。二是标准化规模养殖稳步推进。2015年奶牛存栏100头以上、肉牛出栏50头以上、肉羊出栏100只以上的规模养殖比重达45.2%、27.5%、36.5%。三是生产技术水平明显提高。2015年全国乳牛平均单产达6吨，肉牛和肉羊平均胴体重分别达140千克、15千克，比2010年分别提高了15.4%、0.6%和1.7%。夏南牛、云岭牛、高山美利奴羊、察哈尔羊、康大肉兔等系列新品种相继培育成功，全混合日粮饲喂、机械化自动化养殖、苜蓿高产节水节肥生产和优质牧草青贮等技术加快普及，口蹄疫等重大疫病和布病、结核病等人畜共患病得到有效控制。四是产业化水平显著提升。我国畜牧业基本形成了集育种、繁育、屠宰、加工、销售于一体的产业化发展模式，产业链条逐渐延伸、完善。五是饲草料产业体系初步建立。全国牧草种植面积稳定增加，粮改饲试点步伐加快，优质高产苜蓿示范基地建设成效显著，饲草料收储加工专业化服务组织发展迅速，粮经饲三元种植结构逐步建立。

我国水禽饲养总量约为 40 亿只，水禽肉产量约为 550 万吨，水禽饲养总量与水禽肉产量均占全世界总产量的 75% 以上，我国水禽业总产值约为 1 000 亿元，占家禽业总产值的 20%～30%。我国水禽肉产量目前已占禽肉总产量的 32.3%；水禽蛋产量占禽蛋总产量的 15% 左右。禽产品质量安全水平不断提高，但仍需提高禽产品质量。近年来，各级政府和有关部门通过采取综合措施，不断加大管理和执法监督力度，使禽产品质量安全水平总体上不断提高。

当前，畜产品还存在许多不足。一是从供给侧看，畜产品有效供给不足，供需存在一定缺口；对国产奶类产品消费信心不足，制约了国内奶牛养殖业发展；产品结构不尽合理，高品质牛羊肉比重不高，同质化严重，不能满足差异化消费需求。二是畜禽养殖方式仍然落后，区域布局不合理，种养结合不紧密，粪便综合利用率不足 50%，局部地区环境污染问题突出，环境保护压力较大。三是养殖生产成本和生产效率上，我国畜牧业与发达国家还存在一定差距。我国泌乳牛年单产水平要低 2～3 吨，肉牛和肉羊屠宰胴体重分别低约 100 千克和 10 千克，牛奶、牛肉、羊肉生产成本均高于国际平均水平 1 倍以上，严重影响了我国草食畜产品的竞争力。

虽然我国是养禽大国，但家禽的单产水平和生产效率同发达国家相比还有较大差距。一是在生产效率方面，我国肉鸡业的劳动生产效率是欧美的 10%。一些分散养殖户防疫条件较差，管理水平不高。我国广大农民有着发展传统养殖业的经验和办法，但还缺少现代养殖和管理技术。二是禽肉已成为我国畜产品出口创汇的主要产品，近年来，鸭蛋含有苏丹红，鸡蛋检测出三聚氰胺，禽肉、禽蛋药残和微生物含量超标等，不仅使禽产品质量安全监管面临前所未有的挑战，也严重影响着人们对禽产品的消费信心。三是家禽养殖业是一个面临疫病风险的产业。由于我国家禽饲养方式、生产工艺落后，生物安全措施不力，养殖环境恶化，饲料、兽药及生物制品的质量不能保证等原因，导致禽病多、损失大，许多禽场内家禽的死亡率高于 15%，死淘率达 20%～25%。

2. 畜禽养殖行业工程技术研究中心行业影响与贡献

国家肉类加工工程技术研究中心首创基于 DNA 技术的肉种鉴别技术，实现了肉品中动物源性成分的定性与定量分析，准确率达 90% 以上。技术成果准确度高、灵敏度高、稳定性好，属国内首创，填补了国内技术空白，各项性能指标均达到国际先进水平，可满足肉制品质量安全监管部门和消费者需求。中心已将该技术应用到肉制品质量安全日常监督抽查工作中，对保障肉类食品安全和人民群众身体健康具有积极作用。

国家家畜工程技术研究中心牵头完成"猪产肉性状相关重要基因发掘、分子标记开发及其育种应用"，创建了高效基因资源发掘技术体系，实现了大规模发现猪产肉性状相关基因，构建了猪分子标记辅助育种体系。快长、薄膘、肉质优种猪选育成果在我国 25 个种猪场应用，选育出生长快、瘦肉率高的"鄂青一号"，取得了显著社会经济效益。项目获得 2012 年度国家技术发明二等奖。

3. 畜禽养殖行业工程技术研究中心发展展望

随着经济发展进入新常态，消费需求呈现个性化和多样化趋势，创新驱动成为发展新引擎，绿色生产成为主导方向。这些新变化、新趋势对畜牧业的转型升级和可持续发展提出了新的要求，畜牧业正处于由规模速度型粗放增长转向质量效益型集约发展的新阶段，产业发展环境呈现出许多新的特点。一是产品消费市场需求较旺，但供给侧结构亟待优化。随着我国城乡居民生活水平的不断提高和城镇化步伐的加快，畜产品市场逐步扩大，消费量显著增加，逐步由区域性消费转向全国性消费、由季节性消费转向常年性消费。二是发展空间潜力较大，但环境约束日益趋紧。我国天然草原、人工种草和农作物秸秆等饲草料资源丰富。随着草原生态加快恢复，种植业结构优化调整和粮改饲试点继续扩大，饲草年产量将会进一步提高，畜牧业发展的饲草料基础日益夯实。三是产业整体素质不断提升，但竞争力依然不强。近年来，随着我国与澳大利亚、新西兰等主要畜产品出口国自贸协定的签署和落实，规模养殖企业兼并重组势头强劲，标准化规模养殖程度稳步提高。尤其是奶牛养殖业发展进入历史最好时期，生鲜乳质量安全水平、生产机械化智能化程度均达到世界前列。四是产业扶持措施持续发力，但政策综合配套性仍需进一步强化。国家相继出台了牛羊良种补贴、基础母牛扩群增量补贴、南方现代草食畜牧业发展、牛羊大县奖励、奶牛政策性保险等扶持政策，持续加大牛羊标准化规模养殖场建设、良种工程、秸秆养畜等工程项目投资力度，推动了畜牧业发展方式加快转变。

面对新形势和新机遇，畜禽养殖行业国家工程技术研究中心要加强良种繁育、标准化规模养殖、重大动物疫病防控、人工草地建植、草地综合治理、优质饲草料种植与加工等核心技术与设施装备的联合攻关和研发，突破关键领域的技术瓶颈，全面提升产业竞争力。一是扎实推进良种繁育体系建设。深入实施遗传改良计划，大力加强奶牛、肉牛、肉羊以及其他畜禽国家核心育种场建设，完善生产性能测定配套设施设备配置，规范开展生产性能测定工作；加强种畜禽遗传评估中心基础设施建设，提高遗传评估的准确性和及时性；加快推进联合育种，联合高校、科研机构等成立不同的畜禽联合育种组织，建设区域性联合育种站，搭建遗传交流的平台。二是大力研发标准化规模养殖。加大对适度规模奶牛标准化规模养殖场改造升级，大力推广智能化、信息化管理、促进小区向牧场转变。加快粪便收集环节工艺研究与设备研发，提高规模养殖场粪污处理利用基础设施设备配备率。三是着力夯实饲草料生产基础。推进草种保育扩繁推广一体化发展，加强野生牧草种质资源的收集保存，培育适应性强的优良牧草新品种，组织开展牧草新品种区域试验，完善牧草新品种评价测试体系。加强牧草种子繁育基地建设，不断提升牧草良种覆盖率和自育草种市场占有率。推进人工饲草料种植，支持优质饲草料种植，推广农闲田种草和草田轮作，推进研制适应不同区域特点和不同生产规模的饲草生产加工机械。推动饲草料资源多样化开发，加强对糟渣、饼粕等农产品加工副产品的饲料化处理和利用。四是强化质量安全与疫病防控体系建设。加强质量安全全过程控制，强化技术检测手段，完善质量安全责任追溯体系。加快推进牛羊种畜禽场主要垂直传播疫病监测净化，从源头控制动物疫病风险，支持引导具备条件的规模养殖场完善生物安全措施。

（三）水产品行业国家工程技术研究中心发展分析

1. 水产品行业发展现状

我国是水产品生产、贸易和消费大国，渔业是农业和国民经济的重要产业。我国水产品产量连续 26 年世界第一，占全球水产品产量的 1/3 以上，为城乡居民膳食营养提供了 1/4 的优质动物蛋白。渔业为保障国家粮食安全、促进农渔民增收、建设海洋强国、生态文明建设、实施"一带一路"战略等作出了突出贡献。

"十二五"是我国渔业快速发展的五年，也是渔业发展历史进程中具有鲜明里程碑意义的 5 年。一是渔业成为国家战略产业。国务院出台《关于促进海洋渔业持续健康发展的若干意见》（国发〔2013〕11 号），提出把现代渔业建设放在突出位置，使之走在农业现代化前列，努力建设现代化渔业强国。二是渔业综合实力迈上新台阶。养殖业、捕捞业、加工流通业、增殖渔业、休闲渔业五大产业蓬勃发展，现代渔业产业体系初步建立。水产品总产量达到 6 700 万吨，全国渔业产值达到 11 328.7 亿元，渔业增加值达到 6 416.36 亿元，渔民人均纯收入达到

15 594.83元，水产品人均占有量 48.65 千克，水产品进出口额达到 203.33 亿美元。三是强渔、惠渔政策力度加大。"十二五"期间，中央渔业基本建设投资达到 157.51 亿元，财政支持资金达到 1 290.52亿元，分别比"十一五"期间增长 4.15 倍和 1.54 倍。渔业生态环境修复力度不断加大，新建国家级水产种质资源保护区 272 个，总数达到 492 个。新建国家级水生生物自然保护区 8 个，总数达到 23 个。四是渔业科技支撑不断增强。"十二五"期间，渔业科技共获得国家级奖励 11 项，省部级奖励 300 余项，审定新品种 68 个，发布实施渔业国家和行业标准 291 项。渔业科技进步贡献率达到 58%。五是依法治渔能力显著提升。《中华人民共和国渔业法》启动修订，渔业安全保障水平逐步提高。"平安渔业示范县"和"文明渔港"创建活动深入开展，水产品质量安全持续稳定向好，产地水产品抽检合格率稳定在 98% 以上，没有发生重大水产品质量安全事件。六是渔业"走出去"步伐加快。2015 年，全国远洋渔船达到 2 512 艘，远洋渔业产量 219 万吨，船队规模和产量居世界前列。积极参与国际规则制定，加入南太平洋、北太平洋等区域性公海渔业资源养护和管理公约，国际渔业权利得到巩固；周边渔业关系和渔业秩序保持稳定，中日、中韩、中越周边协定继续顺利执行；双边渔业合作进一步拓展。

虽然水产品供给总量充足，但结构不合理，发展方式粗放，不平衡、不协调、不可持续问题非常突出，渔业发展的深层次矛盾集中显现。资源环境约束趋紧，传统渔业水域不断减少，渔业发展空间受限。水域环境污染依然严重，过度捕捞长期存在，涉水工程建设不断增加，主要鱼类产卵场退化，渔业资源日趋衰退，珍稀水生野生动物濒危程度加剧，实现渔业绿色发展和可持续发展的难度加大。水产品结构性过剩的问题凸显，不适应居民消费结构升级的步伐，渔民持续增收难度加大。大宗品种供给基本饱和，优质产品供给仍有不足，供给和需求不对称矛盾加剧，部分产品价格长期低迷，一些产品价格出现剧烈波动，生产成本持续攀升，渔业比较效益下降。渔业基础设施薄弱，安全隐患难以消除，渔业安全保障能力仍显不足。水产品质量安全风险增多，违规用药依然存在，水环境污染对水产品质量安全带来的影响不容小觑。现有的渔业法律法规体系难以适应新形势、新任务的需要。海洋资源开发利用斗争愈演愈烈，渔业"走出去"知易行难。贸易保护主义盛行，水产品出口在连续多年快速增长后出现回落。

2. 水产品行业工程技术研究中心影响与贡献

国家淡水渔业工程技术研究中心（武汉）在湖北省石首市建立国家级长吻

的驯化、营养与饲料和人工繁殖技术开发研究，成功解决了长吻鱼的控温催产、孵化和苗种养殖等关键技术，建立了 2 000 亩的长吻鱼养殖示范区。目前，年孵化苗种 2 000 万尾、鱼种 500 万尾，主要销往北京、四川、广东、安徽、湖南等 11 个省市。

国家淡水渔业工程技术研究中心（北京）承担了农业部罗非鱼现代农业产业技术体系北京综合试验站工作，积极推广优良新品种泰奥罗非鱼和莫荷罗非鱼。开展净水饥饿养殖对罗非鱼肉质提高效果试验，完成高产养殖模式下投喂不同饵料对罗非鱼肉质营养成分影响的研究。与天津汉沽区大田镇泸中村合作，亩产罗非鱼鱼种和淡水白鲳 4 万千克以上，规格达到 500 克/尾，形成了一套高产养殖技术，并在北京市、河北省等地进行推广。

国家海藻工程技术研究中心繁育优质海带苗种 8 亿株，全部达到国家一类苗标准，可栽培应用 3.2 万亩，栽培海区遍及山东省威海、烟台和辽宁省大连等海区。其中，"901""东方 2 号、东方 3 号、东方 5 号、东方 6 号"均是中心自主培育的优良品种，提高了我国海带栽培良种覆盖率，使海带单产平均提高 20%以上。

3. 水产品行业工程技术研究中心发展展望

展望"十三五"，渔业发展的积极因素不断积累，外部环境持续利好。一是渔业定位为国家战略产业。大力推进供给侧结构性改革，转方式调结构，为渔业发展提供新动能。加强生态文明建设，推进海洋渔业资源总量管理制度，为渔业发展提供新方向。海洋强国、"一带一路"、京津冀协同发展和长江经济带等战略深入实施，为渔业发展提供新机遇。二是产业基础更加扎实。经过改革开放30 多年发展，我国已成为世界第一渔业生产大国、水产品贸易大国和主要远洋渔业国家。养殖业、捕捞业、加工流通业三大传统产业不断壮大，增殖渔业、休闲渔业两大新兴产业快速发展，为渔业转型升级提供坚实基础。三是发展空间更加广阔。稻渔综合种养、多营养层级复合生态循环养殖、工厂化循环水养殖、深水大网箱养殖、盐碱水养殖等技术开发与完善，开拓了渔业发展新空间。净水渔业、低碳渔业等技术的提出与应用，拓展了渔业新功能。不同层次的消费需求和渔业的多功能潜力，为拓展渔业发展空间增添巨大带动力。四是创新驱动不断增强。渔业科技创新、人才培养和技术推广体系逐步完善，产学研结合更加紧密，"互联网+"和物联网技术广泛应用，众创、众筹等新型产业孵化模式层出不穷，为渔业创新发展提供有力支撑。

面对新形势和新机遇，水产品行业国家工程技术研究中心要系统开展资源养护与生态修复、现代种业、健康养殖、病害防治、水产品加工、节能环保、渔业装备升级、渔业信息化等共性与关键技术研究，解决制约产业发展的重大技术难题，支撑和引领现代渔业发展。一是资源环境领域。深入解析渔业资源可持续产出过程，构建现代渔业资源养护与科学管理技术体系，建成一批渔业资源养护与环境修复示范区，研发一批远洋渔业新资源开发利用技术与装备，提升渔业资源可持续利用与开发水平。二是遗传育种领域。构建水产种质资源保存、保护和科学评价利用体系，解析重要养殖种类基因组结构特征和经济性状遗传基础，建立现代水产育种理论方法与技术体系，培育具有优良复合型经济性状的水产新品种，水产养殖良种覆盖率达到 65% 以上，遗传改良率显著提高。三是水产养殖领域。研发环境友好型高效配合饲料，养殖品种配合饲料使用率明显提高，建立养殖品种品质调控技术；加强病害诊断技术研究和疫苗新渔药研发，建立水产养殖健康生物安保与病害防控技术体系；集成优质高效水产养殖技术和生态养殖模式，实现资源的循环利用和节能减排目标。四是水产品加工领域。构建完成主导水产品的全产业链精深加工与质量安全保障技术体系，建成一批主导水产品精深加工的区域性产业基地和水产品精深加工的产业化示范生产线，水产品的加工率提升到 50%，水产品冷链流通率显著提高。五是装备与工程领域。构建一批新型系统模式，研发一批先进设施装备，形成工程学研究方法，有效提升渔业装备与工程的生态化、精准化、机械化、信息化水平，装备效率提高 30% 以上，实现"生态、优质、高效"的目标。六是信息化领域。突破养殖对象与生境、渔业生态与环境、水产品品质与规格等信息获取和应用技术瓶颈，初步建立渔业信息技术应用创新研究方法，构建养殖、捕捞、加工集成应用模式，建成一批综合应用示范点，凸显渔业信息技术创新对产业发展的推动作用。

（四）农业资源与生态行业工程技术研究中心发展分析

1. 农业资源与生态行业发展现状

农业资源与生态环境保护建设是推进绿色发展的重要抓手，是促进农业可持续发展的坚实基础。"十二五"以来，党中央、国务院高度重视农业资源保护和生态环境建设，不断加大投入力度，实施了高标准农田建设、旱作节水农业、退牧还草、京津风沙源治理等一系列重大工程，取得积极进展。一是耕地保护基础不断夯实。建成东北黑土地高标准农田面积近 4 000 万亩，西北旱作节水农业示范区约 700 万亩，湖南重金属污染耕地修复与种植结构调整试点区 170 万亩，区域农业基础条件和耕地质量得到有效改善。二是草原保护与建设成效显著。2015年，草原综合植被盖度为 54%，比 2011 年提高 3 个百分点；重点区域天然草原平均牲畜超载率 15.2%，比 2011 年下降 12.8 个百分点；累计落实草原承包面积 42.5 亿亩，占草原总面积的 72%。草原生态持续恶化的势头得到了初步遏制，局部草原生态状况改善明显。三是水生生物资源养护与生态修复稳步推进。水生生物增殖放流全面开展，海洋牧场建设不断推进，海藻场和海草床建设初见成效，水生生物保护区体系基本建立。四是外来生物入侵防控体系初步构建。建设外来入侵生物防治示范区 20 个、天敌繁育基地 24 个、生物替代技术示范基地 3个，形成了一批有效防治典型外来入侵生物的办法，推广示范一批综合防控技术。五是农业面源污染防治取得积极进展。建成全国农业面源污染国控监测网络，建设了 106 个国家级农作物病虫害绿色防控技术集成示范区，新创建了一批国家级畜禽养殖标准化示范场、规模化大型沼气工程和规模化生物天然气工程，在太湖、洱海、巢湖和三峡库区建设了一批流域农业面源污染综合治理示范区。

当前，农业资源与生态环境保护工作仍面临诸多困难和问题。一是部分区域耕地质量退化问题依然突出。东北黑土区耕地有机质含量下降，理化性状变差，农田生态功能退化；南方部分地区耕地重金属超标，治理难度大；西北旱作农区农田水利基础设施建设欠账多，农田灌溉水有效利用系数还不高。二是草原生态环境依然脆弱。全国草原生态总体恶化局面尚未根本扭转，中度和重度退化草原面积仍占 1/3 以上。部分地区乱开乱垦、乱采滥挖等破坏草原现象屡有发生。草原旱灾、鼠虫害和毒害草灾害频发，已恢复的草原生态仍很脆弱。三是外来入侵生物蔓延的态势依然存在。据不完全统计，目前入侵我国的外来物种高达 529种，每年造成的经济损失超过千亿元，已成为生物多样性利用与保护、经济社会可持续发展的重大威胁。四是农业面源污染依然突出。化肥农药兽药等投入品不合理使用、畜禽粪污随意处置、秸秆田间焚烧等现象仍然存在，农膜回收利用率依然不高。

2. 农业资源与生态行业工程技术研究中心影响与贡献

国家节水灌溉工程技术研究中心（杨凌）研发了微压滴灌技术，将灌水器的设计工作压力从传统的 0.1 兆帕（Mpa）降低到 0.05 兆帕（Mpa），不仅可以带动滴灌系统首部供水压力的降低，而且使得灌水器的制造成本降低，从而达到减少投资和节能目的。据测算，微压滴灌带的生产成本比传统的滴灌带降低

30%，系统运行费用降低 20%以上。微灌技术主要研究成果已被录入国家标准《微灌工程技术规范》。

国家节水灌溉工程技术研究中心（新疆）实施了节水灌溉技术及产品的产业化推广，完成了新增滴灌带生产线设备的改造和安装调试，实现了产业化生产。同时，对纳米改性滴灌带和纳米改性 PE 输水软管进行推广，在新疆、吉林、辽宁、内蒙古等地推广 40 余万亩。

国家节水灌溉工程技术研究中心（北京）研发了地埋升降式喷头、仰角可调节喷头和喷灌用新型镁合金移动管道，并实现了产业化。实现园林升降式喷头年产 100 万只，镁合金移动管道年产 6 000 吨，标准化配套管件年产 5 万套，部分产品出口到美国、巴西、墨西哥、伊朗等国家，推广应用面积 2.5 万亩。该成果获得 2012 年度省部级农业节水科技一等奖。

3. 农业资源与生态行业工程技术研究中心发展展望

"十三五"期间，农业资源与生态环境保护仍面临前所未有的机遇。党的"十八大"提出的"五位一体"总体布局，党的十八届五中全会将绿色发展作为五大发展理念之一，为加强农业资源与生态环境保护工作指明了方向。我国经济总量已稳居世界第二位，综合国力大幅提升，基础设施建设水平全面跃升，为农业资源与生态环境保护提供了基础保障。农业供给侧结构性改革深入推进，全国农业可持续发展等规划顺利实施，农业发展方式加快转变，农业科技创新不断推进，为加强农业资源与生态环境保护提供了不竭动力。主要农产品连年丰收、农产品需求增速有所放缓，为加强农业资源与生态环境保护提供了战略机遇。

面对新形势和新机遇，农业资源与生态行业国家工程技术研究中心必须贯彻落实生态文明建设、推进绿色发展的要求，瞄准重点区域、突出问题，加大投入力度，全面加强农业资源与生态环境保护工程研发力度，助推形成资源利用节约高效、生态环境良好的农业现代化发展格局，为实现农业可持续发展奠定坚实基础。一是加强耕地质量建设与保护工程研发。科技助推耕地质量保护与提升行动，针对东北黑土地保护、南方重金属污染耕地修复及农作物种植结构调整，推广深耕深松、保护性耕作、秸秆还田、增施有机肥、种植绿肥等方式。二是加大农业投入品减量使用研发。科技助推测土配方施肥，果菜茶有机肥替代化肥行动，引导农民施用有机肥、种植绿肥、沼渣沼液还田等方式减少化肥使用。加大农作物病虫害专业化统防统治和绿色防控研发，推广高效低风险农药、高效低毒低残留兽药。三是大力开展农业废弃物资源化利用研发。科技助推畜禽养殖粪污处理，推广污水减量、厌氧发酵、粪便堆肥等生态化治理模式。推广秸秆机械还田、腐熟还田、青黄贮饲料化、食用菌基料化利用。四是推广高效节水农业模式。大力发展节水农业，加大粮食主产区、严重缺水区和生态脆弱区高效节水灌溉工程建设力度，推广工程节水和农艺节水措施，完善农田灌排基础设施，推广微喷、滴灌、水肥一体等高效节水灌溉设备，优化农作物种植结构，改良耕作制度，推广耐旱低耗水农作物。五是加强外来生物入侵防控。以薇甘菊、黄顶菊、福寿螺、水花生等重大农业外来入侵物种为对象，建立农业外来入侵生物监测预警体系、风险性分析和远程诊断系统，建设综合防治和利用示范基地，推广生物防治、人工和机械防治、化学防治技术，建设外来入侵生物天敌繁育基地，有效遏制重大外来入侵生物的扩散和蔓延。

（五）农产品加工行业工程技术研究中心发展分析

1. 农产品加工行业发展现状

农产品加工业连接工农、沟通城乡，行业覆盖面宽、产业关联度高、带动农民就业增收作用强，是产业融合的必然选择，已经成为农业现代化的重要标志、国民经济的重要支柱、建设健康中国保障群众营养健康的重要民生产业。

"十二五"时期，我国农业农村经济形势持续向好，农产品加工业快速发展。一是规模水平提高。2015年全国规模以上农产品加工企业7.8万家，完成主营业务收入近20万亿元，"十二五"年均增长超过10%，农产品加工业与农业总产值比由1.7：1提高到约2.2：1，农产品加工转化率达到65%。二是创新步伐加快。初步构建起国家农产品加工技术研发体系框架，突破了一批共性关键技术，示范推广了一批成熟适用技术。三是产业加速集聚。初步形成了东北地区和长江流域水稻加工、黄淮海地区优质专用小麦加工、东北地区玉米和大豆加工、长江流域优质油菜籽加工、中原地区牛羊肉加工、西北和环渤海地区苹果加工、沿海和长江流域水产品加工等产业聚集区。四是带动能力增强。建设了一大批标准化、专业化、规模化的原料基地，辐射带动1亿多农户。

当前，农产品加工业存在的主要问题是转型升级滞后，带动能力不够突出。一是与农业生产规模不协调、不匹配，农产品加工业与农业总产值比2.2：1，明显低于发达国家的（3~4）：1。二是技术装备水平不高，比发达国家落后15~20年。精深加工及综合利用不足，一般性、资源性的传统产品多，高技术、高附加值的产品少。三是加工专用品种选育和原料生产滞后，农产品产地普遍缺少储藏、保鲜等加工设施，产后损耗大、品质难保障。四是融资难、融资贵、生产和流通成本高等外部环境制约依然突出。

2. 农产品加工行业工程技术研究中心影响与贡献

国家农产品保鲜工程技术研究中心（珠海）承担了珠海市科技计划项目"新型香蕉保鲜技术产业化开发"，系统集成香蕉采前管理、适时采收、保鲜处理、保鲜包装、贮运环境等技术，开发了"真绿色非常版"香蕉保鲜剂、减压气调保鲜包装技术、采前病害控制用药等全新技术与产品，并实现了产业化，推动了我国香蕉保鲜技术与产业升级，促进了农民增收与农业增效。

国家农产品保鲜工程技术研究中心（天津）开发、推广绿达牌 CT 系列果蔬保鲜剂达 16 个品种以上，其中，亚硫酸盐葡萄保鲜剂被中国绿色食品发展中心再次认定为绿色食品生产资料。中心生产的葡萄保鲜剂占据我国葡萄保鲜长贮保鲜剂用量的 60% 以上，新开发的鲜食葡萄运输保鲜纸推广量大幅增长。新一代蒜薹液体保鲜剂、果蔬保鲜烟雾剂已覆盖全国蒜薹保鲜剂市场的 50% 以上。

国家苹果工程技术研究中心承担国家科技支撑计划课题"苹果综合加工关键技术研究及产业化示范"，开发了苹果脆片、苹果粉、苹果醋等多元化产品，建立了脱水苹果制品低碳加工技术创新体系并实现产业化。建立苹果制品低温脱水膨化技术体系、质构控制体系及产品抗吸潮技术体系；升级改造了膨化装备，提高了脱水产品质量，设备生产能耗和膨化时间均降低 20% 以上。

3. 农产品加工行业工程技术研究中心发展展望

"十三五"时期，是全面建成小康社会的决胜期，是传统农业向现代农业加快转变的关键期，也是农产品加工业发展的转型升级期。一是一系列"三农"政策为农产品加工业营造了良好的发展环境。党的十八届五中全会提出了"创新、协调、绿色、开放、共享"的五大发展理念，强调促进农产品精深加工和农村服务业发展；2016 年中央 1 号文件提出加强农业供给侧结构性改革，实现农业调结构、提品质、去库存等一系列改革举措，对农产品加工业发挥引领带动作用营造了更为有利的发展环境。二是新型城镇化和全面深化农村改革为农产品加工业提供了难得的发展机遇。新型城镇化加速发展，对强化产业支撑，引导农村二三产业向城镇集聚发展提出了明确要求。农村改革全面深化，农村资源要素市场进一步完善，城乡一体化发展体制机制更加健全，为农产品加工业提供了难得的发展机遇。三是消费结构升级为农产品加工业创造了巨大的发展空间。我国对农产品加工产品的消费需求快速扩张，对食品、农产品质量安全和品牌农产品消费的重视程度明显提高，市场细分、市场分层对农业发展的影响不断深化；农产品消费日益呈现功能化、多样化、便捷化的趋势，个性化、体验化、高端化日益成为农产品消费需求增长的重点；对新型流通配送、食物供给社会化等服务消费不断扩大，均为推进农产品加工业创造了巨大的发展空间。

面对新形势和新机遇，农产品加工行业国家工程技术研究中心要强化农产品加工业供给侧结构性改革，着力推进全产业链和全价值链建设，开发农业多种功能，推动要素集聚优化，大力推进农产品加工业与农村产业交叉融合互动发展，为转变农业发展方式、促进农业现代化、形成城乡一体化发展的新格局提供有力支撑。一是大力开展农产品产地初加工研发。以粮食、果蔬、茶叶等主要及特色农产品的干燥、储藏保鲜等初加工研发为重点，积极推动初加工设施综合利用，建设粮食烘储加工中心、果蔬茶加工中心等；推进初加工全链条水平提升，加快农产品冷链物流发展，实现生产、加工、流通、消费有效衔接。二是全面提升农产品精深加工研发水平。培育主食加工产业集群，研制生产一批营养、安全、美味、健康、方便、实惠的传统面米、玉米、马铃薯及薯类、杂粮、预制菜肴等多元化主食产品。加强与健康、养生、养老、旅游等产业融合对接，开发功能性及特殊人群膳食相关产品。加快新型非热加工、新型杀菌、高效分离、绿色节能干燥和传统食品工业化关键技术升级与集成应用，开展酶工程、细胞工程、发酵工程及蛋白质工程等生物制造技术研究与装备研发，开展信息化、智能化、成套化、大型化精深加工装备研制。三是努力推动农产品及加工副产物综合利用研发。重点开展秸秆、稻壳、米糠、麦麸、饼粕、果蔬皮渣、畜禽骨血、水产品皮骨内脏等副产物梯次加工和全值高值利用，建立副产物综合利用技术体系，研制一批新技术、新产品、新设备。坚持资源化、减量化、可循环发展方向，促进综合利用企业与农民合作社等新型经营主体有机结合，调整种养业主体生产方式，使副产物更加符合循环利用要求和加工标准；鼓励中小企业建立副产物收集、处理和运输的绿色通道，实现加工副产物的有效供应。

（六）农业机械化行业工程技术研究中心发展分析

1. 农业机械化行业发展现状

农业机械是农业生产力中最具有活力的要素，农业机械化历来是衡量农业发展水平、反映农业现代化进程的重要标志。没有农业的机械化，就谈不上农业的现代化，也不可能实现农村小康和社会的全面进步，农业机械化是农业现代化不可逾越的发展阶段。

"十二五"时期，我国农业机械化主动适应经济发展新常态、农业农村发展新要求，不断创新调控引导和扶持方式，各方面工作稳步推进。一是农机装备结构有新改善。农机总动力达到11.2亿千瓦，较"十一五"末提高了20.4%；大中型拖拉机、插秧机、联合收获机保有量分别达到607.3万台、72.6万台和173.9万台，分别是"十一五"末的1.5倍、2.2倍和1.8倍，大中型拖拉机、高性能机具占比持续提高。二是农机作业水平有新跨越。农机作业由耕种收环节为主向产前、产中、产后全过程拓展，由种植业向养殖业、农产品初加工等领域延伸。全国农作物耕种收综合机械化率达到63.8%，比"十一五"末提高11.5个百分点；小麦、水稻、玉米三大粮食作物耕种收综合机械化率分别达到93.7%、78.1%、81.2%；棉油糖等主要经济作物机械化取得实质性进展。三是农业机械化科技创新有新突破。高效、精准、节能型装备研发制造取得重大进展，农机农艺加快融合、成果广泛应用，深松整地、精量播种、化肥深施、秸秆还田与捡拾打捆、粮食烘干等资源节约型、环境友好型、生态保育型技术大范围推广，应用规模分别达到13 537千公顷、42 110千公顷、34 671千公顷、49 939千公顷和10 766万吨，分别是"十一五"末的1.5倍、1.2倍、1.2倍、1.7倍和4倍。四是适应我国农业生产的农机工业体系基本建立，规模以上农机工业企业主营业务收入达到4 524亿元，较"十一五"末增长73.6%，我国农机制造大国地位更加稳固。五是农机社会化服务能力有新提升。全国农机化作业服务组织达到18.2万个，比"十一五"末增加1.1万个；农机合作社达到5.7万个，比"十一五"末增加3.5万个，作业服务面积占全部农机作业面积的10.5%。农机流通市场体系更加完善，效率不断提升。

当前，农业机械化行业发展存在问题总体来说集中表现为发展中的不平衡、不充分问题。不平衡主要表现为农机化区域发展不平衡和领域发展不平衡。北方旱作区与南方水田区，平原地区与丘陵山区的农机化发展不平衡。领域发展不平衡主要表现为粮食作物生产机械化与经济作物生产机械化发展不平衡，种植业与养殖业机械化发展不平衡等。不充分主要表现为农业生产全程机械化要求与薄弱环节机械化严重滞后不充分，称为制约发展的"瓶颈"环节；保粮食安全，主攻粮食生产机械化与促农民增收，发展高效特色农业机械化还不够充分；农机化的劳力替代作用发挥与劳动力的有效转移还不够充分；农机装备迅速增加与农机新人培育要求还不够充分；农机装备供给与结构调整、产业升级的迫切需要还不够充分；农机与农艺融合还不够充分；增大农机投入需求与资金困难、投入不足不充分；科学发展要求与体制机制障碍不充分等。这些问题制约着农业机械化功能作用的充分发挥，亟须在优化结构、增强动力、补齐短板、创新机制上取得重大进展。

2. 农业机械化行业工程技术研究中心影响与贡献

国家农业机械工程技术研究中心完成了国家科技支撑计划课题"暗管改碱装备开发与研制"，攻克的开沟作业高程控制和功率自适应控制等智能控制关键技术达到国际先进水平，研制的拥有自主知识产权的"1KPZ-250 型开沟铺管机、7CB-9 型滤料输送车、FT-300 型覆土铲"等暗管改碱成套装备填补了国内空白，产品整体技术水平国内领先。暗管改碱成套装备在山东省东营市、滨州市等地示范区实际应用，具有很好的适应性和较高的施工效率，成果已实现产业化开发，市场前景良好。

国家农业机械工程技术研究中心南方分中心研发了"稻谷热泵干燥机"，在不增加系统能耗的情况下，有效利用环境空气的湿热潜能对干燥介质进行充分预除湿和再加热，提高了干燥强度。技术成果整体达到国际先进水平，其中热泵控制技术和系统节能技术处于国际领先水平。2012 年热泵稻谷干燥机在罗定市和珠海市等地推广应用，干燥机能耗为 54.6 元/吨干谷，相对燃油干燥节省能耗费用 70.3%，设备为电驱动，可实现零排放，节能减排效果显著。同时，降低了稻谷的爆腰率，提高了稻谷品质及附加值，具有显著的经济效益和社会效益。

国家草原畜牧业装备工程技术研究中心开发了多功能自走式灌木平茬机，能完全满足我国西北部地区生产环境恶劣的灌木的平茬要求，避免了手动式或背负式半机械化作业工具对作物的撕扯伤害。技术属国内外首创，填补了我国机械收获灌木的空白。2012 年批量生产 9GZ-1.0 型自走式灌木平茬机 100 台，已销售到内蒙古鄂尔多斯市各旗县。

国家农产品智能分选装备工程技术研究中心开发了具备整机"自适应"智能调节系统 R 系列大米色选机，改进了光学成像系统，大幅提升了智能化水平，3 次色选功能的技术攻关属国内首创，产品整体性能达到国内领先、国际先进水平。产品已成功进入中粮集团等国内外高档大米企业，打破了瑞士布勒、日本佐竹等发达国家色选机在该领域的垄断。

3. 农业机械化行业工程技术研究中心发展展望

展望"十三五",机械化引领农业生产方式变革的态势更趋显现,农业机械化发展前景更加广阔。一是支撑农业现代化的作用越来越显著。现代农机装备已不仅仅是替代人工劳力、减轻劳动强度的生产工具,机械化程度越来越直接地影响着农业生产成本和农民种植意愿,影响着先进农业技术的标准化广泛应用,影响着农业生产经营方式变革,影响着农业投入品减量化使用和废弃物资源化利用,关系到农业结构调整、产业链条延伸、农产品市场竞争力提升和农业可持续发展。二是农业生产的需求越来越迫切。大力推进农业现代化,构建现代农业产业体系、生产体系、经营体系,加强农业供给侧结构性改革,推动农业产业结构调整,必须强化物质装备和技术支撑。农村人口向非农产业转移、向城镇聚集态势明显,多种形式的适度规模经营步伐加快,促进新型工业化、城镇化发展,实现农业标准化、规模化、专业化、组织化和社会化生产,破解成本地板和价格天花板双重挤压困局,对农业机械化的需求更加迫切。三是扶持发展的政策越来越有力。《中华人民共和国国民经济和社会发展第十三个五年规划纲要》明确要求加快农业机械化,推进主要作物生产全程机械化。《中国制造 2025》将农机装备列为重要领域,推动农业机械化科技创新和农机工业转型升级。《全国农业现代化规划(2016—2020 年)》对农业机械化提档升级作出了全面部署。"智能农机装备"纳入了国家重点研发计划。机耕道路、农机具存放设施等列入了国家规划建设内容,扶持农业机械化发展的政策体系更加完善。

面对新形势和新机遇,农业机械化行业国家工程技术研究中心要以提高农业综合生产能力为目标,以节本增效措施为重点,坚持目标导向和问题导向,集聚资源强科技、兴主体、推全程,全面促进农业机械化提档升级。一是加快农业机械化科技创新步伐坚持创新驱动,以支撑农业机械化供给侧结构性改革为主要目标,聚集优势资源、强化创新基础、推进联合协同、提升创新能力、主攻薄弱环节、推进集成配套,增强先进适用、安全可靠、绿色环保、智能高效机械化技术的有效供给,切实改变不同程度存在的"无机可用""无好机用""有机难用"局面。紧盯薄弱环节和空白领域,加快中高端、多功能农机装备研发应用,加大丘陵山地适用机械、设施园艺机械、草牧业关键机械科技攻关,提升农机装备信息收集、智能决策和精准作业能力。二是推进主要农作物生产全程机械化。坚持突出重点,以粮棉油糖等主要农作物及饲草料为对象,推进作物品种、栽培技术和机械装备集成配套和生产全过程各环节机械化技术配套,大力推进主要农作物生产全程机械化。聚焦粮食主产区，巩固提高深松整地、精少量播种、水稻机械化育插秧、玉米机收、马铃薯机种与机收、大豆机收等环节机械化作业水平，解决高效植保、中耕施肥、节水灌溉、烘干、秸秆处理等薄弱环节机械应用难题，加快构建标准化、区域化、规模化的全程机械化生产模式。支持全国主要农作物生产全程机械化示范县（场）建设，支持粮改饲试点省份率先实现饲草料主要品种生产机械化。三是支持各产业各区域农业机械化发展。着眼不同区域，发展大马力、高性能、复式农业机械与发展中小马力、轻便型、智能型、经济型农业机械兼顾，提高农机装备供给全面性；在重点发展主要农作物生产机械化的同时，协调推进畜禽水产养殖机械化、挤奶机械化、牧草生产加工贮运机械化、果茶桑生产现代化、设施农业自动化、重要农产品初加工机械化，提高农机作业服务领域的全面性。支持畜产品优势区饲草料生产机械化，加快丘陵山区特色作物生产机械化。四是扩大绿色环保机械化技术推广应用。坚持生态优先，充分挖掘农业机械化推进农业可持续发展的潜力。紧紧围绕"一控两减三基本"的目标，加快深松整地、保护性耕作、精准施药、化肥深施、节水灌溉、秸秆机械化还田收贮、残膜机械化回收利用、病死畜禽无害化处理及畜禽粪便资源化利用等机械化技术的推广应用，大力推广环保节能型农业动力装备。

（七）农业信息化行业工程技术研究中心发展分析

1. 农业信息化行业发展现状

信息化是农业现代化的制高点，大力发展农业农村信息化，是加快推进农业现代化、全面建成小康社会的迫切需要。

"十二五"时期，我国生产信息化迈出坚实步伐。物联网、大数据、空间信息、移动互联网等信息技术在农业生产的在线监测、精准作业、数字化管理等方面得到不同程度应用。在大田种植上，遥感监测、病虫害远程诊断、水稻智能催芽、农机精准作业等开始大面积应用。在设施农业上，温室环境自动监测与控制、水肥药智能管理等加快推广应用。在畜禽养殖上，精准饲喂、发情监测、自动挤奶等在规模养殖场实现广泛应用。在水产养殖上，水体监控、饵料自动投喂等快速集成应用。国家物联网应用示范工程智能农业项目和农业物联网区域试验工程深入实施，在全国范围内总结推广了 426 项节本增效农业物联网软硬件产品、技术和模式。"三农"信息服务的组织体系和工作体系不断完善，形成政府统筹、部门协作、社会参与的多元化、市场化推进格局。农业信息化科研体系初步形成，农业信息技术学科群建设稳步推进，建成2个农业部农业信息技术综合性重点实验室、2个专业性重点实验室和2个企业重点实验室和2个科学观测实验站，大批科研院所、高等院校、IT企业相继建立了涉农信息技术研发机构，研发推出了一批核心关键技术产品，科技创新能力明显增强。先后两批认定了106个全国农业农村信息化示范基地。农产品电子商务进入高速增长阶段，2015年农产品网络零售交易额超过1 500亿元，国有农场、新型农业经营主体经营信息化的广度和深度不断拓展。

当前，我国农业农村信息化正处在起步阶段，基础相当薄弱，发展相对滞后，总体水平不高，面临不少困难和问题，应对挑战的任务相当艰巨。客观上，我国农业正处在由传统农业向现代农业转变的阶段，信息化对农业现代化的作用尚未充分显现。农业数据采集、传输、存储、共享的手段和方式落后，农业物联网产品和设备还未实现规模量产，支撑电子商务发展的分等分级、包装仓储、冷链物流等基础设施十分薄弱。农业信息技术标准和信息服务体系尚不健全。自主创新能力不足，农业物联网生命体感知、智能控制、动植物生长模型和农业大数据分析挖掘等核心技术尚未攻克，技术和系统集成度低、整体效能差。农业信息化学科群和科研团队规模偏小，领军人才和专业人才匮乏。农业信息技术成果转化和推广应用比例低。管理职能和机构队伍建设未能跟上农业农村信息化发展的需要。

2. 农业信息化行业工程技术研究中心影响与贡献

国家农业信息化工程技术研究中心以实现物联网技术提升农业产业为目标，以生产环节为重点兼顾加工和物流，建立了以"黄河三角洲农产品安全追溯平台"为核心，覆盖蔬菜、畜牧、果品等的农业物联网综合应用模式，提高了各基地视频信息、环境信息和生产履历信息的实时感知能力和生产管理效率，为政府监管和消费者溯源提供了良好平台，形成了"黄河三角洲国家现代农业示范区"亮点工程。

3. 农业信息化行业工程技术研究中心发展展望

"十三五"时期，是新型工业化、信息化、城镇化、农业现代化同步发展的关键时期，信息化成为驱动现代化建设的先导力量，农业农村信息化发展迎来了重大历史机遇。《中华人民共和国国民经济和社会发展第十三个五年规划纲要》提出推进农业信息化建设，加强农业与信息技术融合，发展智慧农业；《国家信息化发展战略纲要》提出培育互联网农业，建立健全智能化、网络化农业生产经营体系，提高农业生产全过程信息管理服务能力；《全国农业现代化规划（2016—2020 年）》《"十三五"国家信息化规划》也将对全面推进农业农村信息化作出总体部署。一是从信息化发展趋势看，信息社会的到来，为农业农村信息化发展提供了前所未有的良好环境。当前，以信息技术为代表的新一轮科技革命方兴未艾，以数字化、网络化、智能化为特征的信息化浪潮蓬勃兴起，为农业农村信息化发展营造了强大势能。党中央、国务院高度重视信息化发展，对实施创新驱动发展战略、网络强国战略、国家大数据战略、"互联网＋"行动等作出部署，并把农业农村摆在突出重要位置，为农业农村信息化发展提供了强有力的政策保障。网络经济空间不断拓展，农业农村信息化服务加快普及，网络基础设施建设深入推进，信息消费快速增长，信息经济潜力巨大，为农业农村信息化发展提供了广阔空间。信息技术创新日新月异并加速与农业农村渗透融合，农业信息技术创新应用不断加快，为农业农村信息化发展提供了坚实的基础支撑。二是从农业现代化建设需求看，加快破解发展难题，为农业农村信息化发展提供了前所未有的内生动力。资源环境约束日益趋紧，农业发展方式亟待转变，迫切需要运用信息技术优化资源配置、提高资源利用效率，充分发挥信息资源新的生产要素的作用。居民消费结构加快升级，农业供给侧结构性改革任务艰巨，迫切需要运用信息技术精准对接产销、提升供给的质量效益和竞争力，充分发挥信息技术核心生产力的作用。农业小规模经营长期存在，规模效益亟待提高，迫切需要运用信息技术探索走出一条具有中国特色的农业规模化路子，充分发挥互联网平台集聚放大单个农户和新型经营主体规模效益的作用。农产品价格提升空间有限，转移就业增收空间收窄，农民持续增收难度加大，迫切需要运用信息技术促进农村大众创业万众创新、发展农业农村新经济，充分发挥"互联网＋"开辟农民增收新途径的作用。

面对新形势和新机遇，农业信息化行业国家工程技术研究中心围绕智慧农业建设，加快实施"互联网＋"现代农业行动，支撑农业农村信息化主要任务顺利完成。一是加强农业信息技术研发创新。完善农业信息化科研创新体系，壮大农业信息技术学科群建设，科学布局一批工程技术中心，加快培育领军人才和创新团队，加强农业信息技术人才培养储备。提升农业农村信息化关键核心技术的原始创新、集成创新和引进消化吸收再创新能力，加快研发性能稳定、操作简单、价格低廉、维护方便的适用信息技术产品，逐步实现重点领域的自主、安全、可控。推动农业信息技术创新联盟建设，搭建农业科技资源共享服务平台，提高农业信息化科研基础设施、科研数据、科研人才等资源的共享水平，实现跨区域、跨部门、跨学科协同创新。加快农业农村信息化技术标准体系建设，强化物联网、大数据、电子政务、信息服务等标准的制修订工作，为深入推进农业信息技术应用奠定基础。二是加强信息技术与农业生产融合应用。生产信息化是农业农村信息化的短板，亟须加快补齐。加快物联网、大数据、空间信息、智能装备等现代信息技术与种植业（种业）、畜牧业、渔业、农产品加工业生产过程的全面深度融合和应用，构建信息技术装备配置标准化体系，提升农业生产精准化、智能化水平。突破大田种植业信息技术规模应用瓶颈，推进设施农业信息技术深化应用，强化畜禽养殖业信息技术集成应用，推动渔业信息技术广泛应用，引导农产品加工业信息技术普及应用。三是培育壮大农业信息化产业，构建以涉农 IT 企业、高校、科研院所为主体，以新型农业经营主体为纽带，面向广大农民的农业信息化产业联盟，推动科技创新与农业生产经营有效对接。积极探索农业农村信息化应用新机制、新模式，引导大型传感器制造商、物联网服务运营商、信息服务商等进入农业农村信息化领域，培育和壮大农业信息化产业。加强农业软件与农业电子产品质量检测投入，按照国家和行业标准规范，提供产品性能检测服务。加大信息技术在农业生产、经营、管理、服务等领域的应用创新。

　　总体上，我国农业工程技术的发展方向和重点将实现战略性的转移：由狭义的种植业工程技术研发向农林牧副渔广义的农业工程技术研发拓展；由生产建设为主转向生产建设与生态建设、环境保护并重；在发展产中加工的同时，进一步向产前、产后延伸，重点开发产前种子加工、产后农产品加工增值和农业废弃物加工利用的工程技术；在全面提高粮食生产机械化的同时，逐步转向经济作物和牧草生产机械化；由传统技术向高新技术发展，加强电子技术、信息技术、航空技术、智能化技术、自动化技术在农业工程技术上的应用研究，提高农业现代化的技术含量、性能和质量，缩小与发达国家的差距。

第六章　热带农业工程技术研究中心建设与治理设想

一、我国热带作物产业及科技发展基本情况

（一）我国热带作物产业概况及发展历程

1. 热带作物产业概况

热带作物是适宜于热带地区栽培的各类经济作物的总称。它分布于东南亚及南亚地区、中西非的大西洋沿岸各国、南美洲的亚马逊流域及中国南部。世界热带地区面积约 5 300 万平方千米，一带一路热区国家中属于热区国家 29 个。世界热带地区面积约 5 300 万平方千米，涉及 140 多个热带国家（或地区），典型热区国家 98 个，素有"联合国票仓"之称，是世界大国外交战略争取的热点地区，也是中国海上丝绸之路战略的主要辐射地区。

我国热带地区包括海南全省、福建省南部、广东省大部分地区、广西壮族自治区中南部、云南省南部与西南部以及台湾省。此外，还有四川省、云南省交界处的金沙江干热河谷地带，贵州省南部的低热河谷地带，湖南省南部郴州、永州市，江西省的赣南地区。我国热带地区有少数民族 36 个，人口约 2.04 亿人，热带地区是国家扶贫攻坚的重点与难点地区，贫困人口达 1 700 多万人，约占全国贫困人口的 1/4，农民收入的 2/3 来自于热带农业生产；我国热带地区边境线有 4 000 多千米，面积约 51.6 万平方千米，占中国国土面积 5.38%，约占世界热区面积的 1% 左右。

热带作物产业是我国的特色产业，是我国农业重要的组成部分，是生产重要的国家战略资源和日常消费品的产业，是中国热区的重要经济支柱，也是我国农业"走出去"的桥头堡。2010 年 10 月，国务院办公厅下发《关于促进中国热带作物产业发展的意见》（国办发〔2010〕45 号），就加快热带作物产业发展提

出重要意见，作出了全面部署，使热带农业国际竞争力快速提升，逐步融入全球经济的合作和竞争，基本实现了除天然橡胶以外的主要热带农产品，由供应短缺、品种单一到基本满足人们需要、出口创汇能力不断增强的历史性转变。"十八大"以来，国家作出了创新驱动发展战略的重大部署，提出了农业现代化发展道路要求，我国热带作物产业发展进入"转方式、调结构"的新阶段。2016 年中央 1 号文件明确提出要大力发展"热作农业"，2017 年中央 1 号文件明确提出要稳定和巩固"橡胶、甘蔗"等重要热带作物产能。热带作物产业处于历史最好的发展机遇期，热带作物产业科技大有可为。农业供给侧结构性改革、国家"一带一路"战略、农业"走出去"战略、建设绿色农业、高效农业以及实施热区农村脱贫等重点任务，对热带作物产业发展提出了更新更高的要求，热带作物产业发展亟须以科技创新和成果转化突破资源与环境约束，发挥比较优势，实现增产、提质、增效。

2. 我国热带作物产业发展历程

我国热带作物产业发展历程分为 3 个阶段。

第一阶段是以发展天然橡胶为主的阶段：从新中国成立到 20 世纪 80 年代中期，以满足国防对天然橡胶的需求为目的，以大规模开发种植天然橡胶为标志。在新中国成立之初，西方对社会主义国家实行经济封锁，作为战略物资的天然橡胶也被禁运。为了打破封锁，党中央作出了"一定要建立自己的橡胶科研生产基地"的战略决策。我国几乎从零开始，探索总结出一整套适合我国华南地区自然条件的天然橡胶种植与加工技术体系，形成了独具我国特色的天然橡胶产业，奠定了我国天然橡胶产业的发展基础。

第二阶段是以天然橡胶为核心多元发展的阶段：从 20 世纪 80 年代中至 20 世纪末，以发展特色热带农业经济为目的，以 1986 年党中央、国务院作出大规模开发热带作物资源的决定为标志。充分开发利用多种热带作物资源，大力发展热带经济作物，初步形成了以天然橡胶为核心，热带薯类作物、热带糖料作物、热带水果、热带香辛饮料作物、热带牧草、热带观赏植物、热带油料作物、热带纤维作物以及南药等多元发展的热带作物产业新格局。

第三个阶段是发展现代热带作物产业阶段：进入 21 世纪，以我国加入世界贸易组织为标志。现代农业的发展理念逐渐渗透到热带农业产业发展中，形成了用现代物质条件来武装热带农业、用现代科学技术来发展热带农业、用现代产业体系来提升热带农业、用现代管理手段和经营理念来指导和推动热带农业、培养新型农民和现代企业家经营热带农业的新思路和新模式。

（二）我国热带作物产业发展现状

世界上种植的多数热带作物在我国均有种植。我国种植的热带作物主要有热带能源作物（橡胶树等）、热带果树（香蕉、菠萝、芒果、椰子、澳洲坚果等）、热带香辛饮料作物（香草兰、胡椒、咖啡、可可等）、热带粮食作物（木薯、番薯等）、热带糖料作物（甘蔗等）、热带油料作物（油棕、油茶等）、南药（槟榔、艾纳香、沉香等），等等。热带作物是我国热带地区独特的特色名优产品。其主要特点：一是热带作物产品品质独特，功能特殊，有一定认知度。二是热带作物产品具有一定的规模，产业可延伸性强，经济开发价值高。三是热带作物市场竞争优势明显或潜在市场需求广阔。

当前，我国已成为世界热带作物产业大国，热带作物产业综合生产能力显著提升，主要热带作物收获面积和总产量均跃居世界前列，天然橡胶、油棕、木薯、香蕉等热带作物产业已在东南亚、非洲等地区多国建立了生产基地，其他产业也在积极尝试境外发展。

2016 年我国热带作物种植面积 1.48 亿亩，总产量 2.11 亿吨，总产值 3 507 亿元，热带作物产业结构调整成效明显，质量效益不断提升。其中，天然橡胶种植面积居世界第三位，总产量居世界第四位；香蕉种植面积居世界第六位，总产量世界排名第二；荔枝、龙眼收获面积和总产量均居世界第一；芒果收获面积和总产量均居世界第七；澳洲坚果种植面积居世界第一位，总产量居世界第五；咖啡单产居世界第一位；剑麻种植面积世界排名第五，总产量世界第六，单产世界第一。热作产业在中国热带、南亚热带地区的农业农村经济中起着基础性支撑作用，国际地位得到不断巩固和提升，不仅丰富了人们的菜篮子和果盘子，还有力地促进了热区农民增收。热区农民收入的 1/3 以上来自热带作物产业经营，一些边远地区的财政收入 60% 来自热带作物产业。

（三）我国热带作物科技发展现状

自大规模发展热带作物以来，我国科技进步在推动热带作物产业发展中起到了决定性的作用，为天然橡胶、木薯、热带水果等热带作物的优质高产和有效供给提供了强有力的支撑，我国热作在资源区划、育种栽培、植物保护、耕作机械、产品加工等方面形成了较为完整的产业体系。热带农业科技创新形成了一批原创性成果，整体处于前列，部分领域达国际先进，一些技术方向国际领先。

1. 建设了一批种质资源库

建设了 1 个国家热带作物种质资源库，29 个国家和农业部种质资源圃，含 27 种主要热带作物，各热带农业科教机构还建立了自己的种质资源圃，形成了较为完善的资源保存体系。保存了引进和收集的约 4.9 万余份热带作物种质资源。

2. 培育了一批优良品种

通过引进筛选、实生选种、杂交育种、诱变育种等方式培育了 300 多个热带作物新品种。多种作物新品种均填补了国内空白，如选育出华南系列木薯新品种，推动木薯产业发展，为中国食品工业与化工行业提供重要的淀粉原料。热研系列热带牧草新品种的推广和应用，形成了"北有苜蓿草，南有柱花草"的草业发展新格局。橡胶树"7 - 33 - 97"、澳洲坚果"南亚 1 号"、剑麻品种"H.11648"等品种的研发，促使中国热带作物产业经历了从无到有，从小到大的发展历程，并发挥了巨大的品种效应。

3. 推广了一批主栽品种和配套技术

2006 年农业部公布了"十一五"期间第一批 30 个热带南亚热带作物主推品种和 10 项主推技术；2012 年农业部公布了"十二五"期间第一批 54 个热带南亚热带作物主导品种和 38 项主推技术。通过优良品种培育和配套高效栽培技术，天然橡胶的单位面积产量从 1957 年的 603.45 千克/公顷，增加到 2012 年的 1 232.55 千克/公顷，单位面积产量翻了一番；剑麻的单位面积产量由 1957 年的 325.5 千克/公顷增加到 2012 年的 4 359.6 千克/公顷，增长了 10 多倍；热带水果的单位面积产量由 1957 年的 1 155 千克/公顷 增加到 2012 年的 11 700千克/公顷，也增长了 10 多倍。

4. 研发了一批重要病虫害防控技术

针对热带地区高温高湿，作物病虫害周年发生且为害严重的特点，开展了热作重要病虫害防控的理论探索和技术攻关，在橡胶介壳虫、椰心叶甲、橡胶白粉病、橡胶炭疽病、槟榔黄化病、香蕉枯萎病、芒果细菌性黑斑病、咖啡锈病、菠萝黑心病等重大生物灾害防控技术上取得了显著成绩，实现了热带作物病虫害监测预警与综合防控的有机结合，有效遏制了热带作物重大病虫害的爆发，热带农业病虫害损失率大幅度降低。

5. 集成了一批资源节约和环境友好的生产技术

测土配方施肥技术、节水技术、快繁技术、产期调节技术、地膜覆盖技术、套种技术及信息化监控技术等取得了显著成效，提高了土、肥、水等资源的利用效率；木薯渣的基质化利用、甘蔗叶沼气化利用、香蕉茎秆和木薯叶饲料化利用以及菠萝叶纤维化利用等技术取得新进展。热带农业生产环境显著改善，有效促进了热带农业的可持续发展。

6. 熟化了一批热作机械和热带农产品精深加工技术

橡胶智能割胶刀、木薯机械化采收、咖啡收获机、甘蔗收获机等快速推进，主要热带作物的机械化水平显著提升；设施农业技术、热带农产品深加工关键技术不断取得新突破，热带水果、槟榔、椰子、香草兰等深加工关键技术研究及产业化开发取得显著成效，延伸了产业链，增加了热带农产品的附加值，提高了热带农业的比较效益，有力推动了现代热带农业跨越式发展。

二、国家重要热带作物工程技术研究中心建设情况

国家重要热带作物工程技术研究中心（简称"热作工程中心"）于 2007 年 4 月由科技部批准，依托中国热带农业科学院组建，2011 年 4 月通过组建验收，是我国唯一以热带作物为主要对象的工程技术研究中心。

（一）热作工程中心及依托单位简介

1. 热作工程中心依托单位简介

热作工程中心依托单位——中国热带农业科学院（简称"热科院"）是隶属于农业部的国家级科研机构，创建于 1954 年，前身是设立于广州的华南特种林业研究所，1958 年迁至海南儋州，1965 年升格为华南热带作物科学研究院，1994 年更为现名。

热科院始终承担着当好带动热带农业科技创新的"火车头"、促进热带农业科技成果转化应用的"排头兵"、培养优秀热带农业科技人才的"孵化器"和加快热带农业科技"走出去"的"主力军"的职责和重任。现设有 14 个科研机构

和 3 个附属机构，分布在海南、广东"两省六市"。拥有国家重要热带作物工程技术研究中心、海南省儋州国家农业科技园区、省部共建国家重点实验室培育基地、农业部综合性重点实验室等 70 多个部省级以上科技平台和 3 个博士后科研工作站。被联合国粮农组织授予"热带农业研究培训参考中心"，建有国际热带农业中心合作办公室、科技部国际科技合作基地和创新人才培养示范基地、农业部农业对外合作科技支撑与人才培训基地和"农业对外合作开放合作试验区"等国际合作平台。现有在职职工 3 000 多人，高级专业技术人员 600 人，博士 400 多人，享受政府特殊津贴专家、国家级突出贡献专家、中央联系专家、新世纪百千万人才工程国家级人选、国家"万人计划"人选及中华农业英才获奖者等高层次人才 180 多人次，面向海内外聘请了 130 多位知名专家学者，聚集造就一支创新引领能力强、产业支撑作用明显的热带农业科技创新、成果转化推广应用及国际合作人才队伍。

60 多年来，先后承担了"863"计划、"973"计划、国家科技支撑计划、国家重点研发计划、国家重大科技成果转化等一批重大项目和 FAO、UNDP 等国际组织重点资助项目，主导天然橡胶、木薯、香蕉等 3 个国家产业技术体系建设，取得了包括国家发明一等奖、国家科技进步一等奖在内的近 50 项国家级科技奖励成果及省部级以上科技成果 1 000 多项，培育优良新品种 100 多个，获得授权专利 1 100 多项，获颁布国家和农业行业标准近 500 项，开发科技产品 200 多个品种，牵头建设了全国热带农业科技协作网，通过不断实践和探索大联合大协作有效机制，取得了明显的成绩。推动重要热带作物产量提高、品质提升、效益增加，为保障国家天然橡胶等战略物资和工业原料、热带农产品的安全有效供给，促进热区农民脱贫致富和服务国家农业对外合作作出了突出贡献。

"十二五"期间，热科院与 10 多个国际机构，30 多个国家和地区广泛开展了学术交流与合作研究。引进国外先进技术 100 多项、优良热带作物种质资源 2 万多份。赴国外执行热带农业援助项目 100 多人次，承接国家商务部、农业部等委托举办的援外技术培训班多期，培训了来自世界 30 多个国家的学员 500 多名，有力地提高了中国在世界热区国家中的影响力和知名度。

新时期，热科院贯彻习近平新时代中国特色社会主义思想和创新驱动发展战略，坚持新发展理念和开放办院、特色办院、高标准办院宗旨，加快建设"一个中心、五个基地"，立足中国热区，致力于打造热带农业国家科学中心，支撑热带现代农业发展，服务产业融合升级；面向世界热区，致力于打造热带农业世界科学中心，引领中国热带农业"走出去"，服务国家"一带一路"建设。

2. 热作工程中心简介

热作工程中心 2007 年 4 月科学技术部批准组建，2011 年 4 月通过验收，依托单位是中国热带农业科学院，主管部门是海南省科技厅。

热作工程中心技术领域上属于农口国家工程技术研究中心，是我国唯一以热带作物为主要对象的工程技术研究中心。主要研发区域是热带地区，主要研发对象为天然橡胶、甘蔗、木薯等热带作物。热作工程中心以良种良苗育繁推一体化、节本增效生产、产品加工、副产物综合利用等工程技术研发为重点，通过自主创新和对引进技术的消化吸收再创新，解决我国热作产业发展和结构调整亟须的共性技术和关键技术。以工程技术的集成创新与中试示范基地为依托，有针对性地开展科技培训和服务，使之成为热作产业工程技术的集散地、辐射源和科技成果向生产力转化的孵化器，提升产品核心竞争力，支撑产业的可持续发展和转型升级，促进热区经济发展和农民增收，助推"一带一路"国家战略。

自组建以来，热作工程中心围绕我国特色热作产业和高效现代农业建设需要，以"强化协同创新与协作推广、坚持科研并立足转化"的发展战略理念，加强农业工程技术研究、新产品开发和成果转化能力建设，从最初的 5 种重要热带作物扩大到以热带能源作物（橡胶树）、特色热带果树（香蕉、菠萝、芒果、椰子、澳洲坚果）、热带香辛饮料作物（香草兰、胡椒、咖啡、可可）、热带粮食作物（木薯）、热带糖料作物（甘蔗）、南药（艾纳香、沉香）等重要热带作物为研究对象，开展工程化技术研究，重点解决重要热带作物的关键工程技术问题。建成配套完善的产品研发实验室 21 个，热带作物种苗繁育及产品加工中试基地 13 个，技术集成示范基地 31 个，形成较完整的工程技术研发创新和成果转化平台。组建以来，获国家级科技奖 3 项，省部级奖 42 项；授权专利 397 项，软件著作权 7 项，技术标准 67 项；培育新品种 39 个，良种覆盖率达到 85%；研发并集成了新技术 83 项，辐射推广应用面积达 2 450 万亩，上市产品 53 个，辐射效益达千亿元，促进热带作物产业领域的结构调整和产品升级换代，示范效应显著。

（二）热作工程中心组织架构

热作工程中心实行中心管理委员会领导下的主任负责制、管理委员会决策制、工程技术委员会咨询制管理。热作工程中心现有人员 301 人，设有职能部门 5 个、研发机构 12 个、产业机构 46 个。热作工程中心组织架构，见图 6-1。

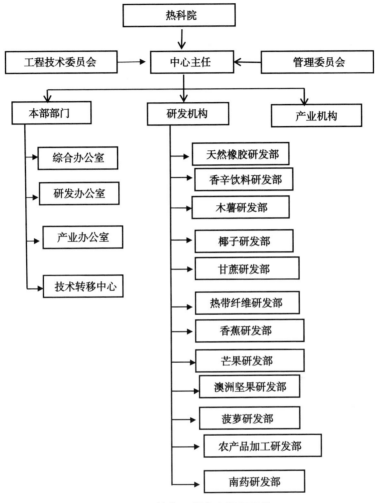

图 6-1　热作工程中心组织架构

1. 热作工程中心管理委员会

热作工程中心管理委员会是中心的决策机构，主任由热科院分管副院长担任，副主任由热科院开发处处长和海南省科技厅主管处室处长担任，成员由各研发部所在单位和热科院相关部门负责人 18 人组成。秘书长由热科院开发处处长担任。

管理委员会职责是代表热科院负责规划、指导中心建设与发展；审议中心有关重大决策和管理制度；监督和审查中心财务和预决算；协调成员单位和相关合作单位间的关系和资源配置；检查、评估中心的运行组织和管理工作及成效。

2. 热作工程中心工程技术委员会

热作工程中心工程技术委员会是中心的咨询机构，由本领域科技界、企业界专家组成，设主任1名，副主任2名，成员13~15名。

工程技术委员会职责是对国家热作工程中心发展规划和年度计划提出意见；对重大研发、成果转化项目、基地建设的可行性进行论证、评审与验收；开展重要热带作物工程技术咨询服务。

3. 热作工程中心班子成员

热作工程中心主任由热科院分管开发副院长担任，设常务副主任1名、副主任2名。

中心班子职责是负责制定中心发展规划、年度计划并组织实施，确立中心业务发展方向；负责制定中心规章制度和各项工作规范，建立中心正常的工作秩序；负责中心运营内部机构的设置、建设与运行评估，抓好研发部组建及运行绩效管理；负责中心人才队伍建设，抓好研发创新团队培育，培养热带作物领域的工程技术人才；负责组织协调中心资源，争取各级项目经费支持，组织工程化技术研发试验；负责中心的设施设备条件建设，建设研发实验室、中试基地和示范基地；负责中心新技术、新产品的研发、技术示范、转移转化与推广、技术咨询服务；负责中心科技产（企）业创立及合作管理工作，加强与企业及社团等开放服务、合作交流；执行和落实管理委员会决策及其他工作部署。

4. 热作工程中心职能部门

热作工程中心本部职能部门是中心日常管理机构，依托热科院本级设立，下设综合办公室、研发办公室、产业办公室和技术转移中心4个职能部门，工作人员23人。职能部门职责是围绕重要热带作物领域，负责拟定中心发展规划、年度计划和管理制度并组织实施，开展工程化技术研究开发、条件建设、开放服务、人才培养、合作交流等方面业务领导管理。

（1）综合办公室。

主要负责综合事务、行政管理、人事管理、财务管理、资产管理、信息宣传、公共关系等工作，落实执行工程中心班子部署的工作，做好工程中心日常管理的组织协调和后勤服务工作。

（2）研发办公室。

主要负责工程中心研发资源整合、组织工程化技术研发试验、示范推广，负责工程中心研发部组建验收工作，协调工程中心各研发部运行管理，统筹工程中心研发试验室、中试基地和示范基地建设，提供对外培训、合作研究和学术交流等工作。

（3）产业办公室。

主要负责工程中心生产加工、市场营销、产品销售、信息咨询等业务，负责工程中心科技企业认定工作，协调工程中心各产业机构运行管理，统筹工程中心产业基地建设和对外企业合作。

（4）技术转移中心。

主要是专门从事科技成果交易服务平台，面向现代热带农业战略和产业技术需求，致力于整合院内外科技资源，推动科技成果转移转化，提供 12 项覆盖技术转移全程的一站式、网络化的业务服务，促进热区科技成果的转化和先进应用技术的转移。

5. 热作工程中心研发机构

热作工程中心研发机构是工程技术研发创新平台，依托院属单位省级工程技术研究中心、部级加工技术研发专业分中心和院（市）级科技平台设立，包括香辛饮料、天然橡胶、香蕉、木薯、澳洲坚果、芒果、菠萝、椰子、甘蔗、热带纤维、农产品加工等领域的研发部 12 个，共有工作研发、管理、转化及其他工作人员 245 人。研发部相对独立开展运营，接受中心业务指导。

（1）橡胶研发部。

依托热科院橡胶研究所、农产品加工研究所、广东省天然乳胶制品工程技术研究中心建立，开展橡胶树良种苗木繁育、高性能工程天然橡胶、热带木材材性与改良及综合利用等工程化技术、产品和装备研发与推广。"十二五"期间承担国家重大科技成果转化项目、公益性行业科技专项等研发项目 13 项，研发橡胶树籽苗芽接育苗、小筒苗育苗、捣洞法定植等多项技术，研发炭化橡胶木、炭化橡胶木指接板、炭化橡胶木地板等多个产品。

（2）香辛饮料研发部。

依托热科院香料饮料研究所、海南省热带香料饮料作物工程技术研究中心、万宁兴隆咖啡研究院建立，以香草兰、胡椒、咖啡、可可为主要研究对象，开展优良品种培育、高效生产和高值化利用等工程化技术研究及新产品研发与推广。"十二五"期间承担国家重大科技成果转化项目课题、公益性行业科技专项等研发项目162项，研发香草兰主要病虫害综合防治技术、优质咖啡豆检测关键技术等多项技术，培育香辛饮料优良品种7个，研发热带香辛饮料系列产品20多种。

（3）木薯研发部。

依托热科院热带作物品种资源研究所、国家薯类作物加工技术研发专业分中心建立，开展木薯根、茎、叶的初加工和食品化、饲料化和基质利用等领域工程化技术与产品研发与推广。"十二五"期间承担"973"计划子项目、国家自然科学基金等研发项目12项，研发木薯脱毒苗快速扩繁、食用木薯粉制备等多项技术，木薯汁、木薯月饼等多个产品，薯类脱皮装置1套。

（4）椰子研发部。

依托热科院椰子研究所、海南省椰子深加工工程技术研究中心建立，开展椰子优良种苗繁育、椰子重大有害生物综合防控、椰子加工等领域工程化技术和产品研发与推广。"十二五"期间承担公益性行业科技专项等研发项目65项，研发椰子种苗繁殖、椰子生产全程质量控制等多项技术（体系）和天然椰子油等多个产品，培育品种"文椰2号"。

（5）甘蔗研发部。

依托热科院热带生物技术研究所建立，开展甘蔗基因资源创新利用及新品种培育、甘蔗良种繁育与营养栽培、甘蔗有害生物可持续防控等领域工程化技术研发与推广。"十二五"期间承担农业科技成果转化资金项目等研发项目13项，研发甘蔗健康种苗规模化繁育、甘蔗病毒病病原鉴定及其检测等9项技术，系列成果在生产上得到良好应用。

（6）热带纤维研发部。

依托热科院农业机械研究所、广东省菠萝叶工程中心建立，开展菠萝叶纤维和香蕉茎秆纤维综合利用等装备等工程化技术、产品以及装备研发与推广。"十二五"期间，承担公益性行业科研专项等研发项目9项，研发菠萝叶处理等多项技术和菠萝袜等系列纤维纺织产品，菠萝叶纤维收获和纤维提取联合收获机等设备2台。

（7）香蕉研发部。

依托热科院海口实验站、海南省香蕉健康种苗繁育工程技术研究中心建立，开展香蕉废弃物全组分资源化利用、热带水果防褐变综合防控等工程化技术研发与推广。"十二五"期间承担国家自然科学基金等研发项目 11 项，研发香蕉纤维/苎麻混纺纱线及织物精细化养生工艺和纺纱织造、香蕉纤维素黄原酸酯和丁二酰化香蕉黏胶纤维制备、香蕉菠萝复合果酱制作、从美拉德反应产物中制备果蔬酶促褐变高效抑制组分等技术多项。

（8）芒果研发部。

依托热科院南亚热带作物研究所、热带作物品种资源研究所、广东省热带果树工程技术研究中心、海南省热带果树栽培工程技术研究中心建立，开展芒果优良种苗产业化、遗传改良与选育种、轻简高效栽培及高品质形成调控等工程化技术研发与推广。"十二五"期间承担国家自然科学基金等研发项目 10 项，培育芒果品种"热农 1 号"，研发芒果果实套袋栽培等技术多项。

（9）澳洲坚果研发部。

依托热科院南亚热带作物研究所、广东省热带特色果树工程技术研究中心建立，开展澳洲坚果优良种苗产业化、澳洲坚果系列产品开发等工程化技术研发与推广。"十二五"期间承担农业部南亚热作等研发项目 4 项，研发澳洲坚果嫁接繁殖等技术多项，选育品种"南亚 116 号澳洲坚果"和"922 澳洲坚果"。

（10）菠萝研发部。

依托热科院南亚热带作物研究所、海南省菠萝种质创新与利用工程技术中心建立，开展菠萝良种繁育、养分综合管理、安全高效花期调控及品质调控、病虫害综合防治等工程化技术研发与推广。"十二五"期间承担公益性行业科研专项、国家自然科学基金等研发项目 15 项，研发菠萝育苗、病虫害防控、产期调节与品质调控等多项技术。

（11）农产品加工研发部。

依托热科院农产品加工研究所、广东省特色热带作物产品加工工程技术研究中心和国家农产品加工技术研发热带水果加工专业分中心建立，重点开展热带水果、甘蔗和其他热带经济作物加工工程化技术和产品。"十二五"期间承担国家重大科技成果转化项目课题等研发项目 7 项，研发热带果蔬产地节能干制、农产品功能组分提取与稳态化加工、高活性菠萝蛋白酶提取等多项技术，辣木系列产品、植物精油、热带水果发酵制品等多个产品。

（12）南药研发部。

依托热科院热带生物技术研究所、热带作物品种资源研究所、海南省沉香工程技术研究中心和海南省艾纳香工程技术研究中心建立，开展沉香、艾纳香等品种鉴定、育种、栽培种植、加工等领域工程化技术和产品研发与推广。"十二五"期间承担公益性行业科研专项、海南省重大科技专项等研发项目83项，研发沉香整树结香、艾纳香加工等多项技术，沉香精油、沉香香水、沉香线香、艾纳香牙膏、护肤品等系列产品。

6. 热作工程中心产业机构

热作工程中心产业机构是依托院本级或院属单位投资兴办或合作的科技产（企）业，共有46个，其中，投资兴办科技企业12个，开展合作科技产（企）业34个，产业机构按国家有关法律、法规建立现代企业制度，自主开展经营，接受中心监督。同时把热科院热带农业技术转移中心纳入中心重要产业实体，组织国内外热带农业技术转移对接活动，强化中心对外服务功能。

（1）兴办科技企业。

主要包括海南兴科热带作物工程技术有限公司、海南兴科兴隆热带植物园开发有限公司、海南热农橡胶科技服务中心、热作两院种苗组培中心、湛江市霞山区中热科技有限公司、湛江市凯翔科技有限公司、海南华南热带农业科技园区开发有限公司、广西康田农业科技股份有限公司、海南海垦果业集团股份有限公司、广东广垦农产品质量安全检测中心有限公司、洋浦热作两院生态农业开发中心、海南热作两院园林花卉开发有限公司。

（2）合作科技产（企）业。

主要包括海南省国营东昌农场、无锡华东可可食品股份有限公司、屯昌鑫禾木种苗有限公司、海南天然橡胶产业集团股份有限公司广坝分公司、浙江富得利木业有限公司、安庆市大龙麻绢纺织有限公司、佛山市正艺服装厂、佛山市禅城区万利袜厂、广西绿泰农业投资有限公司、广东广垦橡塑集团有限公司、湛江信佳橡塑制品有限公司、广东丰硒良姜有限公司、河南金辣木生物科技有限公司、中国航空工业集团公司北京航空材料研究院、岑溪市新丰农业综合开发有限公司、攀枝花锐华农业开发有限公司、雷州伊齐爽食品实业有限公司、海南万钟实业有限公司、海南润达现代农业股份有限公司、广西明阳生物科技有限公司、贵州艾源生态药业开发有限公司、海南香岛黎家生物科技有限公司、上海艾纳香科技发展有限公司、源泉博国际饮料系统集成有限公司、海南嘉乐潭农业有限公司、海南九芝堂药业有限公司、海南黎药堂生物科技开发有限公司、海南椰谷食品饮料有限公司、海南秦谷生物科技有限公司、海南万宁金椰林农业科技开发有限公司、海南保亭椰泽坊食品有限公司、海南岛屿食品饮料有限公司等。

（三）热作工程中心研发方向

1. 主要研究对象

热作工程中心自 2007 年组建以来，瞄准国内外热带农业发展趋势，针对我国热带作物产业化和结构调整，围绕保障国家战略物资供给安全、建设社会主义新农村、发展边疆经济，开展热带能源作物（橡胶树）、特色热带果树（香蕉、菠萝、芒果、椰子、澳洲坚果）、热带香辛饮料作物（香草兰、胡椒、咖啡、可可）、热带粮食作物（木薯）、热带糖料作物（甘蔗）、南药（艾纳香、沉香）等重要热带作物的工程技术研究，组建工程技术研发队伍和平台，进行系统性、配套性和工程化研究开发，为热作产业结构调整、优化农产品区域布局提供技术支撑。开展技术成果的中试、生产示范与推广，开发特色的热带作物新品种、新技术、新产品，满足市场的需求，实现"科研—开发—产品—市场"的良性发展目标。

2. 主要研发技术

（1）良种良苗繁育工程技术。

重点研发方向：开展热带作物种质资源鉴定关键技术研究，保护我国热带作物物种资源；收集和评价热带作物种质资源，创新和利用新种质；研究主要热带作物育种关键技术，培育新品种；开展主要热带作物种子种苗产业化关键技术研究，推进主要热带作物种业科技产业化。

重要工程化成果：特色热带作物种质资源收集评价与创新利用（国家科技进步二等奖）、芒果优良品种及配套技术集成与示范（海南省成果转化一等奖）、甘蔗健康种苗规模化繁育与应用（海南省科技成果转化二等奖）

（2）高产高效生产工程技术。

重点研发方向：开展重要热带作物的高产高效种植与农作制度研究，重点开展高产、稳产、抗逆生物学基础，安全、优质标准化栽培技术，水肥偶合机理，营养诊断与精准施肥技术，间作、轮作与土壤地力培育技术等研究，开展重要热带作物危险性病虫害检测鉴定、监测技术，集成构建以重要病虫草害和以作物为单元的多病虫综合防控技术体系，实现作物高产高效、环境友好、生态安全的综合目标。

重要工程化成果：橡胶树割胶技术集成与大面积推广应用（海南省科技成果

转化一等奖）、重要入侵害虫红棕象甲防控基础与关键技术研究及应用（海南省科技进步一等奖）、菠萝产期调节及品质调控的研究与应用（中华农业科技进步二等奖）

（3）产品加工工程技术。

重点研发方向：开展橡胶相关应用基础研究，低氨胶乳、节能低碳、清洁生产等先进加工技术，改性橡胶、复合材料和高性能轮胎专用胶等高档产品生产技术与装备研发；开展重要热带作物产品初加工与利用，贮运保鲜，精深加工与资源化利用以及低耗高效加工、生物能源转化、质量控制技术以及综合利用等关键技术开发；开展天然产物与功能食品和特殊专用食品等技术集成示范，促进热带农产品深加工技术与装备优化升级。

重要工程化成果：利用木薯淀粉为原料生产葡萄糖酸钙（海南省科技进步一等奖）、天然橡胶高性能化加工（中华农业科技二等奖）、艾纳香加工关键技术集成与产业化开发（海南省科技进步二等奖）。

（4）副产物综合利用工程技术。

重点研发方向：开展大宗热带作物固体废弃物资源（甘蔗叶、甘蔗渣、菠萝叶、香蕉茎秆、木薯渣等）饲料化、肥料化及提取高价值物质等综合利用技术与配套设备设施，创新研发相关产品，实现废弃物无害化处理与有效利用。

重要工程化成果：椰衣栽培介质产品开发关键技术研究、示范与推广（农牧渔业丰收一等奖）、菠萝叶纤维酶法脱胶技术（海南科技进步一等奖）、香蕉雄花、茎秆和残次果等废弃物高值化综合利用技术研究与示范（海南省科技进步一等奖）。

（四）热作工程中心人才队伍

1. 热作工程中心主任

热作工程中心自组建以来，注重工程化人才队伍建设，热科院主要领导亲自担任工程中心主任。历任热作工程中心主任分别为王庆煌（2011 年 1 月至 2014 年 3 月）、汪学军（2014 年 4 月至 2016 年 9 月），现任热作工程中心主任为李开绵（2016 年 9 月至现在）。

李开绵，研究员，国家木薯产业技术体系首席科学家、国家突出贡献中青年专家、国家百千万人才工程入选者、享受国务院特殊津贴专家、全国农业科研杰出人才，曾任热科院品资所党委书记、生物所所长，现任热科院副院长、长期在热区一线开展科研、成果转化、服务"三农"工作，具有较强的组织管理和经营能力。在担任中心主任、木薯研发部主任期间，积极拓宽研究领域，带领中心有序开展工作，推动国家重要热带作物"科技成果工程化、科技产品规模化、大宗产品市场化和上市产品品牌化"建设，牵头搭建了我国最全、最大的主要热带作物种质资源保存技术体系（13 个圃、1 个库），组建了农业部专业重点实验室 8 个和国家薯类加工中心，开创了与巴西国家农牧院等国外研究机构建立紧密的合作关系，提升了中心在国内外的影响力，确立了中心在世界热带作物研发的重要地位。近年来，主持"973"、公益性行业科技专项等国家级科研项目 4 项，获国家科技进步二等奖 1 项、部省级奖项 5 项，制修订行业标准 6 项，审定木薯新品种 4 个，培养硕博研究生 40 名，博士后 4 名，获"国际块根类作物大会木薯研究终身成就奖"、入选中华农业科教基金会"凤鹏行动"种业功臣。

2. 热作工程中心人才结构

热作工程中心现有人员 301 人，其中，固定人员 268 人（技术带头人 17 名、技术骨干 49 名），流动人员（特聘专家）33 人。从年龄结构看：35 岁以下占 35.4%，36~45 岁占 38.4%，46~55 岁占 22.8%，56 岁以上 3.4%，平均年龄为 40 岁，团队相对年轻，富有活力；从人员学历结构看：博士占 44.8%，硕士占 37.3%，大学本科占 17.2%，大专及以下占 0.7%，团队学历较高；从职称结构看：高级职称占 61.2%，中级职称占 32.1%，初级及以下职称占 6.7%，具有高级职称人员比例大，研发经验丰富；从业务结构看：从事研发占 79.1%，从事管理占 9.3%，从事经营占 11.6%，人员配备相对合理；从领域结构看：从事良种良苗占 31.3%，从事节本增效生产占 29.7%，从事产品加工占 29.5%，从事副产物综合利用占 9.5%，支撑研发方向合理。

3. 热作工程中心人才队伍建设成效

"十二五"期间，热作工程中心结合热科院热带农业"十百千人才工程"实施，实行开放、流动、协作、竞争的管理机制，努力构建有利于优秀人才、特别是青年人才快速成长的环境。一是以人才培养为重点，强化引培结合，既选拔培养院内骨干，又重视引进外来英才。引进博士学历人员 31 人，海外留学人员 6 名，培养了包括"百千万人才工程"国家级人才 2 人、国家产业技术体系首席科学家等国家级专家 14 人次、省部级专家 60 人次。二是以团队建设为重点，强化核心竞争力。建设具有国际视野和高层次创新能力的研发创新团队及技术带头人17名，其中，8支入选了"农业科研杰出人才团队"、4支入选院热带农业科研杰出团队，团队成果显现。三是以人才使用为重点，强化"固定+流动"。既突出固定人员刚性引进，又重视以特聘专家为核心的引智。新增固定人员171人、特聘专家18人，保证了中心研发创新、成果转化等重点任务的高效完成。四是以素质提升为重点，强化培训与交流。实施优秀中青年人才培养计划，与海南大学、华中农业大学等国内外高校建立实质性的人才联合培养基地，提高学历12人次，挂职锻炼11人次，培养了具有国际视野的人才3人次。

（五）热作工程中心设施设备

1. 热作工程中心设施条件

热作工程中心现已建成配套完善的产品研发实验室21个，面积1.6万平方米，热带作物种苗繁育及产品加工中试基地13个，面积4.5万平方米，技术集成示范基地31个，面积9 388亩。实验室、中试基地、示范基地建设，见表6-1至表6-3所示。

表6-1　热作工程中心研发实验室建设情况

序号	研究方向	实验室（个）	设备总值（万元）	主要研发实验室
1	良种良苗繁育工程技术	3	2 206	橡胶良种良苗繁育实验室 木薯优良种苗研发实验室 甘蔗遗传育种实验室
2	节本增效生产工程技术	10	1 673	橡胶树营养诊断施肥实验室 橡胶树新割制实验室 芒果、香草兰等综合栽培实验室
3	产品加工工程技术	7	3 420	南药资源开发与利用实验室 香辛饮料精深加工实验室 天然橡胶产品加工实验室
4	副产物综合利用工程技术	1	992	热带天然纤维研发与制品实验室
	合计	21	8 291	

表6-2　热作工程中心中试工程基地建设情况

序号	研究方向	中试基地（个）	面积（平方米）	主要中试基地
1	良种良苗繁育工程技术	4	25 454	橡胶树良种良苗繁育中试基地 木薯原种种苗中试种植基地 攀枝花芒果选育种中试基地
2	节本增效生产工程技术	1	1 848	椰心叶甲寄生蜂工程中试基地
3	产品加工工程技术	7	13 428	橡胶木材改性中试工程基地 高性能天然橡胶加工中试工程基地 香辛饮料产品中试加工基地
4	副产物综合利用工程技术	1	4 270	菠萝叶综合利用中试加工基地
	合计	13	45 000	

表6-3　热作工程中心示范基地建设情况

序号	热带作物	示范基地（个）	基地面积（亩）	主要示范基地
1	热带经济作物	7	2 050	橡胶树速生丰产栽培示范基地 广西武鸣木薯良种示范基地 橡胶树低频割胶技术示范基地
2	特色热带果树	12	3 223	攀枝花芒果种质资源创新基地 优质香蕉种苗繁育示范基地
3	热带香辛饮料	8	2 865	香草兰标准化生产示范基地 胡椒种植与加工示范基地 兴隆咖啡有机种植示范基地
4	热带糖料、南药	4	1 250	艾纳香天然冰片生产示范基地 海南临高甘蔗示范基地
	合计	31	9 388	

热作工程中心主要工程化研发与中试基地建设情况。

（1）香蕉工程化研发实验室。

香蕉工程化研发实验室建设完善有200平方米组织培养室、800平方米的钢结构智能温室、1 000平方米香蕉茎秆综合利用加工中试工厂和300亩香蕉种质资源圃，研发了香蕉雄花愈伤组织辐射突变新技术、香蕉抗病毒新品种优质种苗生产技术、香蕉废弃物资源化综合利用技术、热带水果防褐变成套技术，收集保存了香蕉种质资源300余份，筛选了抗枯萎病株系2个，培育了国家审定香蕉新品种1个"热粉1号"，研制了富含可溶性膳食纤维和降血糖活性化合物的香蕉花降血糖胶囊、香蕉纤维/苎麻混纺纱线及织物、香蕉茎秆有机肥、低糖香蕉菠萝复合果酱、新型果蔬酶促褐变抑制剂等新产品，获授权国家发明专利 4 项、实用新型 2 项，制定农业部行业标准 1 项。

"十二五"期间，联合执行科技部重大成果转化等项目，累计推广抗病毒健康优质香蕉种苗 1 500 万株，在海南、贵州等地累计推广"热粉 1 号"香蕉新品种面积 15 万亩，累计建立香蕉茎秆有机肥示范基地 7 个、示范面积 1 480 亩、推广应用有机肥 1 700 吨、辐射面积 15 万多亩，实现经济效益超过 2 000 万元。以项目合作和联合研发等方式为热作两院种苗组培中心等企业提供技术支持，参与中国—厄瓜多尔热带农业科技中心的筹建工作，先后前往老挝、越南、斐济和厄瓜多尔开展香蕉种苗组培与栽培技术培训。

（2）木薯原种种苗生产中试基地。

利用农业部种质资源圃运行费、国家木薯产业技术体系岗位经费、自有资金等 320 万元，建设完善的木薯原种种苗生产中试基地，包括组织培养间 120 平方米、低温离体保存库 2 000 平方米和试验大棚 400 平方米，配套购置组织培养架、干燥设备、灭菌锅、超净工作台、恒温摇床、抽湿机、离心机和真空冷冻干燥设备等设备 15 台套，建立木薯原种苗"育—繁—推"一体化基地 3 个，种茎生产能力达到 3 万吨/年，其中，"中国-柬埔寨试验与示范基地"成为我国木薯原种种苗在东南推广使用示范点，推广的优良品种已经成为柬埔寨国内的主推品种。

"十二五"期间，联合执行农业部产业体系等项目，重点开展木薯优良种引进利用、良种种苗原种保存、生产与繁殖推广示范工作，自主研发木薯种苗快速脱毒技术 1 项和木薯低温保存技术，完善木薯细胞悬浮培养技术 10 多项，获授权发明专利 3 项，实用新型专利 2 项，累计培育良种种苗 5 万吨以上（每吨 2 000 元），实现经济效益超过 1 亿元，设备利用率达到 80% 以上。以项目合作和联合研发等方式，为海南五指山集团、柬埔寨 PPM 公司和柬埔寨高棉集团提供良种种苗及技术服务，为国内外科研机构海南大学、云南农科院、江西农科院、湖南农业大学、广西木薯研究所、广西农科院、广西大学等 15 家单位提供了中试良种种苗。

（3）橡胶树良种良苗繁育中试基地。

橡胶树良种良苗繁育中试基地利用中心再建项目、农业基本建设项目等支持及自有资金投入，建设面积 610 亩，根据科研、生产及示范的需要划分为 3 个功能区。其中，I 区占地 280 亩，含育苗棚、沙床、袋育、地播苗圃，设施大棚面积 1.25 万平方米，荫棚面积 4.73 万平方米；II 区占地 40 亩，为橡胶树自根幼态无性系生产区，含实验室区和设施育苗区 2 个亚区，组培中心楼面积 13 464 平方米；Ⅲ区占地 290 亩，为大田生产区，含增殖圃和地播苗圃。配套生产设施及仪器设备 60 多台/套，利用率 95% 以上。年生产种苗能力 100 万株，其中袋育小苗 60 万株、籽苗芽接苗（包括小筒苗）20 万株、自根幼态无性系种苗 20 万株。

"十二五"期间，通过转制科研院所创新能力专项资金、科技成果转化项目等的实施，重点开展热研 7-33-97、热研 8-79、热研 7-20-59、热垦 628 等橡胶树优良品种新型种植材料的研究与示范。成功建立了热研 7-33-97、热研 8-79 等主要品种的体胚扩繁体系，实现了大规模工厂化生产；籽苗芽接育苗、袋育小苗等育苗技术进一步熟化和产业化。种苗畅销海南省、云南省、广东省三大植胶区，成为海南省良种补贴苗木橡胶小筒苗的唯一指定直供基地，累计销售各类种苗 300 余万株，实现经济效益 3 000 多万元，社会效益超过 1.5 亿元。基地长期与海南天然橡胶产业集团、海南屯昌鑫禾木苗有限公司、广东农垦总局等植胶、科研单位在人员培养、技术推广与示范等方面开展合作，取得了良好成效，累计接待国内外参观学习共 268 个批次 5 132 人次，培训技术人员 1 300 人次。

（4）香辛饮料产品加工中试基地。

香辛饮料产品加工中试基地利用中心再建项目、国家重大科技成果转化项目和自筹资金 750 万元，建设完善中试加工厂达 1.2 万平方米，配套购置热泵干燥设备、香水自动灌装设备、真空冷冻干燥设备等设备 22 台/套，自主研制胡椒杀青机、胡椒脱粒机、胡椒脱皮机等胡椒加工设备 6 台/套，建立香草兰深加工、胡椒连续机械化加工、兴隆咖啡焙炒和可可初加工产品中试线共 4 条，产能达到 600 吨/年，建成热带香辛饮料工程化加工技术研发平台，中试线干燥能耗是传统热风干燥能耗的 1/3，每吨加工用水量从 6 吨降低为 1 吨，自动化生产程度达到 90% 以上，可开展香辛饮料规模化、标准化、工程化中试加工。

"十二五"期间，联合执行国家重大成果转化和科技支撑等项目，重点开展了香辛饮料生态高值利用技术和机械化加工技术、配套工艺、装备及产品研发，研发出胡椒高温灭酶技术、复合护色技术、微波真空-热风连续复合干燥技术、天然植物香水稳定澄清技术、风味增强技术等新技术、新工艺 50 多项，获授权发明专利 12 项，实用新型专利 6 项，研发香辛饮料产品 32 个，实现经济效益超过 2.5 亿元，设备利用率达到 80% 以上。以项目合作和联合研发等方式，为无锡华东可可食品股份有限公司、海南兴科热带作物工程技术有限公司等食品加工企业、海南农科院、云南农科院、广西林科院等 10 家单位提供了中试加工平台。

（5）菠萝叶综合利用加工中试基地。

菠萝叶综合利用加工中试基地总投资 654 万元，建筑面积 6 104 平方米，仪器设备 70 余台/套，设计年生产能力 400 吨。从事菠萝叶纤维利用开发的中试，包括菠萝叶纤维提取、叶渣利用、纤维脱胶、纤维软化与养生处理、纺织产品研发等。建有纤维提取及叶渣处理、堆仓打包等车间 8 间 3 887 平方米，纤维脱胶预处理、纤维检测室 694 平方米，仓库及其他 1 523 平方米。依托该生产线，建立了包含纤维提取与处理、纺纱、织造、染整、产品加工等产业各个环节的协作研发与生产网络，具备研发、生产菠萝叶纤维袜、T 恤、毛巾、凉席、内衣、睡衣等纺织产品产业化能力。

"十二五"期间，获 14 项科研项目支持，获得授权专利 8 项，研发出工艺技术 1 套、关键设备 5 种，实现了纤维提取的规模化；研发专有纤维脱胶、养生、软化、梳理工艺技术 1 套，制备的纯纺纱细度达 36 公支世界先进水平，实现了纤维处理的工业化；发现了纤维天然杀菌、驱螨、除异味特性并开发系列功能纺织品 6 类 20 多种，实现了纤维产品的商品化；研发叶渣青贮饲料、有机肥和厌氧发酵沼气，实现了有效、循环利用。通过合作和联合研发等方式，与安庆市大龙麻绢纺织有限公司、上海普耐贸易有限公司、铜陵源润麻业有限责任公司、新乡白鹭化纤有限公司、山东海龙股份有限责任公司等国内科教单位和企业 10 多家合作开展菠萝叶纤维纺织工程技术开发，形成菠萝叶纤维纺织新产业，年总产值近 2 亿元。

2. 热作工程中心设备条件

热作工程中心依托热科院及各院属单位资源，努力搭建高效、共享的工程技术研发平台，强化对天然橡胶、木薯、甘蔗、特色热带果树、热带香辛饮料、椰子、南药等重要热带作物良种良苗育繁推一体化、节本增效生产、产品加工、副产物综合利用工程技术研发和中试设备投入。"十二五"期间，热作工程中心购置更新了高温凝胶渗透色谱仪、流式细胞分析仪等设备 604 台/套，总值 5 828.67 万元，其中，单价在 50 万元以上的检测、加工处理、提取大型设备 36 台套，总值 3 995 余万元，均已完成设备安装调试，并有专人负责仪器设备的维护管理，改造和新建高性能天然橡胶中试等 10 条生产线。

截至 2015 年年底，热作工程中心已建成完善的产品研发实验室 21 个，与工程化研发相配套的热带作物种苗及加工中试基地 13 个，与农业生产相适应的高产优质高效种植示范基地 31 个，配套设施 4.5 万平方米，配备专业研发实验仪器设备 743 台/套，总值 8 291.56 万元，数量和总值分别比"十一五"增加 4.35 倍和 2.37 倍。其中，单价 50 万元以上仪器设备 51 台/套，总值 5 173.24 万元（良种繁育研究方面设备 16 台/套，价值 1 706.13 万元；高产栽培研究方面设备 3 台/套，价值 172.56 万元；农产品加工方面 25 台/套，价值 2 802.8 万元；副产物利用方面设备 7 台/套，价值 491.75 万元），成为国内重要热带作物技术研发、集成及应用的优势平台，较好保障重要热带作物工程技术研发和中试等各项工作的顺利开展，在热带作物行业内处于领先水平。

热作工程中心所有大型仪器设备均已纳入热科院大型仪器设备共享中心、海南大型科学仪器协作共用平台等共享平台，对外进行开放共享，为海南大学、海南省农科院等多家高校科研单位及部分企业提供服务，设备年均使用率 80% 以上，共享使用率达 15% 以上。

（六）热作工程中心研发项目

1. 承担研发项目

"十二五"期间，热作工程中心共承担研发项目 429 项，其中，国家级 78 项、省部级 229 项、国内企事业单位委托 74 项、国际合作 21 项、自选项目 27 项，其中良种良苗繁育 98 项、节本增效生产 143 项、农产品加工 45 项、副产物综合利用 21 项。承担研发项目，见表 6-4。

表 6-4　热作工程中心承担研发项目一览表（2011—2015 年）

承担研发项目来源	国家级	省部级	国内企事业单位委托	国际合作	自选项目	合计
项目数（个）	78	229	74	21	27	429
到位拨入经费（万元）	12 058.39	15 917.61	1 350.38	1 746.00	0.00	31 072.38
到位自筹经费（万元）	2 057.00	640.00	0.00	0.00	135.00	2 832.00
到位经费总额（万元）	14 115.39	16 557.61	1 350.38	1 746.00	135.00	33 904.38

2. 重大工程化研发项目

（1）热带特色香辛饮料作物产业技术研究与示范。

开展香草兰、胡椒、咖啡优良品种筛选、养分综合管理、高效栽培模式、病虫害安全高效防控、产品清洁高效加工和质量安全监控等关键技术研究。经过 5

年的系统攻关，共选育出优良品种（系）20 多个，其中，审定、登记新品种 8 个；筛选出槟榔复合栽培胡椒等高效栽培模式 10 种，综合经济效益提高 30% 以上；研发出香草兰发酵生香等加工技术 3 套，设计研制胡椒脱皮等配套设备 5 套，实现机械化自动生产，加工周期缩短 70%，生产效率提高 30%，节水达 60% 以上。项目获授权发明专利 8 项、实用新型专利 8 项、软件著作权 4 项。技术成果整体处于国际先进水平，部分指标国际领先。通过生产技术优化集成，在海南、云南等省主产区推广新品种 3 万亩，建立示范基地 10 个，示范面积 319 公顷，辐射 2.2 万公顷；通过集成配套工艺与装备，建立产品中试加工生产线 4 条，年加工量 5 100 多吨，实现了技术工程化中试与产品规模化生产，现已在主要适宜种植区推广应用，带动了产业技术升级，促进优势产业带形成，实现了由"小作物"向"大产业"转变，对促进农民增产增收和维护我国南部边疆繁荣稳定产生重大的社会效益。

（2）椰子产业提升关键技术研究与集成示范。

开展椰子优良种质资源评价、种苗培育、高效生产、复合栽培模式、重大病虫害预警监测与防控、产品及副产物综合加工等技术研究与集成示范。经过 5 年的系统攻关，共筛选出高产种质 8 份，早熟、矮化种质 6 份，抗寒抗风种质 4 份，认定新品种 2 个与国审品种 1 个；制定适应性栽培、椰园—牧草—养殖等技术规程 15 套，开发出椰子专用肥 2 种；明确椰子主要病虫害及其天敌种类、分布及发生规律，筛选出可应用天敌 3 种，研发红棕象甲聚集信息素产品 1 种、农药 12 种；建成产品中试工厂，开发功能性椰油产品 9 个、椰衣栽培基质产品 9 个。鉴定成果 7 项，获省级成果奖项 10 项；获批专利 29 项，其中发明专利 15 项；发布农业行业标准 5 项，制定企业标准 37 项；出版专著 4 本，技术丛书 14 本。建立苗圃系比试验区和新品种示范区 1 200 亩，示范区实现椰子提早结果 3 年，单产提高 166% 以上；建立优良品种推广基地 7 个，共 5 000 亩；建立 4 个椰园种养模式示范基地和 8 个椰园间作示范基地，共 750 亩；建立椰子主要病虫害综合防控示范点 10 个，共 1 000 亩，辐射推广 1 万亩；培训农民技术骨干 4 000 名，推广普及椰子相关技术 14 项，创造社会效益 30 亿元以上，有效带动椰子产业技术提升，确保椰子产业可持续发展。

（3）重要热带作物产品加工关键技术产业化应用。

开展木薯等 5 个重要热带作物产品加工关键技术产业化应用，转化技术成果 5 项，建设标准化原料示范基地 5 个，制定加工技术规程 5 套和产品标准 7 项，申报专利 8 项，建立或改进产品生产线 7 条，生产系列产品 11 个，培育有较强国际竞争力优势企业和知名品牌 1~2 个，形成加工产能 14 万吨以上，培训示范农户 1 万人次以上，培训技术工人 300 人次以上，解决产业实际瓶颈问题，推动产业快速发展。截至 2015 年年底，项目共转化技术成果 5 套，在广西南宁、福建三明、海南琼海、万宁等地建成标准化原料基地 13 个，共计 5.1 万亩；制定胡椒初加工等技术规程 7 套和木薯淀粉产品标准 15 项，其中，国家标准 2 项，行业标准 4 项；申报专利 20 项，其中，国家发明专利 14 项，建成产品加工生产线 9 条，产能实现 20 万吨以上，开发出香草兰香水、胡椒调味酱、椰纤果等新产品 5 类 35 个品种，生产木薯变性淀粉等系列产品 22 个，为 2 个具有较强国际竞争力优势集团企业"椰国食品"和"广西农垦明阳生化"注入新的市场活力，培育出"椰国""兴科""娜古香""木椰""昌农"知名品牌 5 个；培训农技人员和农户 1.5 万人次，累计实现总收入过 30 亿元，为我国重要热带作物产业持续发展及中心自身发展奠定了坚实的基础。

（4）高性能特种工程天然橡胶加工关键技术研究与示范。

针对国内传统技术生产的天然橡胶无法满足航空、航天、兵器、高铁减震等重大领域的特种要求，导致上述领域所需天然橡胶材料完全依赖进口，存在重大国防安全隐患问题，项目组提出研发新的天然橡胶加工技术体系，研发具有自主知识产权的关键加工工艺与装备，制定一批质量控制标准与生产规程，在相关领域进行应用推广示范，引领天然橡胶高性能特种化发展，推动国防和重大民用行业的高性能弹性体国产化。项目正在实施中，现已制定加工技术规程 3 个，申请发明专利 5 项，授权专利 11 项，其中发明专利 7 项。截至 2015 年年底，项目取得重大技术突破，研发出高性能天然橡胶中试生产工艺、装备和标准，建立了标准化高性能天然橡胶中试生产线，目前在中试生产线采用自主研发技术制备高性能天然橡胶质量一致性好，产品通过合作军工企业检测，核心技术指标超过原进口马来西亚产品 50% 以上，与特殊用户签订供货协议．通过建立我国高性能天然橡胶工艺、装备和示范基地，打破了高性能天然橡胶在国防领域完全依赖进口的局面。

（5）主要热带作物田间废弃物综合利用技术研究与示范。

开展甘蔗叶、菠萝叶、香蕉茎秆等热带田间废弃物收贮处理技术与装备研究，废弃物饲料化、能源化、基质化等关键技术产业化应用，建设示范基地 2 个，制定加工技术规程 4 项，申报专利 6 项，培训示范农户 1.2 万人次以上，培训技术工人 200 人次以上，解决产业实际瓶颈问题，推动产业快速发展。截至 2015 年年底，项目共在广西南宁、福建大田、广东湛江等地建成粉碎还田及食用菌栽培示范基地 4 个，共计 1.7 万平方米；在广西、湛江建立农业废弃物养殖示范点 5 个，在江西南昌建立沼气示范点 1 个，生产粉碎还田机、收获机、打捆机等样机 8 台，筛选菌株 194 种，制定农业废弃物加工利用配方及技术规程等 8 项，申报专利 24 项，其中，国家发明专利 11 项，发表论文 78 篇，培训农技人员和农户 1.5 万人次，与相关企业开展技术转化与推广，累计实现总收入超 10 亿元，为我国重要热带作物产业持续发展及中心自身发展奠定了坚实的基础。

（七）热作工程中心研发成果

1. 代表性成果

"十二五"期间，热作工程中心根据国家、社会和市场重大需求开展的为解决行业、产业的关键、共性和基础性工程技术问题，取得的突破性、系统性和集成性重要进展，包括新产品、新材料、新技术、新方法、新工艺、新设计、生物新品种等 5 项代表性成果如下。

（1）芒果产业化关键技术。

本成果是一项选育芒果新品种，提高芒果产量，改善芒果品质，提高晚熟芒果产业化水平的实用技术。四川攀枝花、云南华坪地处金沙江干热河谷流域，气候干热，昼夜温差大，是我国最晚熟的芒果优势产业带。1996 年前该区域芒果种植不足 1 万亩，产量和效益低下，未能充分发挥该地区独特的气候和地域资源优势。针对这些问题，热科院专家先后引进 40 多个芒果品种在攀枝花试种，初步筛选出红芒 6 号、Keitt、热农 1 号等主栽品种。研发了"轮换枝条挂果"技术解决大小年结果问题；创新了"三次摘花法"延长花期规避气候风险；建立了养分综合管理和病虫害综合防控等系列关键技术。红芒 6 号、Keitt 等优良品种已推广约 25 万亩，良种覆盖率达 85% 以上。建立示范基地 2 个，示范基地产品均获得中国绿色食品 A 级认证。病害防治效果 85% 以上。虫害防治效果 90% 以上。生理性病害（心腐病、海绵组织病等）防治效果 90% 以上，商品果率从 40%~60% 提高到 80%~90%，平均亩产量 800 千克以上。其核心内容"攀枝花优质晚熟芒果产业化"获 2013 年全国农牧渔业丰收奖合作奖。成果整体水平处于国内领先水平。成果完成单位每年组织专家约 100 人次前往攀枝花开展项目合作研究、技术指导、成果转化等活动。团队式商派挂职科技副区（县）长，1997—2012 年共派送 5 批次 12 名专家前往攀枝花挂职。采用农技推广新模式，建立"科研院所+地方政府+公司或合作社或新农学校+技术员+农民"的推广模式，实施了"新观念、新思想、新技术、新农民、新生活、新农村"的"六新"培训理念，共计培育示范户 3 000 多户，培训农技人员和农民达 2 万余人次。该区域芒果产业从原来的 1 万亩发展至目前的 40 多万亩，年产值近 4 亿元，实现了芒果产业从小到大、从弱到强的巨大转变。培育了"锐华""田园"等 10 多家省级龙头企业和近百家芒果协会或合作社，产业组织化程度达 60% 以上；形成了以"攀枝花"牌为主的芒果知名品牌，芒果种植户人均收入从 10 年前的 2 千多元增长到目前的 1 万多元，农民生活水平显著提高、生活质量明显改善。

（2）橡胶树全程连续递进割胶技术。

本成果是一项提高胶农割胶技术水平、增加胶农收入的农业综合实用技术。与国内外同类技术相比，具有高产性（比传统二天割一刀（s/2d2）制度提高单位面积产量 10%~15%）；高效性（比传统割胶制度减少割次 33%~60%，可提高割胶生产率 50%~150%）；安全性（采取有效措施，死皮等副作用比常规割制稍低或持平）；规范性（对每项技术都形成要点，并在农业部部级标准《橡胶树割胶技术规程》中体现，规范生产，实现推广应用）；通用性（可用于不同割龄、不同品种橡胶树割胶，可替代传统割胶技术）；可持续性（本项技术具有良好安全性，操作规范，比传统割胶制度减少树皮消耗量 25.5%~52.0%，实现刺激割胶生产可持续性）。成果"中国橡胶树主栽区割胶技术体系改进及应用"曾获得 2007 年国家科技进步二等奖和 2005 年海南省科技进步一等奖，整体处于国际领先水平。成果完成单位与生产部门共同构建了新割胶技术应用推广体系，完善了服务网络。把新技术推广与技术培训、技术咨询相结合，为新技术的推广应用提供坚实的技术支撑。共举办各种培训班 178 场次，累计培训 1.27 万人次，发送技术资料 1.85 万份，培养和提高了一大批新割胶技术科技人员，尽可能把刺激割胶技术的新理念、新思维和新技术普及到广大胶农和胶工，并转化为新的生产力，加快该技术的推广速度。新割胶技术的大面积推广应用 5 年（2011—2015年），年均推广面积达 28.5 万公顷，1.03 亿株，农垦系统推广率为 97.5%，民营胶园推广率为 60%。全省共增产干胶 6.9 万吨，新增产值 14.6 亿元，增收节支 19.6 亿元，实现利润 10 亿元以上，仅海南农垦每年就节约胶工 4.9 万人。项目总投资近 10 亿元，经济效益总额 29.8 亿元。同时，也大大降低了生产成本。由于割株和人均产胶量的增加，胶工的工资也相应提高了 1.3~1.5 倍。胶工工资的提高，对缓解胶工短缺、优化和稳定胶工队伍发挥了重要作用。该项技术成果的大面积推广应用，既提高了产量，更大幅度提高了割胶劳动生产率，节省了大量胶工，为我国天然橡胶产业的可持续发展产生了重大而和深远的影响。

（3）重要入侵害虫红棕象甲防控基础与关键技术。

本成果是一项防治害虫红棕象甲的农业植保实用技术。该技术突破了红棕象甲人工饲养难题，研制出红棕象甲幼虫半人工饲料和饲养装置，与国内外相比红棕象甲世代存活率提高了 137.3%，世代发育历期缩短了 20～50 天，显著提高了红棕象甲人工饲养效率，为进一步深入研究、防控与开发利用该虫提供大量标准化虫源；建立了红棕象甲早期声音探测实用技术，明确了虫口密度、测试位点、温度和幼虫发育期等因子对探测效果的影响，使田间探测准确率达 80.8% 以上，准确率比国外提高了 2 倍。发明了红棕象甲微胶囊引诱剂、诱芯及诱捕器，与国外同类产品相比生产成本降低 67%、持效期延长 50%、诱捕效能提高 31.4%；筛选出 4 种对红棕象甲幼虫防效优良的药剂及混剂配方，明确了田间最佳施药方法，即为害树上挂"点滴瓶"进行有效防治，使红棕象甲田间致死率达 93%，配合声音早期诊断技术，使防治农药用量减少约 60%。该成果处于国际先进水平，获 2013 年海南省科技进步一等奖。本项成果技术成熟，在海南、广东、广西、福建、云南等省区广泛推广应用，累计 61.8 万亩，挽回经济损失 1.81 亿元，培训 2 000 多名一线技术员，研制的信息素及诱捕器销售到热区 6 省区及中东 3 国。本项成果所研发的红棕象甲控制关键技术提高了棕榈植物产品产量、质量及市场竞争力，减少了化学农药的用量，保护了生态环境，保障了食品安全，尤其对海南省椰子、槟榔等棕榈产业可持续发展和食品安全工程建设具有深远的社会影响，为我国无公害农林业生产作出了重要贡献。

（4）菠萝叶纤维功能性纺织产品加工技术。

菠萝叶纤维的开发利用，可以提供性能优异的抗菌、驱螨、除臭功能纤维材料，为社会提供高品质、舒适的功能性服用产品，增加了纺织品种类，改善产品结构，提升我国纺织品的国际市场竞争力，促进相关行业发展。成功试制出菠萝叶功能性纺织产品袜子、内裤、T 恤、凉席、毛巾五大类几十个品种，获得授权专利 8 项。在研发部的辐射带动下，国内已有 10 多家企业采用菠萝叶纤维开发技术生产纺织产品，形成菠萝叶纤维纺织新产业，年总产值近 2 亿元。在菠萝种植农户建立菠萝叶纤维提取、洗涤、干燥、贮存，叶渣制取饲料、禽畜喂养，叶渣制取沼气、沼液作肥，叶渣堆制有机肥、替代化肥施用等适应不同生产条件的菠萝叶废弃物高效利用生产模式并示范。在技术实施区内菠萝地亩产纤维 50～70 千克，亩增效益 1 000 元以上；通过叶渣制取饲料、沼气或有机肥，亩节支增收的综合效益 100 元以上；项目实施期内累计推广与辐射面积达到 1 万亩，项目研发的技术模式远期推广与辐射面积 20 万亩。项目技术推广后，按目前菠萝种植面积的纤维产量，可提取菠萝叶纤维 7.5 万吨，原料价值 37.5 亿元。按目前菠萝叶纤维纺织产品市场可接受的参考价，每加工 1 吨菠萝叶纤维纺织产品，利润约 5 万元。全部可利用菠萝叶加工纺织产品 15 万吨，经济效益总计达 75 亿元。促使研发部良性可持续发展，构建一整套适合我国生产实际的菠萝叶综合开发利用技术体系，实现农业废弃物的高效利用，在我国广东、海南、广西等省区菠萝主产区建立菠萝叶综合开发利用核心示范区，开展技术示范，大幅度提高菠萝种植效益，为建立节约型热带农业、实现热带农业的可持续发展和热区农民增收提供技术支撑。

（5）天然橡胶高性能化加工技术。

本成果从我国天然橡胶现状出发，拟解决我国天然橡胶原料近 80% 依赖进口，国防军工与重点工业领域的用胶几乎全部依赖进口，战略资源供应存在重大安全隐患的问题。该技术从天然橡胶精深加工技术入手，以高端产品的生产与应用引领产业链升级，研发集成我国高性能天然橡胶加工技术体系和成套装备并建立生产示范基地，支撑引领国有天然橡胶产业转型升级。该成果筛选出了适合高性能天然橡胶加工的鲜胶乳原材料，研发了适合高性能天然橡胶加工的凝固和干燥工艺，根据关键工艺设计了配套的高性能天然橡胶加工装备，初步建立高性能天然橡胶的评价体系和标准化生产体系，初步形成了具有自主知识产权的高性能天然橡胶加工技术体系和成套装备。研发的高性能特种工程天然生胶已与国内特殊用户合作，初步制备的军用减振密封用天然橡胶的关键性能指标大幅超过通过特殊渠道进口的马来西亚高性能胶，核心技术指标超过原进口的马来西亚产品 50% 以上，达到了国际先进水平，打破了国产胶不如"马来西亚胶"的论断。获发明专利 5 项，实用新型专利 4 项。研发高性能天然橡胶的关键加工工艺 2 项、标准化的生产工艺 1 项、标准化的评价规程 1 项，设计了高性能天然橡胶加工的关键装备设计 4 项，建立了高性能天然橡胶加工示范中试线 1 条，建立了高性能天然橡胶加工基地 1 个。并与有关企业签订 10 吨级供货协议，打破了高性能天然橡胶在国防领域完全依赖进口的局面，得到国防科工委和农业部高度肯定，大大推动了我国天然橡胶高性能化的发展进程，对于我国天然橡胶产业升级具有极大的促进作用。

2. 成果获奖

"十二五"期间，热作工程中心成果获奖 44 项，其中，国家科技奖 2 项，省部级奖 42 项（成果获奖见表 6-5 所示），主要的获奖成果为特色热带作物种质资源收集评价与创新利用、芒果优良品种及配套技术集成与示范、橡胶树割胶技术集成与大面积推广应用、利用木薯为原料生产葡萄糖酸钙工艺的研发、菠萝叶纤维酶法脱胶技术。

表6-5 热作工程中心成果获奖一览表（2011—2015年）

获奖等级	国家科技奖			省部级奖项
	科技进步奖	技术发明奖	自然科学奖	
特等奖（项）	0	0	0	0
一等奖（项）	0	0	0	18
二等奖（项）	2	0	0	24

（1）特色热带作物种质资源收集评价与创新利用。

该成果获2012年国家科技进步奖二等奖，主要开展特色热带作物种质资源收集评价和创新利用，取得突破与创新。提出"资源保护、科学研究、科普示范"三位一体资源保护和利用新思路，构建协作共享平台；探明我国特色热带作物资源地理分布和富集程度，首次发现具有利用价值新类型3个，引进新作物2个；创建种质资源安全保存技术体系，收集保存12科18属81种特色热带作物资源5 302份，占我国相关资源总量的92%。首次确定968个种质资源鉴定评价技术指标；系统研制12种作物种质资源数据质量控制规范、描述规范和数据标准36项，其中，6种作物18项规范属国际首创，建立统一鉴定评价技术体系，鉴定准确率达99%；对5 302份资源进行鉴定评价，提供资源信息共享22.6万人次、实物共享6.3万份次，2011年比2003年分别提高23倍和10倍；筛选优异种质107份，其中，45份直接用于生产，70份作为种质创新和育种材料。通过种质、技术和信息共享，创制新种质89份，利用优异新种质培育桂热芒120号等系列新品种34个；主栽品种31个，占相应品种的75%；攻克外植体生根诱导等关键技术难题，首创番木瓜、剑麻等组培快繁技术，构建种苗生产和栽培技术体系，实现优异种质、新品种和技术快速应用，良种覆盖率达90%，种植面积比20世纪90年代初扩大2.5倍，剑麻、胡椒、香草兰单产超过主产国。优异种质和新品种在海南等5省区广泛应用，累计推广1 850万亩，社会经济效益926亿元，新增社会经济效益555亿元。培育2个新兴特色产业，促进咖啡、芒果、菠萝、胡椒等产业升级，带动区域特色作物发展，提高产业国际竞争力，为热区农民增收、农业增效作出了重要贡献。

（2）芒果优良品种及配套技术集成与示范。

该成果获 2014 年海南省科技成果转化奖一等奖，主要针对海南芒果产业发展过程中存在的品种资源贮备不足、品种老化、修剪不合理、反季节芒果生产中药物使用不规范等问题，筛选出大果、早熟、抗炭疽病等优异种质资源 25 份，部分直接推广应用或作为育种中间材料加以改良；选育出台牙、红玉等品种 10 个，6 个成为海南省主栽品种，4 个通过审（认）定，2 个被农业部确定为主推品种，使海南良种覆盖率达 100%；形成单项技术 6 项，其中，"芒果高接换种技"和"芒果产期调节技术"被农业部列为"十二五"主推技术，形成的"芒果整形修剪技术、芒果产期调节技术"成为海南省 2013 年主推技术，制定标准 4 项。在海南芒果核心主产区建立示范基地 35 个，将上述成果中优良品种、高接换种、产期安全调节催花、花量调控以及病虫害综合防治等关键技术加以推广利用，累计面积 2.8 万亩，举办培训班 155 期，培训人数 1.3 万人，发放资料 3.4 万份。2003—2012 年累计推广新品种、新技术 68.39 万亩，其中，2010—2012 年新增产量 7.93 万吨，新增产值 5.19 亿元，新增利税 3.02 亿元，与 2003 年相比，2012 年总产量增加 1.19 倍，单产增长 51.42%，良种覆盖率达 100%，社会经济效益显著。

（3）橡胶树割胶技术集成与大面积推广应用。

该成果获 2011 年海南省科技成果转化奖一等奖，主要针对我国天然橡胶产业割胶技术水平不高的现象，成果完成单位与生产部门共同协作，构建了新割胶技术应用推广体系，完善了服务网络，大面积推广了"减刀、浅割、增肥、产胶动态分析、全程连续递进、低浓度短周期、复方乙烯利"等具有中国特色的刺激割胶新技术，取得了显著效果：新割胶技术年均推广应用面积 28.5 万公顷，1.03 亿株；提高了单位面积产量 10%～15%，增加企业及胶工收入；提高了割胶劳动生产率 50%～150%，节省了大量胶工，降低了生产成本，由于割株和人均产胶量的增加，胶工的工资也相应提高，对缓解胶工短缺、优化和稳定胶工队伍发挥了重要作用；比传统割制减少树皮消耗 25.5%～52.0%，延长了胶树的经济寿命；实现了大面积推广应用割胶新技术的安全性、规范性、通用性和可持续性，提高了割胶生产技术水平，推进了天然橡胶产业的持续健康发展；增收节支降低成本，提高了企业的总体效益，5 年来累计净增产干胶 6.9 万吨，仅海南省农垦每年就节省胶工 4.9 万人，实现了经济效益总额 29.8 亿元，增强了植胶企业的国际竞争力。

（4）利用木薯淀粉为原料生产葡萄糖酸钙。

该成果获 2011 年海南省科学技术进步一等奖，主要针对我国葡萄糖酸钙生产的短板和木薯对贫瘠土壤的高效利用率，从新鲜木薯块根和干片中 30%～70%的高淀粉含量为切入点，项目开展了利用木薯淀粉为原料生产葡萄糖酸钙的研究和创新利用，取得了重大突破和创新。提出了葡萄糖酸钙生产的新方法，将木薯扩展为葡萄糖酸钙的生产原料，充分利用了我国的坡地、贫瘠地等土地资源；降低了葡萄糖酸钙的生产成本，从玉米淀粉的 3 000 元/吨降低至木薯淀粉的 1 600 元/吨；符合国家的产业政策，一方面，限制玉米原料的加工项目发展；另一方面国家"十一五"发展规划中明确提出，支持非粮作物（例如木薯、甜高粱）的种植和开发利用。通过利用木薯为原料，预处理、发酵、提取操作后，得到白色结晶体，经化学鉴定和红外吸收光谱分析检测，结果表明得到的白色晶体为葡萄糖酸钙晶体；采用一级发酵法，以木薯糖液制备发酵培养基，直接接种孢子液进行发酵，经过 30 小时发酵液中葡萄糖酸钙产量达到 132 克/升，葡萄糖酸钙对葡萄糖的转化率为 110%。

（5）菠萝叶纤维酶法脱胶技术。

该成果获 2013 年海南省科学技术进步一等奖，为充分利用热带农业生物资源，弥补我国天然纺织原料的短缺，对菠萝叶纤维进行了酶法脱胶技术的理论探讨和试验研究。从自然界筛选高产果胶酶菌株，发酵生产出高活性果胶酶。果胶酶用量 8%，pH 值 7.0，温度 52℃，处理 4 小时左右菠萝叶纤维能达到良好的脱胶效果。脱胶后菠萝叶纤维再经木聚糖酶处理 45 分钟，再用 30% 的 H_2O_2 处理 15 分钟能满足纺织工艺要求。与传统的借鉴苎麻的化学脱胶方法相比，可大幅度降低生产成本、减轻劳动强度、减少环境污染以及提高产品质量，实现农业废弃物的高效利用，增加热区农民收入；与苎麻生物脱胶相比，该技术具有稳定性、高效性和易推广性。从 2009 年 11 月到 2012 年 7 月先后在湖南省紫阳麻业纺织有限公司、安徽铜陵华源麻业有限公司、安徽安庆市大龙麻绢纺织有限公司、中国热带农业科学院农业机械研究所进行了菠萝叶纤维酶法脱胶中试生产试验，中试应用表明：精干麻制成率 70% 左右，纤维强度 35cN/tex，纤维支数 610 支以上。符合生产高档菠萝叶纤维产品质量要求。

3. 其他成果

"十二五"期间，热作工程中心获得知识产权授权（批准）446 项（个），其中发明专利 133 项、实用新型专利 230 项、外观设计专利 16 项、新品种 30 个、软件著作权 4 项、新产品 33 个（获得知识产权授权见下表所示）；主持制定标准 55 项，其中，国家标准 2 项、行业标准 53 项。主持标准制定，见表 6-6、

表 6-7 所示。

表 6-6　热作工程中心获得知识产权授权一览表（2011—2015 年）

类型	授权国际专利	授权国内发明专利	授权实用新型专利	授权外观设计专利
批准（授权）总数	0	133	230	16
计算机软件著作权登记证书	集成电路布图设计登记证书	动植物新品种	新药证书	其他（新产品）
4	0	30	0	33

表 6-7　热作工程中心主持标准制定一览表（2011—2015 年）

标准类型	国际	国家	行业	团体/联盟	合计
主持制定（项）	0	2	53	0	55
参与制定（项）	0	0	0	0	0
制定总数（项）	0	2	53	0	55

（八）热作工程中心行业影响与贡献

1. 主要影响与贡献

"十二五"期间，热作工程中心重点开展良种良苗繁育工程技术、节本增效生产工程技术、农产品加工工程技术、副产物综合利用工程技术集成示范与转化推广，促进热作产业领域的结构调整和产品升级换代，行业影响与贡献显著。

（1）良种良苗繁育工程技术。

建立了天然橡胶、芒果、甘蔗等良种繁育技术体系，培育和推广了热研 7-33-97 橡胶树等新品种 30 个，其中，橡胶和芒果的良种覆盖率达到 85%，甘蔗的用种量节约 60%，产量提高 20%，带领热区农民脱贫致富。主要良种良苗繁育，见表 6-8 所示。

表 6-8　热作工程中心主要良种良苗繁育情况表（2011—2015 年）

品种	特性	作用
桂热芒 120 号	出浆率 65.3%、产量达 2 000 千克/亩、优质、稳产、较耐贮运	农业部主导品种，国内首次育成的中晚熟加工型品种

（续表）

品种	特性	作用
热研 7-33-97 橡胶树	平均年产干胶 3.5~4 千克/株，抗风性，抗病性较强	我国自主选育的大规模级橡胶树新品种
凯特芒果	晚熟、丰产、抗寒性强	农业部主导品种，促进芒果晚熟优势带的形成
H2 澳洲坚果	适应性广、早结、高产	农业部主导品种，单产达到世界先进水平
澳洲坚果桂热 5 号	适应性强、二年结果、高产、一级出仁率 98.9%	广西主栽品种，促进品种更新换代
桂热芒 82 号	早结、丰产、大小年现象不明显	主栽品种，在广西、云南、四川等地种植
文椰 2 号	早结、矮秆、高产、果肉质地松软、果皮黄色	海南主栽品种，促进产业结构调整
卡蒂姆 CIFC7963（F6）咖啡	适应性广、抗锈病、高产稳产、大小年现象不突出、品质优	主栽品种，在云南、四川攀枝花及缅甸等地推广

（2）节本增效生产工程技术。

研发并集成了 40 项节本增效技术，辐射推广应用面积达 2 450 万亩，提高单位面积产量 10%~15%，劳动生产率提高 50%~150%，促进了热作产业增产增效。主要节本增效生产工程技术，见表 6-9 所示。

表 6-9　热作工程中心主要节本增效生产技术情况表（2011—2015 年）

作物	主要关键节本增效技术
热带经济作物	橡胶树新型种苗生产技术、橡胶树精准化施肥技术、全程连续递进精割胶技术、林下种植技术、木材加工技术、利用木薯淀粉为原料生产葡萄糖酸钙技术
特色热带果树	菠萝期调节及品质调控关键技术、基于 WGD-3 配方的澳洲坚果嫁接繁殖技术、芒果"轮换枝条挂果""三次摘花法"、养分综合管理和病虫害综合防控
热带香辛饮料作物	热带香辛饮料作物高效生产技术
热带糖料作物	甘蔗良种繁育技术、椰子主要病虫害综合防控技术、椰子油加工、椰纤果废液循环利用和椰衣栽培介质生产技术
南药	艾纳香加工关键技术、人工结香技术

（3）农产品加工工程技术。

研发推广热带作物产品加工技术 43 项、上市具有高增值效益的高性能特种工程天然橡胶等新材料、新产品、新装备 33 个，促进热带作物产品市场化和品牌化，显著推动热带作物加工业升级发展。主要农产品加工技术，见表 6-10 所示。

表 6-10　热作工程中心主要农产品加工技术情况表（2011—2015 年）

对象	主要关键技术	主要研发产品
热带经济作物	木薯变性淀粉加工技术、炭化木地板加工技术	橡胶木实木地板、木薯变性淀粉
特色热带果树	椰子油提取技术、椰子压片技术、热带水果发酵制品生产技术、热带果蔬节能提质干燥技术	椰子油、椰油皂、椰花酒、无糖椰汁、火龙果酒、菠萝叶原纤维
热带香辛饮料产品	香草兰有效成分高效提取技术、速溶咖啡生产技术、胡椒加工技术	香草兰香水、香氛、香兰膏、香草兰酒等香草兰系列产品；胡椒油、黑胡椒酱、胡椒香氛等胡椒系列产品；兴隆咖啡、精品咖啡粉等咖啡产品
热带糖料、南药产品	沉香精油提取技术、艾纳香冰片加工技术、高良姜功能组分提取技术	沉香叶茶、沉香精油、保湿面霜、洗面奶等沉香产品；日霜、晚霜、眼霜、洁面乳、营养水、面膜等艾纳香化妆品；高良姜速溶茶、高良姜精油等

（4）副产物综合利用工程技术。

实现甘蔗叶、菠萝叶等副产物饲料化、能源化、高值化关键技术产业化应用，其中，菠萝叶纤维纺织产品已形成新兴产业。

2. 成果应用与扩散

"十二五"期间，热作工程中心多种形式开展技术集成示范与转化推广，实现自我转化效益 3.91 亿元，辐射效益达 719 亿元，示范效应显著。成果（产品或技术）应用与扩散典型案例如下。

（1）甘蔗脱毒种苗繁育技术推广。

甘蔗品种退化，种植效益低是目前限制甘蔗产业发展的主要问题。通过研发并建立甘蔗良种繁育技术体系，培育甘蔗优良品种，生产并推广使用甘蔗脱毒种苗有效地解决了这一行业突出问题，延长了优良品种使用年限，提高了甘蔗产量、蔗糖分含量和甘蔗种植的经济性，利用该技术体系可以提高甘蔗产量 20% 以上，提高蔗糖分含量 0.5 个百分点以上，并节约用种量 60% 以上。通过市场化的方式，将核心技术"甘蔗脱毒种苗繁育专有专利技术"和"甘蔗转基因专有专利技术"评估作价541万元，入股广西康田农业科技股份有限公司，并与其合作构建了甘蔗脱毒种苗"育—繁—推"一体化的推广运营模式。针对甘蔗品种退化、病虫害防控、水肥管理、耕作机械等问题，举办了各类技术报告会、科技培训班和现场观摩会130多场次、8 500多人次参加学习，共培训1 250人次，发放技术资料700余份，技术光盘400余张。目前通过与企业合作，建设甘蔗脱毒种苗繁育基地和示范基地，展示示范并推广应用。几年来运用该模式在我国甘蔗主产区（广西崇左、柳州，云南元江、临沧，海南福山、儋州等蔗区）指导建设16个种苗繁育示范基地，推广应用甘蔗脱毒种苗49.72万亩，新增甘蔗产值3.35亿元，农民新增纯收入2.35亿元，取得了显著的社会经济效益。

（2）热带香辛饮料作物产业技术推广应用。

针对热带香辛饮料作物品种单一、良种覆盖率低、栽培管理和加工技术产业化应用程度低等问题，开展良种选育、栽培管理、高值化加工等技术研发，选育优良品种7个，构建高效生产技术体系，在我国主产区海南等5省推广；通过技术辐射，良种覆盖率达90%以上，技术普及率80%以上，累计示范面积4 785亩，辐射33万亩，单产提高20%；通过举办培训班47期，培训农技人员和农民3 500多人次，发放技术手册3.6万余册，使云南省绿春县胡椒植面积从1 000多亩发展到3万多亩，成为"云南胡椒之乡"；海南国营东昌农场胡椒种植面积增加至2.3万亩，年产白胡椒从950吨增加到2 110吨，成为"全国最大的胡椒生产基地"；云南保山隆阳区潞江镇新寨村咖啡种植面积从8 000多亩发展到1.5万多亩，成为"中国第一个万亩咖啡园"和"中国咖啡第一村"。获授权发明专利12项、实用新型专利6项，制定加工技术规程8项、产品标准15项，研发配套装备11套，建成中试生产线5条，中试产品6大类，50多个品种，产品附加值比初加工产品提高5倍以上，实现经济效益50亿元以上，显著提升热带香辛饮料作物产业技术水平，促进了产业快速发展。

（3）橡胶树全程连续递进割胶技术示范推广。

针对橡胶生产单位在推广应用新割胶技术中出现技术管理下滑，死皮率高，植胶效益低等现象，开展割胶新技术大面积推广应用，年均推广28.5万公顷，1.04亿株，农垦系统推广率97.5%，民营胶园推广率60%。海南省共增产干胶6.9万吨，新增产值14.6亿元，增收节支19.6亿元，实现利润10.2亿元，仅海南省农垦年节约胶工达4.9万人。项目总投资近10亿元，经济效益总额29.8亿元。依托农业基本建设项目的实施，配套产品生产设施和工艺提升，产品竞争力持续增强。举办培训班178场次，累计培训1.27万人次，发送技术资料1.8万份，培养和提高了一大批技术人员。该技术的大面积推广应用，既提高了产量，更大幅度提高了割胶劳动生产率，节省了大量胶工，为我国天然橡胶产业的可持续发展产生了重大而深远的影响。成果推广到海胶集团广坝分公司面积累计达0.49万公顷，169.6万株橡胶树，5年累计增产2544吨，新增产值5393.3万元，成为全海南新技术示范推广样板；广东省茂名农垦局推广超低频割胶新技术0.6万公顷，180万株，成为推广高产高效新技术方面的全国先锋；海南省地方青年农场在推广新割胶技术方面获得了刀数年年减、树皮年年省、产量年年增的良好经济效益和社会效益，成为民营胶园推广新技术的典型学习亮点。

（4）食品用木薯变性淀粉生产关键技术推广。

针对食品用木薯变性淀粉专用品种缺乏、变性淀粉生产耗能大、成本较高等行业突出问题，结合行业供给侧调整，重点开展专用良种选育、栽培等技术和生产工艺优化、改造，获国家审定新品种1个，广西壮族自治区成果鉴定产品1个；省部级奖项3项；取得食用木薯淀粉新产品3个系列；获国家授权发明专利6项，实用新型专利2项；制定产品标准6个，其中，国家标准1个、行业标准1个，企业标准4个；制定技术规程3项；培训木薯种植户4220人和加工技术人员288人。2012—2015年，广西农垦明阳生化集团有限公司等企业产销食用木薯变性淀粉19万吨，实现产值7.46亿元，营业利润4501万元，税收2986万元，极大提升木薯产业"育—繁—推"一体化水平，促进产业快速发展。广西武鸣县食用木薯品种面积从10.0万亩发展到20.0多万亩，成为"中国木薯第一县"；广西合浦县增加食用木薯品种5万亩，年产食用木薯块根增加8万吨，食用木薯零售价格从0.2元/500克，上升到2.0~2.5元/500克，成为农民致富新增长点；海南白沙县食用木薯品种种植增加近1万亩，平均亩产2.2吨。该成果的应用与推广，促进了食用木薯品种在我国木薯主产区诸多地方实现新突破，推动产业食品化、规模化发展跨越，是当地热区农民脱贫致富、促进产业增效的重要举措。

（5）菠萝叶纤维功能性纺织产品开发。

与企业和地方（农户）建立合作关系，以协议合作等方式为主要手段，先后与安庆市大龙麻绢纺织有限公司、佛山正艺服装厂、佛山万利袜厂、湖南紫阳纺织有限公司及广东、海南等省农户签订了合作协议，逐步形成"科研院所+公司+农户"的产研联合组织网络，促进新技术、新成果的形成与推广。在技术实施区内菠萝地亩产纤维50~70千克，亩增效益1000元以上；通过叶渣制取饲料、沼气或有机肥，亩节支增收的综合效益100元以上；项目实施期内累计推广与辐射面积达到1万亩，项目研发的技术模式远期推广与辐射面积20万亩。项目技术推广后，按目前菠萝种植面积 100 万亩的纤维产量，可提取菠萝叶纤维 7.5 万吨，原料价值 37.5 亿元。按目前菠萝叶纤维纺织产品市场可接受的参考价，每加工 1 吨菠萝叶纤维纺织产品，利润约 5 万元。全部可利用菠萝叶加工纺织产品 15 万吨，经济效益总计达 75 亿元。在纺织业竞争激烈的市场环境下，菠萝叶纤维的开发利用，可以提供性能优异的抗菌、驱螨、除臭功能纤维材料，为社会提供高品质、舒适的功能性服用产品，增加了纺织品种类，改善产品结构，提升我国纺织品的国际市场竞争力，促进相关行业发展。

3. 技术引进与集成

"十二五"期间，热作工程中心引进、集成一批国内外技术，推动热带作物产业关键技术、生产工艺、产品设计新突破，产生良好的经济和社会效益。国内外重大技术引进、集成案例如下。

（1）香草兰健康种苗工厂化快速繁育技术引进与利用。

通过泰国清迈大学（Chiang Mai University）下属农学院 Chamchureesotthikul 教授多次来华开展技术指导，引进了香草兰健康种苗工厂化快速繁育技术的香草兰产业关键技术，对促进香草兰产业转型升级具有重要意义。

在清迈大学农学院兰科健康种苗工厂化繁育技术的基础上，通过对该技术消化吸收、创新集成后取得如下成效：通过改进优化外植体材料、消毒灭菌程序和培养基配方等措施，建立了以香草兰种子和茎尖分生组织为外植体的 2 套香草兰组织培养成苗体系，实现香草兰种子与茎尖分生组织的快速成苗，使得香草兰种子萌发率从不足 30% 提高到 82% 以上，有效缩短成苗时间至 60 天以内；通过研发香草兰健康种苗检测技术，集成栽培介质、炼苗成苗以及水肥管理等关键技术，系统建立完整的香草兰健康种苗工厂化快速繁育技术体系，使得香草兰健康种苗率达到 80% 以上，种苗生产成本下降 40% 以上。通过引进吸收再创新的香草兰健康种苗工厂化快速繁育技术，建立香草兰健康种苗示范种植基地进行展示示范，推动我国香草兰产业关键技术"走出去"在"一带一路"区域国家进行技术转移，同时，服务"一带一路"国家发展战略。

（2）木薯种质高效利用关键技术引进与利用。

"十二五"以来，热作工程中心木薯研发部通过与国际热带农业研究中心（CIAT）国际木薯育种 Howeler 博士、Hernan Ceballos 博士和泰国农业部 Watanna 研究员等合作研究和联合调研的方式，引进优良木薯种质资源（125 份）和高效利用关键技术，对丰富我国木薯种质基因库和促进木薯种业升级和产业的健康发展具有重要的指导意义。

在引进的优良种质基础上，利用 CIAT 的育种评价技术体系进行田间试种评价，发现高淀粉种质（淀粉率>32%）14 份，块根蛋白质含量大于 4% 的种质 4 份，这为培育新的优良品种提供重要基因源，也为木薯研发部建立完善木薯种质创新利用技术体系提供基础。此外，木薯研发部在项目的支持下，消化吸收了从 CIAT 引进的"木薯体细胞胚胎发生快繁技术和嫩茎枝快繁技术"，使木薯繁殖系数进一步提高了多倍，极大促进品种培育和新品种推广的效率。该技术已经在广西武鸣、合浦和海南白沙等地设立相应的扩繁试种示范点，通过农民参与式选育了优良品种 2 个（华南 12 号、华南 13 号），培养博士研究生 5 人，硕士研究生 14 人，学科带头人 2 人，培训广西各木薯产区农业主管人员和推广人员等 120 多人次，培训非洲和东南亚等发展中国家木薯科技骨干 156 人次，有力推动了我国木薯产业的发展。

（3）亚太椰子丰产高效生产关键技术引进与利用。

通过国际生物多样性研究中心（Biodiversity）下属机构国际椰子资源网（COGENT）协调官 Alexia PRADES 教授来华开展技术指导、赴印度大宗作物研究所交流调研等方式，引进椰子丰产高效栽培管理关键技术、产品加工及副产物综合利用等椰子产业关键技术，对促进椰子产业升级具有重要的指导意义。

在印度大宗作物研究所椰子丰产高效栽培管理的基础上，通过改进植株间距、间种牧草、菠萝等作物、开展林下养殖、堆肥技术优化等措施，建立了 8 个椰园间作示范基地，4 个椰园种养模式示范基地，研发了椰子专用肥 2 种，制定椰园间作技术规程 12 个，出版技术丛书 2 本，培训农民 1 000 多人次，使示范区椰农的林下养殖收入增加 50% 以上，整体种植收入提高 20% 以上。在泰国椰子油加工技术的基础上，筛选出 5 项天然椰子油湿法加工工艺，最高提油率可达 92.86%，最短处理时间可至 9 小时，酸价最低可控制氢氧化钾在 0.10 毫克/克以下，开发出天然椰子油、木瓜椰油、菠萝椰油等系列产品 9 个，提高了椰子的精深加工水平；在泰国和越南等国椰糠粉生产技术的基础上，通过物理或发酵除酸技术开发出育苗期椰糠介质、花卉类栽培椰糠、椰衣栽培介质压缩块等产品 9 个，推广、建立示范基地 6 个，推广面积 3 800 多亩，产生经济效益达 2.06 亿元。有力推动了我国椰子产业的发展。

（4）天然左旋龙脑提取加工关键技术的引进与利用。

针对原有技术提取率低、能耗大、物料浪费严重、产品质量不稳定等问题，引进了瑞士 Firmenich 香料有限公司具有国际先进水平的"天然左旋龙脑提取加工关键技术的引进与利用"成套技术，该项技术的推广应用对促进植物功能成分加工提取及有效利用具有重要的意义。

通过对该技术引进吸收、改进集成后，取得如下成效：对设备进行了改进与升级，改进后设备在天然左旋龙脑提取设备中新增加了温度探头和压力控制装置，实现了对天然左旋龙脑提取过程中的精密控制；增加了探温器和冷凝水控制设备，实现了对天然左旋龙脑冷凝的恒温控制，避免因温度不当而造成的天然左旋龙脑损失。对加工工艺进行了改良，艾粉等天然左旋龙脑加工产品的经济指标显著提升。天然左旋龙脑收率从产区传统提取方式的 0.26% 提高至 0.40%，提高了艾粉中的 L-龙脑含量，其相对含量从不足 70% 提升到 85.76%~95.52%；有效降低了樟脑、异龙脑、β-石竹烯和花椒油素的含量等非目标物质含量；与技术升级前相比，艾粉的质量稳定性更好。通过改进与运用具有独立自有知识产权的天然冰片提取加工设备并改进提取加工工艺，示范基地与贵州艾源生态药业有限公司，贵州一合生物技术有限公司合作，累计增加产值 2 000 余万元。

（5）沉香木人工结香技术的引进与利用。

引进美国明尼苏达大学的结香技术（专利名称：栽培的沉香木，ZL 02810500.1）。该技术在沉香树的木质部人工制造多个创伤，用竹签或钉子填充，然后在创伤周围细胞上用化学诱导剂或微生物进行刺激，促使创伤处结香。目前，该技术处于行业领先水平。

热作工程中心在美国明尼苏达大学研究成果的基础上改进了化学诱导剂配方，将无机盐与植物激素及促香剂苯乙醇混合，利用输液法将其输入沉香树树干，从而诱导其结香，沉香时间明显缩短，从原来 2 年后才能收获沉香，缩短到 6~12 个月即可收获沉香，沉香成功率达到 90%，产量也比改进技术前提高了 30%。该项技术获得国家知识产权局授权国家发明专利 2 项，可适用于不同环境条件的整树结香技术，已在海南、广东和广西等白木香树主栽区的 56 个沉香林场累计结香 8 万株，带动我国新增种植面积 50 万亩；并已成功推广到越南、马来西亚、老挝、柬埔寨、泰国和印度尼西亚，累计结香 6 万株。整树结香表现出良好的效果，得到了企业和香农的高度评价与肯定。

4. 开放共享与技术服务

（1）开放共享情况。

"十二五"期间，热作工程中心坚持"创新、协调、绿色、开放、共享"的原则，围绕"促进我国热区农业工程化技术研发水平提升、农业工程化技术推广应用以及服务世界热区农业工程化技术应用"任务，积极搭建或利用各种平台载体为国内外提供技术咨询服务。通过技术联合攻关、联合开发、技术咨询、科技论坛、科普讲座、示范推广、人才培养和设备设施共享等形式加强成果和信息资源的对外开放交流，加强对政府和行业技术的服务，助推国家"一带一路"战略和农业"走出去"，服务国家科技外交。

资源开放共享状况和成效：一是热作工程中心 51 台（套）大型仪器设备纳入"热科院大型仪器设备共享中心"和"海南大型科学仪器协作共用平台"开放共享，服务了海南大学等多家高校科研单位及部分企业。二是热作工程中心中试基地、示范基地向生产企业和农户开放使用，接纳行业内研究成果到企业联合开发，与企业共建研发创新实体，加快先进技术扩大推广应用，实现技术转化收入 3.9 亿元。三是热作工程中心信息资料纳入热科院信息库开放共享，通过和"海南省农业科技 110 服务站"等平台，组织中心专家为热作农业在线"把脉"解答，累计为农民户解答信息 4 万余条，发放科技小册子 20 多种 15 万多册，光盘 1 000 多张。

（2）提供技术咨询服务。

一是热作工程中心通过"海南省科技活动月"等专项活动，派出专家 90 多人次为农业科技集市开展技术咨询服务等 40 多场次；为海南省农业厅等政府部门、企业和合作社提供农业工程咨询、技术咨询以及规划建设等服务，共编制规划、可研报告、项目申报书等 60 余份。二是派遣近 40 多人次赴亚非拉国家开展技术指导和科技援助 6 次，其中，10 名专家赴柬埔寨等 11 个国家开展木薯、橡胶、油棕等良种繁育及栽培及加工技术服务，获得当地政府高度肯定及柬埔寨多家媒体报道；派遣 9 人次赴刚果（布）、莫桑比克、坦桑尼亚等亚非拉国家开展技术指导和科技援助，协助建立了我国在境外首个农业试验站——热科院刚果（布）农业试验站，配合编写《中国热带农业科学院热带农业走出去技术汇编》，推动与广东农垦等企业签署"走出去"技术合作协议。

（3）交流培训等情况。

一是热作工程中心通过"请进来"与"走出去"方式，共邀请国内外知名专家作专题报告 40 余场，派出专家 150 人次参加学术交流会议，派出 2 人赴国外攻读博士学位；与美国、澳大利亚等国家联合培养留学博士研究生 15 名。二是积极开展科技联合攻关，利用依托单位建立的国际合作基地，联合承担国际合作项目 18 项，引进先进农业技术 20 项，吸引来自巴西等 6 个国家的 12 名青年科学家前来开展合作研究，增强了中心的国际影响力。三是通过"科技下乡"

"科技入户""抗寒、抗旱救灾""科技扶贫"以及新型职业农民培训等专项活动，累计为热区九省区举办技术培训班 135 期（场），培训人员达 3.8 万人次，加速了中心成果技术推广应用；四是助力热科院开展援外技术培训，累计举办热带农业生产与加工新技术等培训班 21 期，培训来自亚非拉国家学员 756 人，FAO 粮农助理总干事、刚果（布）农牧业部长等先后到访中心，为我国热带农业科技外交发挥了重要作用。

5. 产学研合作

"十二五"期间，热作工程中心以市场为导向、以人才为核心、以资本为纽带、以项目为载体，坚持产学研合作，构建了"科研+政府+企业+金融+互联网"五位一体发展模式，先后与 88 家涉农企事业及行业组织开展科技交流合作，提升中心的研发能力，促进技术成果在我国热区和世界热区的推广应用，助推我国热作产业结构调整与产业升级和"一带一路"国家战略实施。

一是扩大与企业开展深入有效合作。热作工程中心积极与 35 家企业开展实效合作，通过技术入股、技术开发等方式，联合应用技术 40 项，研发新产品 24 个、推广新品种 19 个，实现直接收益 3.9 亿元，社会效益 58 亿元。如与广西明阳生物科技有限公司合作，开展变性淀粉、食品用淀粉研发及利用，产销食用木薯变性淀粉共 19 万吨，实现产值 7.46 亿元；与中国航空工业集团公司北京航空材料研究院合作，开展高性能特种工程天然橡胶加工技术联合攻关，初步实现航空特种天然橡胶国产化与应用，替代进口胶等。

二是加强与高校、科研机构的稳定合作。热作工程中心与 29 家高校、科研机构开展了项目联合攻关、人才培养等合作。如与云南省德宏热带农业科学研究所等 6 单位合作，开展"特色热带作物种质资源收集评价与创新利用"，获国家科技进步奖二等奖；与广西大学等 2 家单位合作，开展"木薯优良品种选育关键技术集成与产业化应用"，获中国产学研创新合作奖；与海南大学、华中农业大学等高校联合培养研究生博士 32 人、硕士 106 人。

三是强化产业技术创新联盟建设。热作工程中心与中国热带作物学会等 16 个国内行业组织、技术联盟和国际热带农业中心等 9 个国外组织开展良好的交流合作，如与全国热带农业科技协作网合作共建示范基地 17 个、科技创新中心 4 个；参与农业部热作及制品标准化技术委员会的标准制修订及培训宣贯，代表国家完成了国际标准表态与复审文件 2 项，提高了我国在热带农业领域的知名度和话语权；与海南省农业科技 110 服务站合作，组织专家为热作农业在线"把脉"

解答，为热带作物发展提供了强大的技术支撑和快捷有效的服务。

（九）热作工程中心建设运营效益

"十二五"期间，热作工程中心紧贴国家和产业发展需求，以重要热带作物良种良苗繁育、节本增效生产、农产品加工、副产物综合利用工程技术研发为重点，针对性开展技术成果的中试、生产示范与推广，开发特色的热带作物新产品，满足市场的需求，实现"科研—开发—产品—市场"的良性循环发展，确立了中心在热带作物科技研发的"火车头"、促进热带作物科技成果转化应用的"排头兵"、培养热带作物科技人才的"孵化器"和引领热带作物技术走向世界热区的"桥头堡"重要地位。

"十二五"期间，热作工程中心承担研发项目 429 项，成果获奖 44 项，获得知识产权授权 446 项（个），主持制定标准 55 项。设立中试基地 13 个、示范基地 31 个，创办科技企业 7 家，加强了中心与市场的对接，多种形式开展技术转化推广和产业经营，实现自我转化效益 3.91 亿元，为中心的运营发展提供了重要的资金保障。核心技术辐射推广应用面积达 2 450 万亩、主要作物良种覆盖率达 85%，辐射效益达 719 亿元，引领了热带作物产业技术进步，提升了热带作物良种覆盖率，促进了热带作物增产增效，提高了热带作物产业竞争力，加快了热带作物产业升级和产品升级换代，实现了小作物向大产业转化，推动了热带作物产业可持续发展，助推了"一带一路"国家战略，示范效应显著。

"十二五"期间，热作工程中心资产、收入均有较大幅度增长，并呈逐年递增趋势。收入和资产，见表 6-11 所示。资产总额 8 291.56 万元，负债总额 0 万元，净资产总额 8 291.56 万元。资产总额较"十一五"增长 2.01 倍，年均增长 40.11%；收入总额 7.34 亿元，较"十一五"增长 3 倍，年均增长 60.04%，其中研发项目收入 3.39 亿元，增长 6.08 倍，技术性收入 3 640.42 万元，增长 5.3 倍，产品收入 35 469.36 万元，增长 2.4 倍；人均收入 274.06 万元，年人均收入 54.81 万元，较"十一五"增长 44.84%，年均增长 8.97%，为中心良性可持续发展发挥了重要作用。

表 6-11　热作工程中心收入和资产一览表（2011—2015 年）　（单位：万元）

年度	总收入	收入类型					年末负债总额	年末净资产总额
		研发项目	技术性	产品	承包工程	其他		
2011	14 129.02	6 451.00	119.54	7 512.45	0	46.03	0	2 690.42

（续表）

年度	总收入	收入类型					年末负债总额	年末净资产总额
		研发项目	技术性	产品	承包工程	其他		
2012	20 997.4	11 730.73	238.72	8 933.82	0	94.13	0	4 860.59
2013	15 485.35	7 176.46	106.43	8 081.75	0	120.71	0	6 113.00
2014	13 309.87	5 713.16	1 320.42	6 179.09	0	97.20	0	6 937.35
2015	9 526.85	2 833.03	1 855.31	4 762.25	0	76.26	0	8 291.56
合计	73 448.49	33 904.38	3 640.42	35 469.36	0	434.33	0	8 291.56

三、国家重要热带作物工程技术研究中心治理情况

（一）热作工程中心治理体系设计

"十二五"期间，热作工程中心以贯彻落实《促进科技成果转化法》《中共中央、国务院关于深化科技体制改革加快国家创新体系建设的意见》《中共中央国务院关于深化体制机制改革加快实施创新驱动发展战略的若干意见》《深化科技体制改革实施方案》等政策为行动指导，积极探索适合自身治理需要的治理模式、治理体系和治理能力。

1. 热作工程中心治理体系框架

按照国家工程技术研究中心的组建要求，热作工程中心采取依托单位热科院和院属单位组建形式，以促进我国热带作物产业科技进步为宗旨，通过与其他主体相互作用，形成推动创新的内部组织、机构与制度的治理体系（图6-2），提升热带作物工程化生产关键技术集成和创新能力，承担国家热带作物重大科技项目，解决我国热带作物产业重大技术难题；增强对外开放合作和推广服务能力，加大引进吸收消化国外先进技术力度，加快农产品加工技术成果转化、良种良苗和标准化生产技术的推广，加速我国热带作物科技成果转化，提高热带作物产业科技贡献率，同时，实现自身的良性循环和发展。

2. 热作工程中心治理体系的特点

热作工程中心治理体系是以政府为主导、充分发挥市场配置资源的基础性作

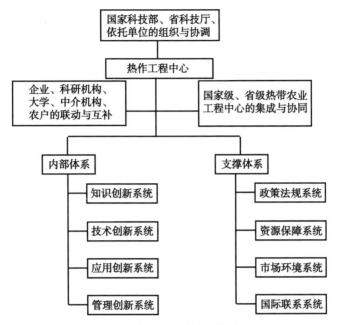

图 6-2　热作工程中心治理体系框架

用、各类科技创新主体紧密联系和有效互动的社会系统。

第一，热作工程中心必须得到国家科技部、省科技厅、依托单位的组织与协调。热作工程中心以市场为导向，根据自身发展的需要，调整内部组织结构，整合优化科技资源，强化研究开发工作，加速科技成果转化和产业化，形成支柱产业。同时，国家、省、依托单位应积极扶持，坚持加强引导、完善服务、依法规范、保障权益的方针，为中心创建和发展创造有利的环境，发挥政府宏观调控的基础性作用，加大对中心支持力度，形成政府引导的创新格局。

第二，热作工程中心积极与企业、科研院所、高等院校、中介机构、农户联动和互补。热作工程中心是技术集成化和工程化，以及技术引进、消化、吸收、创新的主要基地，是国家热带农业科技创新主体。企业是产业化的主体，也是投入的主体，中心要与企业紧密结合，把有应用价值的重大高新技术成果转化应用于企业规模化生产，以推动社会生产力的发展与进步。科研院所着重解决国家全局性、关键性、方向性、基础性的重大农业科技问题，是中心创新活动的直接源泉；高等院校是我国知识传播、培养高层次创新人才的重要基地，具有强大的学科优势，是中心创新人才培养基地；中介机构着重为社会提供服务，是中心创新活动中的服务支撑；农户是农业生产和消费的主体，扮演着农业科技应用与扩散的角色。他们与中心存在着广泛的联系，形成科技资源的高效配置和协调互动的创新格局。

第三，国家级、省级和地市级热带农业工程技术研究中心要集成和协同。热作工程中心治理体系由国家级热带农业工程中心、省级热带农业工程中心或分中心以及地市级热带农业工程中心或企业研发中心三级构成，形成金字塔形状，结构合理、层次分明。顶层为热作工程中心，是从事工程技术研究与开发的国家级研究基地，是国家科技创新中心的源泉与重要组成部分；中层为省级热带农业工程技术研究中心，是从事工程技术研究与开发的省级研究基地，是区域科技创新中心的源泉与重要组成部分；底层为地市级热带农业工程技术研究中心或企业研发中心，是从事工程技术研究与开发的地市级研究基地，是区域试验站的重要组成部分。以上 3 个层级紧密联系，相辅相成、优势互补、综合集成，协同发展，共同推进治理体系建设。

第四，由于依托单位不同、条件不一、环境各异以及不同发展阶段或科技成果转化形式的不一样，没有统一的治理模式可以套用，也不可能采用一成不变的治理模式。从管理结构上看，目前热作工程中心治理模式采取管理委员会领导下主任负责制。从组织形态上看，目前热作工程中心治理模式采取与依托单位一套机构两块牌子。从运作模式看，目前热作工程中心治理模式采取事业单位运作模式。热作工程中心适应市场经济发展，因地制宜，采用适合自身实际情况、有利于发挥中心功能、有利于实现良性循环的组织、管理、运营模式。

第五，因为创新涉及新思想与新发明的产生、产品设计、试制、生产、营销和市场化等一系列活动，所以，热作工程中心内部体系以及存在于农业领域的相关法律制度政策等支撑体系是中心治理体系中最重要的系统。内部体系与支撑体系的有效联系是与中心治理的运行效率密切相关的重要因素，它能保证创新资源（人力、财力和信息资源等）在中心内外部高效流动，从而减少创新成本，加快创新速度，提高创新效益，最终提高中心治理的整体效率。

3. 热作工程中心治理内部体系

内部体系是热作工程中心治理体系的核心，其构成中心内部机构和主体活动。内部体系包括知识创新系统、技术创新系统、应用创新系统和管理创新系统 4 个子系统。4 个子系统之间紧密衔接，不可分割，构成有机的网络系统。

（1）知识创新系统。

知识创新系统主要为热作工程中心的创新团队，是中心治理体系的动力和源泉，为技术创新系统提供知识储备。热作工程中心以创新团队为主体，着力构建"开放、流动、竞争、协作"的人才管理新机制。成立重要热带作物新品种选育关键技术研究标准化生产关键技术研究、加工关键技术研究及产品研发等创新团队，通过与国家、部省重点实验室、高等院校和科研院所之间的知识流动和技术转移，确保热带作物基础研究、应用基础研究和行业发展中的全局性、方向性、规律性重大创新问题研究的开展，解决我国热带作物选育种、生产和精深加工等共性、基础性和前瞻性的重大技术难题，提升热带作物良种良苗、标准化生产、产业化加工、副产品利用关键技术集成和创新能力，取得自主知识产权、达到国内领先、国际先进的科研成果和专利，为我国热带农业经济发展提供强有力的科技支撑。

（2）技术创新系统。

技术创新系统主要为热作工程中心的研发部门，是中心把新的技术创造性地应用于生产经营活动，以获取预期的经济效益和社会效益的过程。技术创新系统是热作工程中心治理体系的核心问题，是提升工程化和产业化能力的根本所在。热作工程中心突出技术创新地位，提出推动国家重要热带作物"科技成果工程化、科技产品规模化、大宗产品市场化和上市产品品牌化"的发展新思路。以各研发部为主体，重点开展热带作物工程化技术研发，通过以对核心成果和专利进行工程化开发为主要内容的应用研究，延长热带作物产业链，提高热带作物资源利用率，研发新产品，带动一批相关新产业的发展和促进传统产业的升级改造。通过与企业、高等院校和科研院所之间的合作，强化产学研一体化，使中心成为热带农业科技创新体系的重要主体。面向企业规模生产的实际需要，提高现有热带农业科技成果的成熟性、配套性和工程化水平，提高我国热作产品的竞争力。

（3）应用创新系统。

应用创新系统主要为热作工程中心的服务部门、科技实体，是中心通过引入各种新市场要素，使科技成果商品化、产业化，从而更好地满足市场需求的开发、组织与管理活动。应用创新系统是热作工程中心治理体系的关键，是面向广大农户，把技术转化为现实生产力的载体，是连接涉农企业、高等院校和科研院所的桥梁和纽带。热作工程中心立足海南，服务热区，面向世界，积极探索"科技+政府+企业+金融+互联网"五位一体的发展新模式。通过建设中试生产基地和技术转移平台，围绕重要热带作物良种繁育、栽培技术集成、新产品开发等工程技术进行工程化开发示范推广、产业化生产及咨询服务，强化科技成果向生产力转化的中心环节，缩短成果转化的周期，促进企业生产技术改造，促进热带农业产品更新换代，为企业引进、消化和吸收国外先进技术提供中试平台，开创服务热区"三农"新局面。

（4）管理创新系统。

管理创新系统主要为热作工程中心的管理部门，是中心为更有效的而尚未被采用的新的管理要素或管理要素新的组合引入科研、开发、生产、经营过程，从而获取更好的治理效益。管理创新系统是热作工程中心治理体系的基础和条件，为中心治理体系的高效运转提供充分的支持。热作工程中心重点建立"决策、管理、监督"三权分离的法人治理新规则，大力推进"目标管理、量化考核、绩效奖惩"的绩效管理新体系，基本形成适应中心可持续发展要求的制度环境和制度体系，有效地进行资源的供给与配置、创新活动的执行与评价、科技基础设施规划与建设，很好地促进系统主体之间互动，促进创新过程发挥更大的作用，提高治理能力，加快热带农业新科技成果的生产、扩散和应用。

4. 热作工程中心治理支撑体系

支撑体系是热作工程中心治理体系的支撑与保障，为中心治理体系的高效运转提供适宜的软环境。主要包括政策法规、资源保障、市场环境和国际联系4个子系统。政府在此系统中发挥主导作用，通过制定有利于中心的创新政策、法规标准、资金投向、文化氛围、社会环境和管理体制等，为中心治理体系营造一个良好的环境。

（1）政策法规系统。

政策法规系统包括政策导向和法律保障。政策导向是热作工程中心的发展指南，必须加强对改革政策的研究，提高政策水平，探索改革中出现的新情况、新问题、增强工作的主动性。法律保障是热作工程中心的行为准则，必须确定、获取和理解相关农业科技、经营等法律以及其他应遵守的文件，防止出现偏差和违法行为。要构建为中心创新活动提供良好的法制环境、文化环境和管理机制，包括政策和法规、知识产权保护和创新奖励，以维护国家和公众利益、规范中心的行为等。"十二五"期间，热作工程中心大力贯彻落实《中华人民共和国促进科技成果转化法》《中共中央、国务院关于深化科技体制改革加快国家创新体系建设的意见》《中共中央 国务院关于深化体制机制改革加快实施创新驱动发展战略的若干意见》《深化科技体制改革实施方案》等政策法规，修订了《热作工程中心章程》，进一步明确中心目标和任务是立足海南，面向热区，建成集热带作物生产技术研究、成果转化、产品开发、引进消化、技术培训为一体，在国内具有一流水平、在国际上有影响的工程技术中心。在行业技术创新、产品更新、带动和促进全国重要热带作物产业发展上发挥引领和带头作用。

（2）资源保障系统。

资源保障是指热作工程中心确定并提供相关资源，以实施、保持系统工程并持续改进。热作工程中心创新活动需要基础良好的人员保障、资金保障、基础保障和技术保障。一是保证中心机构设置和人员编制，依托单位优先满足中心固定人员编制，并采取固定和流动相结合，加强员工继续培训和引进高素质人才，确保中心工作人员所必要的能力。二是依托单位提供充足的资金积累和储备，除了在研发项目申报上向中心倾斜和保证固定人员经费外，还要加大中心日常运行公用经费和项目经费支持，安排基本科研业务费及自有经费用于中心运行管理和研发创新团队建设，为中心工程化研发、科研合作、转化推广、国际合作与交流提供基本支撑。三是依托单位热科院和院属单位通过争取国家资金，在研发实验室、中试基地建设以及设备配置等方面给予中心大力支持，共享现有的研发用房、基地、仪器设备等公共基础条件，并为其提供支持性服务，使中心更好地发挥热作产业工程技术的集散地、辐射源和科技成果向生产力转化的孵化器作用。四是依托单位支持中心建立成果库，加强新的、适应性广的科技成果储备，共享现有的科技信息数据库，为技术开发提供物质基础和技术保障。

（3）市场环境系统。

市场环境是热作工程中心创新活动的基本背景。市场作为现代社会的一种基本资源配置方式，对中心创新活动的规模、效率和效益等均有着重要影响。热带作物产业是我国的特色产业，是我国农业重要的组成部分。"十二五"期间，我国热带农业科技发展取得了长足的进步，对热带作物产业发展发挥了重要作用。但是热带农业科技创新与转化还存在诸多问题，热带作物产业发展仍显不足，主要体现在工程化技术研发力量薄弱，产业发展关键技术成果供给不足，主导产业核心技术缺乏，育种、生产机械、保鲜储运、精深加工等领域的技术问题从根本上还没有得到解决；产品结构不能有效满足变化的市场需求，缺乏有影响力的产品品牌和企业品牌；价值创造重心仍停留在种植、初加工等产业链低端环节，精深加工、仓储、物流、贸易等发展相对滞后；科企协同创新不足，科技成果转化为现实生产力不强等方面。在市场经济条件下，热作工程中心以热带作物产业供给侧结构性改革为主线，通过引入各种新市场要素，充分发挥技术创新平台与成果转化平台的桥梁与纽带作用，推动热作工程技术集成创新与重大科技成果的孵化与转化，理顺自身管理体制与运行机制，很好地实现了经济效益与社会效益的双提升。

（4）国际联系系统。

国际联系是指一个国家创新体系与国际环境进行联系的环节与通道，是热作工程中心进行国际竞争与合作的途径与方式，对于提高中心治理能力和运行效率具有重要意义。在当今世界科技全球化趋势日益增强的条件下，出现了研究开发资源全球化配置、科学技术活动的全球化管理、研究开发成果的全球共享，科学技术知识的溢出和扩散成为世界经济中的一个重要现象。中国热区小，世界热区大。国家"一带一路"战略、中国—东盟自由贸易区建设和中非合作论坛的召开为热作工程中心广泛开展国际合作与交流提供了广阔的平台。热科院同国内外相关科教机构有着广泛的合作与交流，与热区多数市县农技站、相关生产协会和企业等建立起多种合作关系。目前，已与国际橡胶研究与发展委员会、国际热带农业中心等 10 多个国际机构、30 多个国家和地区科研机构开展了学术交流与合作，举办援外技术培训班，为亚非拉地区 59 个国家的热带农业科技人员开展培训，扩大了中国在世界热区国家中的影响，初步形成一个规模较大、形式多样的辐射推广网络，为热作工程中心的成果转化与辐射推广工作奠定了良好的基础。在"走出去"的同时，热作工程中心也通过人员互访、技术交流和种质资源互换等形式"引进来"，实现优势互补，互惠互利。

（二）热作工程中心治理制度构建

1. 管理制度构建概况

"十二五"期间，热作工程中心根据运行管理发展需要，制修订了《热作工程中心章程》《热作工程中心内设机构设置及主要职责》《热作工程中心研发部管理办法》《热作工程中心人员管理办法》《热作工程中心人员绩效考核办法》《热作工程中心研发创新团队建设管理办法》《热作工程中心项目经费管理》《热作工程中心中试基地管理办法》《热作工程中心示范基地管理办法》《热作工程中心科技产业管理办法》《热作工程中心科技成果转化管理办法》《热作工程中心绩效考核管理办法》等系列管理制度 17 个。热作工程中心现行主要管理制度共 26 个，覆盖了中心内设机构设置及职责、人事、财务、资产、项目、团队、基地、成果转化、科技产业管理等各个方面，使各项工作得以有章可循。管理制度，见表 6-12 所示。

表 6-12　热作工程中心管理制度一览表

序号	文件名	文号
1	国家重要热带作物工程技术研究中心章程	热科院开发〔2016〕326 号
2	国家重要热带作物工程技术研究中心管理委员会章程	国家工程中心〔2007〕4 号
3	国家重要热带作物工程技术研究中心工程技术委员会管理暂行办法	国家工程中心〔2007〕5 号
4	国家重要热带作物工程技术研究中心内设机构及主要职责	国家工程中心〔2012〕2 号
5	国家重要热带作物工程技术研究中心研发部管理办法	国家工程中心〔2015〕5 号
6	国家重要热带作物工程技术研究中心产业管理办法	国家工程中心〔2015〕9 号
7	国家重要热带作物工程技术研究中心印章管理使用办法	国家工程中心〔2007〕9 号
8	国家重要热带作物工程技术研究中心合同管理办法	国家工程中心〔2007〕10 号
9	国家重要热带作物工程技术研究中心公文处理办法	国家工程中心〔2007〕11 号
10	国家重要热带作物工程技术研究中心人员管理办法	国家工程中心〔2012〕3 号
11	国家重要热带作物工程技术研究中心人员绩效考核办法	国家工程中心〔2014〕1 号
12	国家重要热带作物工程技术研究中心人员薪酬管理办法	国家工程中心〔2014〕3 号
13	国家重要热带作物工程技术研究中心研发创新团队建设管理办法	国家工程中心〔2014〕4 号
14	国家重要热带作物工程技术研究中心科技项目管理暂行办法	国家工程中心〔2008〕5 号
15	国家重要热带作物工程技术研究中心科技成果管理暂行办法	国家工程中心〔2008〕6 号
16	国家重要热带作物工程技术研究中心科技成果转化管理办法	国家工程中心〔2016〕8 号
17	国家重要热带作物工程技术研究中心科研成果权属确定实施办法	工程中心〔2016〕9 号
18	国家重要热带作物工程技术研究中心落实种业科研成果权益改革政策的实施意见	工程中心〔2016〕10 号
19	国家重要热带作物工程技术研究中心财务管理暂行办法	热科院财〔2008〕93 号
20	国家重要热带作物工程技术研究中心项目经费管理（暂行）	国家工程中心发〔2013〕1 号
21	国家重要热带作物工程技术研究中心固定资产管理办法	国家工程中心〔2014〕5 号
22	国家重要热带作物工程技术研究中心基础条件建设项目管理办法（暂行）	热科院计〔2008〕92 号

（续表）

序号	文件名	文号
23	国家重要热带作物工程技术研究中心示范基地管理办法	国家工程中心〔2015〕13号
24	国家重要热带作物工程技术研究中心中试基地管理办法	国家工程中心〔2015〕14号
25	国家重要热带作物工程技术研究中心绩效管理办法	工程中心〔2016〕12号
26	中国热带农业科学院热带农业技术转移中心管理办法	工程中心〔2016〕13号

热作工程中心管理制度的构建，较好地推动了热作工程中心创新团队、研发基地、中试基地和示范基地的建设发展，促进了中心研发机构和产业化机构的规范、有序、良性运营，强化了中心科技同经济对接、创新成果同产业对接、创新项目同现实生产力对接、研发人员创新劳动同利益分配对接，为中心工程技术研发、转化与推广、开放交流与服务等各项发展目标的实现提供有力保障，对提升中心整体研发水平发挥了重要作用。

2. 热作工程中心章程

《国家重要热带作物工程技术研究中心章程》

第一章　总则

第一条　为规范国家重要热带作物工程技术研究中心管理，加强重要热带作物应用研究，促进科技成果的转化与推广应用，依据《国家工程技术研究中心暂行管理办法》及相关法律法规和政策的要求，制定本章程。

第二条　"国家重要热带作物工程技术研究中心"（简称"国家热作工程中心"），英文名称：National Center of Important Tropical Crops Engineering and Technology Research，（简称：ITC），于2007年经国家科学技术部批准组建，主管部门为海南省科学技术厅，接受国家科学技术部的业务指导。依托单位为中国热带农业科学院，参建单位为中国热带农业科学院下属有关研究所（站），热科院归口管理部门为中国热带农业科学院开发处。

第三条　国家热作工程中心是国家级工程技术研发及成果转化平台，旨在建成集热作物生产技术研究、成果转化、产品开发、引进消化、技术培训为一体、在国内具有一流水平、在国际上有影响的工程技术中心。在行业技术创新、产品更新、带动和促进全国重要热带作物产业发展上发挥引领和带头作用。

第四条 国家热作工程中心严格遵守国家有关法律和法规，接受政府和公众的监督。

第二章 组织机构

第五条 国家热作工程中心组织机构设置如下图所示。国家热作工程中心管理委员会下设中心运营机构、工程技术委员会和工程技术公司。中心运营机构由职能部门、研发机构、产业化机构组成。研发机构和产业化机构根据发展情况可设立若干个分部。

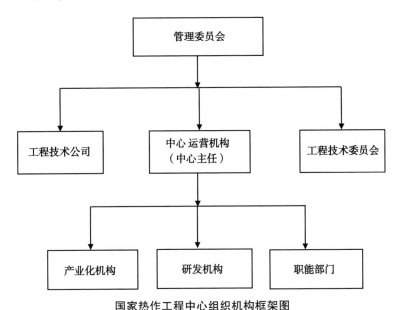

国家热作工程中心组织机构框架图

第三章 管理体制

第六条 国家热作工程中心实行管理委员会领导下的主任负责制、工程技术委员会咨询制。

第七条 国家热作工程中心管理委员会是国家热作工程中心的决策机构。管理委员会设主任1名，副主任2-3名，委员若干名，秘书长1名，副秘书长1名。管理委员会主任由依托单位任命，副主任、委员由依托单位相关人员组成，由主任提名，报依托单位批准任命。

管理委员会的职责是如下。

（1）负责规划、指导国家热作工程中心的建设与发展。

（2）审议国家热作工程中心有关重大决策和管理制度。

（3）监督和审查国家热作工程中心财务预决算。

（4）协调委员单位及相关合作单位间的关系和资源配置。

（5）检查、评估国家热作工程中心的运营组织与管理工作及其成效。

第八条 管理委员会会议由管理委员会主任主持召开。每年召开 1~2 次。管理委员会决议实行民主集中制，有关修改国家热作工程中心章程及其他重大决议，须得到 2/3 以上管理委员会成员的同意方能有效。

第九条 国家热作工程中心的日常运营由中心主任负责，设主任 1 名、常务副主任、副主任若干名。主任由依托单位聘任，常务副主任、副主任由主任提名，报依托单位批准聘任。中心下设部门负责人，由管理委员会自行聘任。

中心主任的主要职责如下。

（1）根据管理委员会决议和国家热作工程中心章程管理国家热作工程中心各项事务。

（2）负责组织制定国家热作工程中心的发展规划，报管理委员会批准后组织实施。

（3）审批国家热作工程中心年度工作计划、年度预决算和年终总结报告。

（4）主持召开国家热作工程中心主任办公会，讨论研究重大问题。

第十条 国家热作工程中心工程技术委员会是国家热作工程中心的咨询机构，设主任 1 名、副主任 2~3 名、专家若干名。工程技术委员会主任、副主任由中心主任提名，专家由工程技术委员会主任提名，报管理委员会备案后聘任。

工程技术委员会的职责如下。

（1）对国家热作工程中心发展规划和年度计划提出意见。

（2）对重大研发、成果转化项目的可行性进行论证、评审与验收。

（3）开展重要热带作物工程技术咨询服务。

第十一条 工程技术委员会每年至少召开 1 次年会，会议由工程技术委员会主任主持召开。

第十二条 依托单位注册企业法人（工程技术公司），是国家热作工程中心的运行实体，董事、监事、高级管理人员按照《中华人民共和国公司法》及有关法律法规委派（聘任）。

第四章　主要职能和任务

第十三条　国家热作工程中心主要职能

立足中国热区，面向世界热区，根据重要热带作物产业发展需要，将具有重要应用前景的科研成果进行系统化、工程化转化，为规模化生产提供成熟配套的技术、工艺和配套装备等，推动行业科技进步和产业发展。

第十四条　国家热作工程中心研发对象

国家热作工程中心以橡胶、胡椒、香草兰、香蕉、菠萝、甘蔗、咖啡、可可、椰子、木薯、芒果、澳洲坚果、南药等重要热带作物为研发对象。

第十五条　国家热作工程中心发展定位

围绕国家战略需求和现代热带产业发展需求，通过以"政府+科技+企业+金融+互联网"的发展模式，加强协同创新与转化联动，推进国家重要热带作物"四化"建设，即推进科技成果工程化、科技产品规模化、大宗产品市场化和上市产品品牌化，创建国家重要热带作物科技产业集团。

第十六条　国家热作工程中心重点任务

（1）培养热带作物领域的工程技术人才。

（2）开展热带作物新技术、新产品的研发、技术示范与推广服务。

（3）开展热带作物产品展销，承接工程技术研究、设计、试验、产品开发和检测任务，提供技术咨询服务。

（4）开展国外先进技术的引进、消化、吸收与再创新。

（5）开展国内外技术成果和知识产权转移转化服务。

（6）与国内外同行开展广泛交流与合作。

（7）为国家热带作物产业化政策提供咨询服务。

第五章　性质及运营方式

第十七条　国家热作工程中心作为国家重要热带作物工程技术研发与成果转化平台，重点加强农产品加工研发基地、中试基地和示范基地建设，拓展工程中心研发和服务产业领域，强化工程技术研发体系建设，提升我国热带农业工程技术创新能力。

第十八条　国家热作工程中心科技成果采用技术转让、技术入股、技术参与、兴办企业等方式实现产业化。逐步实现热作科研—开发—产品—市场的良性循环。

第十九条 国家热作工程中心研发机构以参建单位相关的省级工程技术研究中心、部级加工技术研发专业分中心和院级科技平台为研发平台，开展工程化技术研发实验、中试示范。

第二十条 国家热作工程中心产业化机构以"中国热带农业科学院热带农业技术转移中心"及院所相关的科技企业作为运行实体，开展对外重要热带作物领域成果转移转化服务、产品研发、市场营销、信息咨询等经营业务。

第二十一条 国家热作工程中心建立对外开放交流制度和面向企业开放的有效机制，实现资源共享，与国内外企业、高校、院所、行业组织、产业技术联盟开展产学研合作，为政府和社会提供优质服务。

第二十二条 工程技术公司应建立适应市场经济要求，产权清晰、权责明确、事企分开、管理科学的现代企业制度，形成自主经营、自负盈亏、自我发展、自我约束的法人实体和市场竞争的主体。

第二十三条 国家热作工程中心依据上级主管单位和依托单位有关评估规定，对中心内设研发机构、产业化机构进行定期考评，建立动态调整奖惩机制，推动中心的布局优化和建设发展。

第六章　工作制度

第二十四条 国家热作工程中心实行"目标管理、绩效评价、效益奖罚"。制定完善人事、财务、资产、项目、知识产权等管理规章制度。

第二十五条 国家热作工程中心人员实行固定岗位和流动岗位相结合，采用择优选聘、合同聘任的用人制度和定性考评和定量考评相结合的绩效考评制度。

第二十六条 国家热作工程中心财务管理执行国家有关财经法规和依托单位制定的财务管理办法。国家热作工程中心的国家拨款、科技成果转化等收入和支出由依托单位本级负责管理和核算。

第二十七条 国家热作工程中心依据国家和依托单位有关分配政策规定，制定分配激励方案，做好依托单位、参建单位和中心人员利益分配。

第二十八条 国家热作工程中心应当依据国家和依托单位相关资产管理法律法规和规章制度，做好资产管理工作，确保国有资产保值增值。

第二十九条 国家热作工程中心依据国家和依托单位有关项目管理政策规定，做好研发和转化项目管理，推动行业科技进步和产业发展。

第三十条 国家热作工程中心依据国家和依托单位有关知识产权管理政策规定，做好知识产权管理和保护，积极开展多种形式的合作，促进知识产权共享。

第七章　附则

第三十一条　国家热作工程中心无法运行需要终止时，由国家热作工程中心管理委员会提出报告，经依托单位讨论通过后报上级部门批准。

第三十二条　本章程条款如与国家法律法规和政策相抵触的，以国家制定的法律法规为准。

第三十三条　修正后的章程由国家热作工程中心管理委员会负责解释，自2016年1月1日起施行。

3. 热作工程中心研发创新团队建设管理办法

《国家重要热带作物工程技术研究中心研发创新团队建设管理办法》

第一章　总则

第一条　为加快培养造就研发创新能力强大，学科领域方向优势突出，产业支撑作用明显的研发人才队伍，提升国家重要热带作物工程技术研究中心（以下简称工程中心）综合实力，根据《国家中长期人才发展规划纲要（2010—2020年）》和工程中心人才发展实际，制定本办法。

第二条　研发创新团队是获取和整合科研资源的组织形式，是科技创新和科技研发的载体。研发创新团队主要为工程中心及依托单位、社会企、事业单位提供指导及专业技术支持和服务。

第三条　研发创新团队建设遵循"整合资源，支持重点，突出特色，动态发展"的原则，以需求为导向，协同为方向，聚焦国家战略和热带作物产业升级急需的关键技术，注重前沿性探索和储备性研究，优化团队结构，发挥团队整体效能。

第四条　研发创新团队在工程中心工程技术委员会的指导下开展工作，由工程中心研发办公室负责管理。

第二章 建设目标与任务

第五条 研发创新团队围绕天然橡胶、热带能糖、热带果蔬花卉、热带木本油料、热带香辛饮料、热带药用作物、热带纤维作物等创新领域，紧紧抓住产前良种培育、产中提质增效和产后精深加工三个关键环节，科学配置创新力量。

第六条 研发创新团队建设目标以提高工程中心研发水平、学科建设水平、增强科技创新水平和创新技术服务能力为目标，通过汇聚科技人才，逐步培养和造就一批以优秀技术带头人为核心，研究方向（领域）稳定，团队组成合理，具有严谨科学态度、团结合作、创新进取精神，在国内外有一定学术影响力和学术地位的优秀科研团队。

第七条 研发创新团队要立足学科的理论与实践前沿，紧紧围绕工程中心发展中的重点研发方向和领域，聚焦现代热带作物产业发展所需的关键技术，凝练科学问题和研究方向，强化科技项目与生产，科技成果与生产力的紧密对接，系统解决制约发展的问题，增强科技发展后劲，提升科技竞争力和科技贡献率。

第八条 研发创新团队在建设期间，要根据项目研究实际需要，积极开展项目调研、学术研讨等学术研究活动，参与国内外学术交流与合作，积极推荐团队成员参与各级各类社会科技活动和社会服务工作。

第三章 遴选及审定

第九条 研发创新团队带头人的条件。

（1）科学道德高尚，学风严谨，为人正派。

（2）学术造诣高深，在科学研究方面取得国内外同行公认的重要成就；具有良好的发展潜力，对团队建设具有创新性构想和战略性思维，具有带领本团队在其前沿领域赶超或保持国际先进水平的能力。

（3）具有较强的团结协作、拼搏奉献精神和相应的组织管理能力，善于培养青年人才，注重学术梯队建设，能带领团队协同攻关。

（4）具有副高级以上专业技术职称，年龄在50岁以下；特别优秀的，年龄可适当放宽。

第十条 研发创新团队的遴选条件

（1）围绕1个相对稳定、相互关联的研发方向进行建设，团队或团员近3年内要有一定的科研成果。

（2）要制定相应的研究发展规划；制定研究目标、建设方案和预期成果；

运用科学的研究方法或创新科学研究方法。

（3）团队成员一般由5~10人组成，团队年龄结构和职称比例合理。核心成员应具有较强的独立开展研究和技术服务的能力。可以是来自其他工程中心及各参建单位的专家或技术能手。团队成员之间要有科学的互补性和良好的科研合作基础。

（4）所在单位及研发部能创造良好的工作环境和科研氛围，保证技术带头人和研究骨干有充分的时间和精力从事团队研究工作。

（5）团队成员的研究成果与本团队的研究方向一致时，方可纳入本团队的研究成果确认范围。

第十一条　研发创新团队以团队为单位申请，经依托的研发部和依托单位推荐，工程中心初审，工程中心工程技术委员会评审后由工程中心管理委员会审定。也可根据工程中心发展需要，由工程中心统一安排组建。

第十二条　经审定的研发创新团队由工程中心发文，列入工程中心重点人才队伍建设管理，研发创新团队正式开展工作。

第四章　考核管理

第十三条　研发创新团队要重点培养具有高尚学术品格、较强科研能力的研发优秀人才群体。团队带头人建设期间要发挥主导作用，真正形成"骨干引领下的紧密协作的科研共同体"。

第十四条　每个研发创新团队在建设期间至少要承担1项国家级行业关键、共性和基础性科研课题，或3项省部级行业关键、共性和基础性科研课题，并取得一批在工程化研发方面有重大突破，产生重大影响的代表性成果。

第十五条　研发创新团队建设以3年为期，实行年度跟踪检查，终期验收管理制度。建设期满后，研发创新团队需提交总结报告，工程中心将组织专家对团队建设成果进行全面的评估与验收，验收强调标志性成果。

第十六条　建设初期，工程中心结合依托单位人才团队建设启动经费予以支助，后续建设经费根据团队建设计划和实际需要另外申请，经费使用按依托单位经费管理办法执行。

第十七条　工程中心对研发创新团队科研项目的策划、孵化、申报、实施、宣传以及报奖等提供支持，对研发创新团队成员在国内外进修、各级各类科研项目及成果奖申报和各类人才培养及选拔等方面给予重点推荐。优先推荐国家级、省级、院级科研创新团队。

第十八条 研发创新团队所在单位要对团队的科研设施设备等工作条件给予大力支持，保证研发创新团队工作稳步推进。

第十九条 研发创新团队实行动态管理，根据行业技术发展趋势、工程中心研发方向和团队建设情况，经工程中心管理委员会审议后进行调整。

第五章 附则

第二十条 本办法条款如与国家法律法规和政策相抵触的，以国家制定的法律法规为准。

第二十一条 本办法由工程中心负责解释，自发布之日起施行。

4. 热作工程中心研发部管理办法

《国家重要热带作物工程技术研究中心研发部管理办法》

第一章 总则

第一条 为规范与促进国家重要热带作物工程技术研究中心研发部（以下简称研发部）的设置、运作与发展，充分发挥研发部的作用，依据《国家重要热带作物工程技术研究中心章程》，结合工程中心实际情况，制定本办法。

第二条 研发部由国家重要热带作物工程技术研究中心（以下简称工程中心）批准设立，院属单位是研发部的依托主体，负责研发部的具体运营业务。工程中心研发办公室归口管理研发部。

第三条 研发部是重要热带作物工程技术研发创新平台，集热带作物生产技术研究、产品开发、引进消化、技术服务为一体，在技术创新、产品更新、带动和促进相关领域重要热带作物产业发展上发挥引领和带头作用。

第四条 研发部严格遵守国家有关法律和法规、工程中心和依托单位规章制度，接受工程中心的业务管理监督。

第二章 机构职责

第五条 研发部是工程中心开展工程化技术研发实验、中试示范的内设机构。主要依托工程中心参建单位设立，一般以参建单位在建的省级工程技术研究中心、部级加工技术研发专业分中心和院（市）级科技平台为基础而组建。

第六条　研发部的依托单位可以是独立的科研机构，也可以是多个单位组合起来的群体。研发部一般以工程中心研究领域来命名，如：天然橡胶研发部、农产品加工研发部。

第七条　研发部的主要职责和任务。

（1）参与制定和执行工程中心技术发展规划战略和技术创新、技术改造、技术引进、技术开发计划。

（2）研究开发有市场前景、有竞争力的新产品、新技术、新工艺、新材料、新品种、新设备，形成工程中心具有自主知识产权的主导产品和核心技术。

（3）承担国家、行业、地方和其他企业的研究项目，参与工程中心有关技术创新、技术引进、技术开发等重大科技开发和技术攻关项目工作。

（4）有效地组织和运用依托单位技术资源及国内外已有的科技成果，进行综合集成和二次开发，成为企业吸收国为外先进技术、提高产品质量的技术依托。

（5）收集分析与工程中心有关的行业和市场信息，研究行业产品技术的发展动态，为工程中心的产品开发，技术发展决策提供支撑。

（6）实行开放服务，协助科技成果转移转化，促进科技成果的推广应用，接受地方以及企业、科研机构和高等院校等委托的工程技术研究和试验任务，并为其提供技术咨询服务。

（7）培训行业或领域需要的高质量工程技术人员和工程管理人员；同时，结合国外智力引进工作，在工程技术研究开发方面积极地开展国际合作与交流。

第三章　设立及调整

第八条　研发部设立的条件。

（1）符合工程中心发展规划的研发方向和领域，特色鲜明，符合行业技术发展趋势。能面向我国热区重大需求，针对行业关键、共性和基础性技术，持续开展深入、系统的创新性研发工作。

（2）具有技术水平高、工程化实践经验丰富的技术带头人；拥有一定数量和较高水平的骨干人员；有能够承担工程试验任务的熟练技术工人和配套的管理、服务、营销队伍。

（3）具备较好的工程技术试验条件和基础设施，具有开展中试、检测、分析、测试手段和工艺设备。经组建充实完善后，应具备承担综合性工程技术试验任务的能力。

（4）拥有较好的科研资源和经济实力，有筹措资金的能力和信誉，根据发展需要，能持续增加研发设备、基地建设的投入。

（5）密切联系一批科研院所、企业，并与之有良好的伙伴关系，有向这些企业辐射工程技术成果的成功经验。

第九条 研发部根据"成熟一个，审批一个"的原则，由所在的依托单位申报，经工程中心技术委员会论证通过，报工程中心管理委员会批准组建。也可根据工程中心发展需要，由工程中心统筹规划，统一安排组建。组建期间可挂"国家重要热带作物工程技术研究中心研发部"牌匾。

第十条 研发部采取边组建、边运行的工作方式，其组建期限一般为3年左右。经组织验收合格者，由工程中心发文，正式授予"国家重要热带作物工程技术研究中心研发部"称号。

第十一条 研发部实行动态管理，根据行业技术发展趋势、工程中心发展规划方向和研发部运行评估情况，经工程中心管理委员会决定，可对现有研发部进行整合合并或分立或撤销。

第十二条 研发部自身无法运行需要终止时，由其依托单位提出申请，经工程中心班子讨论通过，报工程中心管理委员会同意后撤销。

第四章　人员管理

第十三条 研发部实行开放、流动的机制，其人员由固定人员和流动人员构成。固定人员编制由依托参建单位自行核定，原则上在现有参建单位编制中调剂解决。

第十四条 研发部工作人员实行聘任制，由依托单位自主聘用。人员应采取流动机制，有进有出，保持高效精干的队伍。

第十五条 研发部实施主任负责制，主任应是本领域的技术带头人，具有较强的组织管理与经营能力，有充分的时间投入研发部领导工作，在运行与管理重大决策中发挥主导作用；研发团队和支撑团队人员素质高，专业配套。

第十六条 研发部应积极创造条件，吸收和接纳国内相关研究人员携带科研成果来实现成果转化，进行工程化研究开发和试验。接产企业也可从转化过程开始阶段派人介入。同时，要吸收和培养留学回国进修人员、博士后、研究生参加研究开发工作。

第十七条 研发部应鼓励科研人员到企业兼职从事科研工作，或者离岗创业，从事科研创新和转化工作。按照国家和依托单位科技成果转化有关规定签订有关协议，明确双方的责、权、利关系。

第十八条 研发部应积极提高研发人员的综合素质，组织技术人员参加各种学习、培训、调研、技术交流活动，更新知识结构，同时，注重对技术人员进行职业道德教育。

第十九条 研发部应建立人员分类评价考核机制，按参建单位和工程中心有关规定开展绩效评价与考核，充分发挥其研发积极性。

第二十条 研发部应建立绩效奖惩制度，依据依托单位和工程中心有关分配规定，根据工程化研究开发效益，做好人员利益分配。对做出重大贡献、创造明显效益者，可给予重奖。

第五章 运行管理

第二十一条 研发部与依托参建单位、上级主管部门的隶属关系不变。按照工程中心发展规划，加强实验室、中试车间建设，拓展其研发和服务产业领域，强化工程技术研发体系建设，提升我国热带作物工程技术创新能力。

第二十二条 研发部科技成果可采用技术转让、技术入股、技术参与、兴办企业等方式实现产业化。逐步实现热作科研—开发—产品—市场的良性循环。

第二十三条 研发部应充分利用依托单位现有的科研、人才等综合优势和基础条件，加强研发实验室、中试基地和示范基地建设。依托单位应成为其科研后盾，并为其提供行政保障和后勤支撑等。

第二十四条 研发部依据依托单位和工程中心有关项目管理规章制度，做好项目管理工作，推动行业科技进步和产业发展。工程中心优先安排研发部承担院相关重点科技开发类、科技成果转化和产业化项目，并组织研发部协同创新、联合攻关。

第二十五条 研发部应重点开展新产品、新品种、新材料、新设备、新设计等研发创新，工程中心创造条件，为研发部成果提供展览宣传推广、质量评审、品牌创建服务，帮助协调对外科企合作、科地合作。

第二十六条 工程中心授权研发部在其研发产品包装盒上标注"国家重要热带作物工程技术研究中心研发"，强化品牌建设。所属企业优先为研发部产品开展市场营销、线上线下销售、信息咨询等业务。

第二十七条 研发部财务管理执行依托单位和工程中心有关财务管理规章制度。研发部运行所需经费来源，主要包括依托单位财政拨款、工程中心项目款、技术开发收入或其他资金。研发部的国家拨款、科技成果转化等收入和支出由依托单位本级负责管理并独立或相对独立核算。

第二十八条 研发部应当依据依托单位和工程中心有关资产管理规章制度，做好平台设施、仪器设备、无形资产等管理工作，确保国有资产保值增值。工程中心协调做好各研发部资源配置。

第二十九条 研发部应当依据依托单位和工程中心有关知识产权管理规章制度，做好知识产权管理和保护工作，积极开展多种形式的合作，促进知识产权共享。工程中心为研发部知识产权管理和保护提供支持服务。

第三十条 研发部应当依据依托单位和工程中心有关成果转移转化管理规章制度，规范科研成果权属确定、科研成果转移转化与交易和科研成果权益分配工作。工程中心为研发部科研成果转移转化提供支持服务。

第三十一条 研发部应当建立对外开放交流制度和面向企业开放的有效机制，实现资源共享，为政府和社会提供优质服务。工程中心不定期组织研发部间交流研讨，为研发部与国内外企业、高校、院所、行业组织、产业技术联盟开展产学研合作提供支持服务。

第六章　考核评估

第三十二条 工程中心对研发部进行定期考评，建立动态调整奖惩机制，推动研发部的布局优化和建设发展。

第三十三条 工程中心每年度对研发部的工作进行绩效考核，每年年初，研发部应对上一年度工作进行总结，并结合本研发部本年度目标制订工作计划。

第三十四条 工程中心结合科技部对工程中心运行评估标准，每3~5年对研发部开展一次运行评估。经过考评，对运行正常并取得突出成绩者将给予表彰和奖励；对管理不善者，责成限期改进；对评估不及格者，可取消其资格。

第七章　附则

第三十五条 本办法条款如与国家法律法规和政策相抵触的，以国家制定的法律法规为准。

第三十六条 本办法由工程中心负责解释，自发布之日起施行。

5. 热作工程中心中试基地管理办法

《国家重要热带作物工程技术研究中心
中试基地管理办法》

第一章　总则

第一条　为规范国家重要热带作物工程技术研究中心中试基地的建设和运行管理，充分发挥中试基地在科技、生产之间的桥梁作用，依据《国家重要热带作物工程技术研究中心章程》，结合工程中心实际情况，制定本办法。

第二条　本办法所称"国家重要热带作物工程技术研究中心中试基地"（以下简称"中试基地"）是指承担国家重要热带作物工程技术研究中心（以下简称工程中心）科研成果中间试验和研究开发工作，为社会提供成熟配套的工艺和技术，并不断地推出具有高附加值新产品的研发基地。

第三条　中试基地是工程中心各研发部的研发实体，由其依托单位负责建设与运营管理。工程中心负责中试基地的认定与统筹规划，由工程中心研发办公室归口管理。

第四条　中试基地的运营管理严格遵守国家有关法律和法规、工程中心和依托单位规章制度，接受工程中心监督。

第二章　职责和任务

第五条　中试基地主要运用自身较完善的中试条件和研究开发优势，积极开展引进技术的消化，吸收与创新，成为吸收国内外先进技术，提高产品质量水平的技术依托。是科研、开发、生产、经营相结合的研发实体。

第六条　中试基地主要指在依托单位里建设，依托工程中心各研发部资源运行管理，主要为良种繁育基地或产品中试车间、中试生产线。

第七条　中试基地的主要任务是针对热带作物产业、企业发展的关键性、基础性和共性技术问题，持续不断地将科技成果进行系统化、配套化和工程化研究开发，为适应企业规模生产，提供成熟的工艺和技术，并不断推出具有高增值效益的新产品。具体包括以下4个方面。

（1）承担国家、行业、部门、高校、科研机构等企、事业单位和工程中心委托的中试项目及产品性能、质量检测，提供技术咨询服务。

（2）对本领域工程技术人员和科技管理人员进行培训，并结合引进国外智力工作，开展多方面的国际合作与交流。

（3）利用中间试验条件优势，积极开展引进技术的消化、吸收和创新，成为企业吸收国外先进技术，提高产品质量、水平的技术依托。

（4）对现有产品的结构、性能、工艺有重大改进，经过初步技术鉴定和试验室改型试制成功后，进行中间试验和小批量试生产。

第三章　认定及撤销

第八条　中试基地认定的条件。

（1）符合工程中心发展规划确定的重点发展领域，能形成具有明显的区位优势和技术优势。

（2）拥有热带作物产业上必要的通用的计量、检测仪器，常规实验设备，扩大工程实验必需的专用设备、厂地及配套设施。有承担行业综合性中间试验任务的能力。

（3）依托单位重视中试基地建设，并在人员、资金、设备、房屋等方面提供必要的条件。

（4）以高新技术为起点，核心技术在热带作物产业具有成熟性，有良好市场前景的中试产品，并且有使技术不断升级和产品不断换代的能力。

（5）有较强的组织管理能力，有较雄厚的专业技术队伍和丰富经验的技术工人。

第九条　中试基地根据"成熟一个，认定一个"的原则，由依托单位申报，经工程中心技术委员会论证通过，报工程中心管理委员会批准认定。也可根据工程中心发展需要，由工程中心统筹规划，统一安排认定。

第十条　经认定的中试基地由工程中心发文，列入工程中心中试基地管理，同时授予"国家重要热带作物工程技术研究中心中试基地"称号，制作并悬挂统一牌匾。

第十一条　中试基地实行动态管理，根据行业技术发展趋势、工程中心发展规划方向和中试基地运营情况，对于不符合工程中心中试基地认定条件的，经工程中心管理委员会审议后撤销其称号。

第十二条　中试基地自身无法运行需要终止时，由其依托单位提出申请，经工程中心管理委员会审议同意后撤销。

第四章　运行管理

第十三条　中试基地应以促进科技成果向现实生产力的转化，提高科技成果的工程化水平为主要内容，加强和完善中试手续，建设具有较好的研究试验环境和成果转化条件，成为向社会源源不断辐射成熟技术的基地。

第十四条　依托单位应多渠道积极争取国家、地方投资，采用灵活多样的方式开展中试基地的建设与实施，并抓好中试基地的日常运行管理工作。

第十五条　工程中心负责统筹中试基地总体布局规划以及中试基地建设与运行期间的协调、督促和政策性指导，实行持续跟踪评价的动态管理机制。

第十六条　工程中心优先安排依托中试基地开展中国热带农业科学院相关重点科技开发类、科技成果转化和产业化项目，增强技术开发和创新能力。

第五章　附则

第十七条　本办法条款如与国家法律法规和政策相抵触的，以国家制定的法律法规为准。

第十八条　本办法由工程中心负责解释，自发布之日起施行。

6. 热作工程中心示范基地管理办法

《国家重要热带作物工程技术研究中心
示范基地管理办法》

第一章　总则

第一条　为规范国家重要热带作物工程技术研究中心示范基地的运行管理，充分发挥示范基地的作用，依据《国家重要热带作物工程技术研究中心章程》，结合工程中心实际情况，制定本办法。

第二条　本办法所称"国家重要热带作物工程技术研究中心示范基地"（以下简称"示范基地"）是指承担国家重要热带作物工程技术研究中心（以下简称工程中心）科研试验、种植展示、示范推广等任务的现代农业技术试验示范基地。

第三条　示范基地是工程中心各研发部的成果展示平台，由其依托单位负责建设与运营管理。工程中心负责示范基地的认定与统筹规划，由工程中心研发办公室归口管理。

第四条 示范基地的运营管理严格遵守国家有关法律和法规、工程中心和依托单位规章制度，接受工程中心监督。

第二章 目标和任务

第五条 示范基地对内主要承担相关集成创新研究任务，对外主要发挥农业科技示范、推广、培训、成果展示等作用，是体现工程中心工程技术能力和社会服务能力的重要平台。

第六条 示范基地包括院内建设的示范基地和院外建设的示范基地。院内建设的示范基地主要依托工程中心参建单位资源建设和管理，院外建设的示范基地主要由工程中心参建单位提供技术支持与企业或农户等合作建设和管理。

第七条 示范基地建设目标：服务工程中心工作，进一步完善和提升工程中心基地的建设及科学化管理水平，充分发挥基地在良种繁育、生产技术集成、示范推广、人员培训等方面的作用，并为顺利开展工程中心科研工作提供良好的条件保障。

第八条 示范基地建设任务：建设"标准化、生态化、景观化、信息化、品牌化"基地，充分发挥示范基地的最大功能作用，为支撑工程中心科技创新、成果转化与推广、示范提供条件保障。

第三章 认定及撤销

第九条 示范基地认定的条件。

（1）示范基地建设符合工程中心研发方向，主导产业清晰，规划布局和功能合理。

（2）示范基地建设规模合理，与其科研承载能力、技术和管理水平相匹配，产业化水平高。

（3）示范基地基础设施良好，基地内水、电、路等基础条件配套完善，管理服务设施齐全，达到"标准化、规范化、现代化、园林化"条件。

（4）示范基地运行机制顺畅。有健全的规章制度，具有科学高效的组织管理机制和完善的社会化服务机制。

（5）示范基地科技水平先进，能充分发挥科技优势，突出创新性和先进性，体现现代农业特色，引领热带作物产业发展。

（6）示范基地展示效果良好，充分发挥基地在科技创新、成果推广、服务"三农"中的作用，具有较高的基地展示度和知名度。

第十条　示范基地根据"成熟一个，认定一个"的原则，由依托单位申报，经工程中心技术委员会论证通过，报工程中心管理委员会批准认定。也可根据工程中心发展需要，由工程中心统筹规划，统一安排认定。

第十一条　经认定的示范基地由工程中心发文，列入工程中心示范基地管理，同时授予"国家重要热带作物工程技术研究中心示范基地"称号，制作并悬挂统一牌匾。

第十二条　示范基地实行动态管理，根据行业技术发展趋势、工程中心发展规划方向和示范基地运营情况，对于不符合工程中心示范基地认定条件的，经工程中心管理委员会审议后撤销其称号。

第十三条　示范基地自身无法运行需要终止时，由其依托单位提出申请，经工程中心管理委员会审议同意后撤销。

第四章　运行管理

第十四条　示范基地应以热带作物科技创新示范为主要内容，发挥科技优势，突出创新性和先进性，建设具有"特色鲜明、品种优良、管理规范、优质高效"特点的热带作物试验示范基地。

第十五条　依托单位应多渠道积极争取国家、地方投资，采用灵活多样的方式开展示范基地的建设与实施，并抓好示范基地的日常运行管理工作。

第十六条　工程中心负责统筹示范基地总体布局规划以及示范基地建设与运行期间的协调、检查、指导和督促，实行持续跟踪评价的动态管理机制。

第十七条　工程中心优先安排依托示范基地开展中国热带农业科学院相关重点科技开发类、科技成果转化和产业化项目，不断增强示范引导和辐射带动的能力。

第五章　附则

第十八条　本办法条款如与国家法律法规和政策相抵触的，以国家制定的法律法规为准。

第十九条　本办法由工程中心负责解释，自发布之日起施行。

7. 热作工程中心科技产业管理办法

《国家重要热带作物工程技术研究中心 科技产业管理办法》

第一章　总则

第一条　为规范与促进国家重要热带作物工程技术研究中心（以下简称工程中心）科技产业的发展，增强工程中心科技产业市场竞争活力，提升工程中心科技产业经营效益，依据《国家重要热带作物工程技术研究中心章程》，结合工程中心实际情况，制定本办法。

第二条　工程中心科技产业机构由其依托单位按相关法律法规批准设立和运营管理，由工程中心负责认定。工程中心是科技产业机构的业务主管单位，由工程中心产业办公室归口管理。

第三条　科技产业机构是工程中心开展中试孵化、成果熟化、推广转化的基地。旨在充分发挥工程中心及其参建单位知识产权、人才和资源优势，开展经营活动，促进科学技术转化为社会生产力，为社会经济建设服务，提高工程中心知名度，创造良好的经济效益和社会效益。

第四条　科技产业机构的运营管理严格遵守国家有关法律和法规、工程中心和依托单位规章制度，接受工程中心监督。

第二章　职责任务

第五条　科技产业机构是工程中心从事工程化技术转移转化、科技产品的研制、生产、销售，以科技成果商品化以及技术开发应用、技术服务推广、技术咨询为主要业务的企业或经济实体。主要为依托工程中心及参建单位资源投资设立的或合作的科技企业。

第六条　为推进工程中心工程化、产业化、市场化进程，由中国热带农业科学院联合参建单位为主体，注册企业法人：海南热科工程技术有限公司（暂命名），作为工程中心的运行实体，进行市场运营并承载科技企业孵化器功能。

第七条　依托工程中心及参建单位资源投资设立的科技企业产权及管理，属中国热带农业科学院或院属单位全资企业，产权归中国热带农业科学院或院属单位所有，法定代表人或者主要负责人由出资方聘任。合资、合作、控股、参股的各类股份制科技企业，按合同及股份制企业管理办法确定产权及管理，中国热带农业科学院或院属单位委派股东代表、董事、监事，代表出资人履行监管职责。

第八条　依托工程中心及参建单位资源合作的科技企业权益及管理，按合作协议（合同）约定的内容和成果权益分配等相关条款管理。

第九条　工程中心科技产业主要任务。

（1）参与执行工程中心产业发展规划战略和技术改造、技术引进、技术开发计划，对具有广阔应用前景的科研成果进行系统化、配套化和工程化开发应用。

（2）主要经营热带作物种子种苗产业、高效种植业、高新技术产业、农产品精深加工业、科技旅游观光产业、科技服务业、其他资源开发产业。

（3）重点开展成果技术转移推广，经营生产技术含量高、经济效益好的热带作物良种良苗、新型农药、专用肥料、高效植物生长调节剂、重要热作新材料、新产品、特色食品、生物制品、农业装备、废弃物资源化利用产品。

（4）开展与企业多层次、多形式的交流与合作，注重产学研相结合，以工程中心为依托，加强与高校和科研机构建立长期、稳定的合作关系，承接国家、省市及企业科技转化、产业化和研发项目，协同研发创新与成果转化；开展技术转移服务。

（5）收集分析与工程中心有关的行业和市场信息，研究行业产品市场发展动态，为产品开发应用提供支撑，积极参与农业"走出去"海外技术投资。

（6）创造良好的条件，为工程中心提供中试孵化、成果熟化、推广转化基地，搭建工程技术实践平台，提高人才培养质量。

第三章　认定及退出

第十条　工程中心科技产（企）业认定的条件。

（1）由工程中心及所属机构以技术成果、货币资金、固定资产成立的独资或参股的科技型产（企）业，均认定为工程中心科技产（企）业。

（2）依托单位（热科院及工程中心参建单位）以技术成果投资参股或合作的科技产（企）业，由工程中心按规定组织认定。

①符合国家产业政策、技术政策和工程中心领域范围，知识产权明晰，具有一定技术含量和技术创新性产品或知识产权，具有较大市场潜力。

②出资方产权清晰、管理规范、信誉良好，已登记注册的企业或合作社等必

须是经营状况良好，依法纳税登记，"三废"排放符合国家规定的标准。

③拥有一批工程化实践经验丰富的技术人才，有能够承担工程试验任务的熟练技术工人和配套的管理、服务、营销队伍。

④具备了开展中试孵化、成果熟化、推广转化基础设施和工艺设备，具有承担规模化生产或服务能力，有良好的防治环境污染的措施和设备。

⑤拥有较好的经济实力，有筹措资金的能力和信誉。根据发展需要，能持续增加生产服务设备、设施建设的投入。

⑥与政府有良好的关系，较好地承担起社会责任，对当地农民增收具有较大的带动作用。

第十一条 工程中心科技产（企）业根据"成熟一个，认定一个"的原则，由依托单位申报，经工程中心班子研究通过，报工程中心管理委员会批准认定。也可根据工程中心发展需要，由工程中心统筹规划，统一安排认定。

第十二条 经认定合格的科技产（企）业由工程中心发文，列入工程中心科技产业机构管理，同时授予"国家重要热带作物工程技术研究中心产业基地"称号，制作并悬挂统一牌匾。

第十三条 科技产业机构实行动态管理，根据行业技术发展趋势、工程中心发展规划方向和科技企业经营情况，经工程中心管理委员会审议决定，对于不符合条件的科技产（企）业予以退出并撤销现有基地称号。

第十四条 科技产（企）业自身无法运行需要终止时，由其依托单位提出申请，经工程中心管理委员会审议同意后退出，工程中心发文公告。

第四章 运行管理

第十五条 科技企业要依照法律法规以及企业章程等有关规定开展经营活动，建立适应市场经济要求，产权清晰、权责明确、事企分开、管理科学的现代企业制度，形成自主经营、自负盈亏、自我发展、自我约束的法人实体和市场竞争的主体。

第十六条 科技企业要建立起企业法人治理结构体系，完善以股东会、董事会、监事会"三会"为代表的制度体系，形成各负其责、协调运转、有效制衡的管理体系，建立科学、民主的决策程序和有效的激励、监督、约束机制。

第十七条 科技产（企）业要加大科技成果转化与营销人才培养，制定引进及流动机制，大胆选拔、任用德才兼备的经营管理人才，建立一支具有经营头脑、善于开拓、敢于奋进、勇于创新的科技成果转化与营销队伍。

第十八条　依托单位要积极探索促进科技成果转化的新途径、新办法。根据科技成果转化有关政策规定，对科技成果转化作出贡献的人员实行多种形式的激励，鼓励科研人员作为科技成果完成人持股，鼓励科研人员到企业兼职从事研发工作，并严格执行薪酬分配有关规定。

第十九条　对在发展过中作出重要贡献的技术骨干和企业管理人员，可按规定采取期权、股权、分红权等多种形式给予奖励。

第二十条　工程中心引导和支持科技产（企）业的重组和整合，打破各自为战的产业格局，重点培育种子种苗、农产品加工、农化服务、休闲农业等支柱产业，形成竞争优势明显的科技产业集团，做大做强工程中心科技产业。

第二十一条　工程中心引导和支持按现代企业规范要求，对现有企业进行改革、转制或成立新的科技企业。培育一批有潜力的高新技术企业。探索以知识产权作价入股企业的成果转化模式。

第二十二条　工程中心支持湛江、儋州、文昌、兴隆四个农产品加工产业园建设，争取地方政府优惠政策，引导加工产业入驻农产品加工产业园，为工程中心科技产业发展体系建设打造发展平台。

第二十三条　工程中心深化各级地方政府的合作，引导和支持科技企业主持或参与承担地方重点科技开发类、科技成果转化和产业化项目。争取依托单位政策扶持，积极开辟院项目支持渠道和开发产业供给资源，努力提升工程中心科技产（企）业技术创新主体地位。

第二十四条　工程中心引导和支持科技产（企）业加强与大企业、大资本的合作，调动各类社会资源参与工程中心科技产业的积极性，实现产业强强联合、优势互补，资源共享。

第二十五条　工程中心充分利用自身建立的信息交流平台，为科技产（企）业走出去，提供地方政府、产业动态信息，推动对外合作交流；加大科技产（企）业和技术产品宣传和推介活动，扩大影响，树立品牌。

第二十六条　为强化工程中心品牌建设，工程中心科技产（企）业依据授权，可在其产品包装盒上标注"国家重要热带作物工程技术研究中心研发"字样；海南热科工程技术有限公司优先为科技产（企）业产品开展市场营销、线上线下销售等业务。

第五章　监督管理

第二十七条　依托单位要认真履行《中华人民共和国企业国有资产法》规

定的出资人职责，依法参与企业重大决策、选择管理者、制定或者参与制定企业章程，选派股东代表参加控股或参股企业召开的股东会议，努力发挥主导性作用，切实维护国有资本权益。

第二十八条 依托单位要加强对科技产（企）业经营业绩考核，建立有效的激励和约束机制，并把经营业绩考核结果作为科技企业派出人员奖罚与任免的重要依据。

第二十九条 依托单位要加强产（企）业内控制度建设和产（企）业风险防范控制体系建设，强化企业财务和审计监督管理。

第三十条 科技产（企）业要加强国有资产管理，防范国有资产流失风险。对于因产权链条过长或经营活动长期停滞等原因难以实施有效监管的企业，应按国有资产管理规定，通过解散、产权转让、调整投资级次等方式，及时进行处理。

第三十一条 科技产（企）业发生合并、分立、重组、解散、申请破产、产权转让、增资扩股、中外合资合作、股份制改造等涉及国有产权变动或国有产权比例变动的事项，应按有关规定严格履行审核审批程序。

第三十二条 工程中心每年度对认定的科技产（企）业的工作进行检查和监督。每年年初，依托单位均应向工程中心提交科技产（企）业上年度运营总结、财务审计报表等重大事项调整备案。属合作企业应提交合作协议（合同）备案。

第六章　附则

第三十三条 本办法条款如与国家法律法规和政策相抵触的，以国家制定的法律法规为准。

第三十四条 本办法由工程中心负责解释，自发布之日起施行。

8. 热作工程中心科技成果转化管理办法

《国家重要热带作物工程技术研究中心
科技成果转化管理办法》

第一章　总则

第一条 为依法规范国家重要热带作物工程技术研究中心（以下简称工程中

心）科技成果转化工作，提高成果转化效率与效益，依据《中华人民共和国促进科技成果转化法》《国务院关于实施〈中华人民共和国促进成果转化法〉若干规定的通知》等法规政策精神以及《中国热带农业科学院促进科技成果转化指导性意见（试行）》规定，制定本管理办法。

第二条　本办法适用于工程中心下设机构及其全体人员。

第三条　本办法所称科技成果，是指工程中心执行依托单位及其他科研机构、高等院校和企业等单位的工作任务，或者主要是利用上述单位的物质技术条件，通过科学研究与技术开发所产生的具有实用价值的成果。

第四条　本办法所称的科技成果转化，是指为提高生产力水平而对科技成果所进行的后续试验、开发、应用、推广直至形成新技术、新工艺、新材料、新产品、新品种、新资源、新装备、新设计、新方法、计算机软件、技术标准等，发展新产业等活动。

第五条　本办法所称知识产权，其范围根据国家有关法律、法规以及我国缔结或签署的国际公约或协议之规定确定，包括但不限于专利、技术和商业秘密、植物新品种、著作权和商标等。

第六条　工程中心对本中心科技成果拥有所有权、使用权、经营权和处置权，成果完成人拥有署名权和转化收益分配权。可以依法自主组织实施或许可他人实施转化。

第七条　工程中心科技成果转化活动应当遵守法律法规，维护国家利益，不得损害社会公共利益和他人合法权益。

第二章　组织实施与管理

第八条　工程中心可依据年度工作重点和热科院成果转化规划与需求，对各研发部的相关科技成果进行合理集成与组合调配，并组织、指导实施具体转化工作。

第九条　工程中心应加强国家科技成果转化相关法规政策的宣贯，指导各研发部科技成果转化项目库建设与管理，引导科企合作对接，为各研发部科研成果转移转化提供支持服务。

第十条　工程中心协同热科院有关部门，做好参建单位科技成果转化过程中科技、人事、财务、资产、法律等业务管理。

第十一条　参建单位为工程中心研发部科技成果转化的重要执行责任主体，负责本单位科技成果转化的管理及实施、成果转化体系及制度建设，履行科技成果转化信息发布与报告义务。

第十二条　工程中心及各研发部可以采用自行投资、向他人转让、许可他人使用、与他人合作、作价投资以及其他协商确定的方式，对工程中心科技成果实施转化。

第十三条　工程中心及各研发部应当遵从市场规律，遵循自愿、互利、公平、诚信的原则开展工程中心成果转化活动，以协议定价、在院技术转移交易服务平台等技术交易市场挂牌交易、拍卖等方式确定交易成果价格。

通过协议定价方式实施成果转化的应当在本单位进行公示，并明确公开异议处理程序和办法。公示内容应包括科技成果名称、拟交易对象、转化方式，拟交易价格等，公示时间不少于 15 日。

第十四条　各研发部应履行信息报告义务，工程中心相关成果转化规划计划及成果转化合同（协议）按规定报工程中心备案。

第十五条　在合作开展科技成果转化活动时，工程中心及各研发部应当与合作方签署保密协议。要求合作方当事人不得违反有关保守技术秘密的规定擅自披露或允许他人使用该技术成果。要求技术交易管理机构或中介机构，对其在从事技术代理或服务中知悉的有关技术秘密负保密责任。

第十六条　成果转化合作各方应当签订协议，依法约定合作的组织形式、任务分工、资金投入、知识产权归属、权益分配、风险分担和违约责任等事项。

应当以合同形式约定合作成果权属，合同未作约定的，在合作转化中产生的新成果，权益归合作各方共有。

第十七条　工程中心及参建单位科技成果转化合同（协议）需按合同有关规定审核批准后方可对外签署，并严格实施合同履行过程监管。

第十八条　鼓励工程中心及各研发部科研人员参与工程中心研发创新与科技成果转化工作，支持科研人员到企业兼职或自主创办科技型企业。

第三章　权益分配

第十九条　科技成果转化收入纳入预算，实行统一管理，扣除对完成和转化职务科技成果作出重要贡献人员的奖励和报酬后，应当主要用于科学技术研发与成果转化等相关工作。

第二十条　成果转化收益分配依据工程中心或研发部在转化项目中明确的权益分配方式、比例、时限等执行，分配应当兼顾工程中心、参建单位、成果完成人、成果转化人员等各方利益。

转化项目中对收益分配无具体规定的，依据《中华人民共和国促进科技成果转化法》及相关规定实施。

第二十一条 在科技成果转化中获得报酬和奖励的个人，应依法缴纳个人所得税。

第四章 监督管理

第二十二条 工程中心协同热科院监察审计、人事、财务、资产等有关部门，做好各研发部科技成果转化过程公开公示和收益分配监督管理。

第二十三条 工程中心及各研发部应当建立健全管理制度，加强成果转化档案管理，完善技术秘密保护规定。在成果转化活动中弄虚作假，泄漏技术秘密给本单位和工程中心造成经济损失的，应承担法律责任并赔偿经济损失。

第二十四条 科技成果完成人不得将科技成果及其技术资料和数据占为己有，不得将科技成果擅自转让或者变相转让，不得阻碍科技成果的转化，侵犯单位的合法权益。

第二十五条 各研发部应建立科技成果转化信息发布、报告制度和科技成果信息公开制度。每年初向工程中心报送本单位上年度科技成果转化情况年度报告。

第五章 附则

第二十六条 本办法如与国家和上级部门有关法律法规及规范性文件的规定不一致，从其相关规定。

第二十七条 本办法自公布之日起开始实行，由工程中心负责解释。

9. 热带农业技术转移中心管理办法

《中国热带农业科学院热带农业技术转移中心管理办法》

第一章 总则

第一条 为规范"中国热带农业科学院热带农业技术转移中心"（以下简称"转移中心"）管理，建立和完善转移中心运营机制，推动院所科技资源与产业需求结合，促进科技成果加速转移转化，依据《中国热带农业科学院技术转移中心章程》及相关法规政策规定，制订本办法。

第二条 转移中心作为产业与区域结合的科技成果交易服务平台，面向现代热带农业战略和产业技术需求，以市场为导向，在海南省科技厅指导下，利用中国热带农业科学院（以下简称"热科院"）和热区科研教学单位的科技资源，促进科技成果转化和技术转移，为热区经济社会事业发展提供强有力的科技支撑。

第三条 转移中心以热科院为依托、企业为主体、政府为指导、服务为先导、投资为引擎、市场化运作，探索"政府+科技+企业+金融+互联网+"五位一体发展模式，建立技术转移工作体系和有效运行机制。

第二章 运作模式

第四条 转移中心按照公益机构方式运行，通过逐步建立以"组织、技术、人才、资金、交易"五个服务平台为主体的技术转移工作体系，推动转移中心的多样化、规模化发展。

第五条 组织平台。转移中心探索产学研政协作联盟的会员制，建立起长期稳定的深层次合作关系，实现创新转化协同与技术资源共享，帮助企业提高技术转移的吸收能力和应用水平。

（1）中心会员制：指与热带农业科研教学机构、企业合作，形成紧密合作的产学研基地。热科院院属单位、院属企业均为中心会员单位；同时，转移中心根据发展规划，依托热科院的行业创新产业联盟等平台机构，逐步发展院外合作企事业单位会员，共同参与转移中心建设与管理。

（2）行业会员制：指与有关技术转移平台或中介机构合作，围绕行业的若干共性技术需求，开展技术交流和业务合作。经中心指导委员会审核同意，可建立行业技术转移联盟。

（3）区域会员制：指成立的技术转移分中心，开展与所在区域的技术交流和合作，服务区域经济发展，接受转移中心指导与管理。会员单位可结合本单位条件申请，报经中心指导委员会审核同意，可设立非独立法人性质的转移中心分中心。

第六条 技术平台。转移中心整合热科院现有科技平台和成果资源，与国内外科研机构、企业联合共建技术研发转移基地，联合创新孵化重大科技成果，促进热带农业科技成果的持续再生和有效转化。

（1）院内科技成果：包括依托热科院建设的国家及省部级科技平台以及热科院具有重大创新意义和产业化前景的技术成果。

（2）院外科技成果：包括国内外科研教学机构建设的国家及省部级科技平台以及国内外热区科研教学机构技术成果和企业率先应用的技术成果。

第七条 人才平台。转移中心发挥热科院科技人才优势，与国内外科研机构、企业联合共建科技人才创新基地，联合创新孵化重大科技成果，促进热带农业科技人才的开放流动和充分共享。

（1）院内科技人才：包括热科院学科带头人和优秀科技骨干。

（2）院外科技人才：包括国内外科研教学机构、龙头企业的优秀科技人才。

第八条 资金平台。转移中心按市场化的运作吸收政府、社会资金，建立院科技成果转化基金，构建促进技术成长和企业发展的资金平台。

（1）政府资金、基金。争取国家有关部委和省市成果转化资金项目、中小企业技术创新基金，以帮助院所和企业在科技成果转化过程中加快产业化进程。

（2）院成果转化基金。通过热科院科技成果转化基金，支持工程技术研究中心和所办企业科技成果转化。

（3）投资公司资金：畅通社会资金和院所技术嫁接的渠道，由院所提供创新成果，投资公司投入资金进行中试孵化，孵化成功后，将技术成果整体转让给企业。

第九条 交易平台。转移中心按市场化模式组织技术成果交易，或对接国家重要技术转移平台和优秀社会中介机构，组织开展技术转移相关业务活动，技术成果所有人将技术成果产权转让给企业或许可使用。

（1）国内技术交易。满足热带农业产业升级需要和热区经济发展战略需求，加强与热区地方政府与农业企业的合作交流，将优秀科技成果推向市场，加速技术转移转化，扶持企业快速发展，将科技成果转化为现实生产力。

（2）国际技术交易。服务国家"一带一路"战略和农业"走出去"战略，瞄准国际市场，与国外科研院所、企业开展交流与合作，共同科研攻关，把国外先进技术"引进来"，促进热科院优势技术"走出去"，助力农业企业"走出去"。

第十条 转移中心及分中心可根据法律规定和工作需要，经依托单位批准，单独或联合组建独立法人性质的经营实体。涉及非科技成果资产投入的，需要履行资产申报审批程序。

第三章　主营业务

第十一条　转移中心围绕热区经济社会事业全面发展对科技的需求，开展全方位、多渠道、多层次、多形式的科技服务，推动科技与现代农业、重点企业结合，促进传统热带农业改造和升级，促进企业自主创新能力的提高。

第十二条　技术成果信息服务。转移中心开展国内外先进适用的热带农业科技成果技术收集、筛选、分析、加工、分类汇总等工作，建立技术成果库，发布可转化交易成果，推进热带现代农业技术研发、推广、扩散、产品化与产业化。

技术成果库建设、信息咨询等服务工作，由综合部负责，业务部协助。转移中心组织会员单位上报技术成果，并组织筛选入库及对外发布。

第十三条　技术专家信息服务。转移中心根据社会对专家型人才的需求分类建立热带农业技术专家库，并根据热区农业主管部门、企业和农户需求，开展技术咨询、指导、诊断服务，推荐热科院专家到政府、行业、企业担任技术顾问、兼职等服务。

技术专家库建设遴选入库和推荐、咨询等服务工作，由综合部负责，业务部协助。转移中心组织会员单位上报专家，并组织遴选入库及对外发布，有关技术咨询、指导、诊断服务联系会员单位专业部门——海南省农业科技 110 服务站开展。

第十四条　企业与项目信息服务。转移中心根据行业和热区从事农业种业、加工、农化等分类建立农业龙头企业库，为会员提供转化合作资源；同时，发布企业项目技术需求，推荐双方合作、决策咨询等服务。

企业库建设及项目技术需求咨询、合作联系等服务工作，由综合部负责，业务部协助。转移中心直接收集、筛选企业入库及发布或共享其他联盟资源，并根据企业项目技术需求委托进行信息发布。

第十五条　产学研活动服务。转移中心根据政府、社会组织和院工作安排，举办国内、国际技术转移对接会、科技项目和成果推介会、企业技术需求信息发布会、科技成果展示会和其他产学研合作洽谈、考察活动。

产学研活动组织实施等服务工作，根据业务范围由国内业务部或国外业务部负责，综合部协助。转移中心制订方案，直接组织产学研活动或安排会员单位承担产学研活动。

第十六条　培训与会务服务。转移中心围绕热区产业发展规划与战略，举办国内、国际热带农业有关科技、人才、新型职业农民培训班、学术论坛、学术报告会，为热带农业发展提供科技前沿资讯。

举办培训与学术论坛等服务工作，根据业务范围由国内业务部或国外业务部负责，综合部协助。转移中心联系专业部门——热科院培训中心承担培训班与会务，或联系其他会员单位承担培训班与会务。

第十七条　技术项目攻关服务。转移中心支持和鼓励科研人员与国内外科研教学单位、企业合作，联合申报和承担国家及省、市科技计划项目，帮助解决企业生产过程中的工艺和技术难题，推动新产品、新工艺的合作研发。

技术项目申报和实施过程服务工作，根据项目来源由国内业务部或国外业务部负责。转移中心直接协调各会员单位联合组织申报，或通知会员单位自行开展申报。

第十八条　成果评价与评估服务。转移中心为成果持有者提供成果评价、技术合同认定、专利申报、专利技术评估、产品市场估价、产品包装及发布、高新技术产品认定等知识产权代理服务。

成果评价和专利评估服务工作，根据业务范围由国内业务部或国外业务部负责。转移中心根据机构或个人委托，组织专家开展成果评价和专利评估或联系中介机构开展成果评价和专利评估。

第十九条　技术产权交易服务。转移中心为成果持有者和需求者提供成果技术对接、产权转让产权交易服务，为交易双方提供转让知识产权保护、双方有效履行合同、企业创新券申报等方面全程的法律咨询和监督服务。

技术产权交易服务工作根据交易区域由国内业务部或国外业务部负责。转移中心根据机构或个人委托，自行组织开展技术产权交易或联系合作中介机构开展技术产权交易。

第二十条　规划与项目咨询服务。转移中心为政府部门、事业单位、国内外企业、团体提供农业发展规划、项目策划、可研报告、工程化设计、科技查新、战略决策、市场调研、企业及合作社管理等综合工程咨询服务。

规划与项目咨询服务工作，根据业务范围由国内业务部或国外业务部负责。转移中心根据机构或个人委托，联系专业部门——热科院农业工程咨询中心、科技查新中心开展，或联系其他中介机构开展。

第二十一条　技术标准与检测服务。转移中心为政府部门、事业单位及国内外企业、团体提供热带农业"三品一标"认证咨询、农产品质量安全控制、植物新品种测试、食品质量检测、机械质量检测、转基因生物安全检测等服务。

技术标准和检测服务工作，根据业务范围由国内业务部或国外业务部负责。

转移中心根据机构或个人委托，联系专业部门——热科院大型仪器设备共享中心、检验测试中心开展。

第二十二条 技术集成开发服务。转移中心对共性与市场前景广阔的技术成果进行系统集成和二次开发，为企业提供工程化可转化成果和关键技术解决方案，解决技术转化中的技术成熟性、配套性问题，降低成果产业化的风险。

技术选择和集成开发服务工作，由转移中心技术部负责。转移中心根据机构或个人委托，组织专家评估后联系专业部门——国家重要工程技术研究中心等有关转化平台或会员单位对接合作。

第二十三条 技术熟化与转化服务。转移中心搭建众创空间、产业孵化平台，为各科研机构、高等院校技术成果或专利持有者提供市场化转化所需的技术熟化与市场开发、投融资等资源配置配套服务，引导科技人员创业科技项目到当地创办企业，从事科技孵化。

众创空间、产业孵化平台建设及服务工作，由技术部负责，综合部协助。转移中心按政府有关政策，自行组织或合作申报众创空间、产业孵化平台；转移中心根据机构或个人委托，组织直接开展或联系合作联盟开展。

第四章 日常管理

第二十四条 计划管理。转移中心计划包括中长期规划、年度计划和业务计划。转移中心综合部负责中长期发展规划和年度计划编制工作，组织和安排好运营活动。业务计划如科研计划、市场营销计划、开发计划等，由转移中心对应业务部门根据实际制定。

第二十五条 政务管理。转移中心综合部应建立规范的行政办公、后勤的政务管理体系，包括文件管理、公章管理、记录管理、信息交流、会议管理、网络管理、档案管理、安全管理、环境卫生管理、窗口服务管理、工程服务管理、对外活动管理等综合事务管理工作，实现高效有序推进中心各项工作。

第二十六条 人力资源管理。转移中心人员实行固定岗位和流动岗位相结合，采用择优选聘、合同聘任的用人制度和定性考评和定量考评相结合的绩效考评制度。转移中心综合部按规定做好人员招聘管理、岗位聘用管理、出勤管理、培训教育管理、劳动保护管理、绩效考评管理、辞职辞退管理、人事档案管理等工作，确保团队运行有效。

第二十七条 营销管理。转移中心综合部应根据目标市场，制定相应的宣传策略、服务策略、价格策略和市场推广策略，对科技成果、专利、产品等进行整体营销，改进会员单位的合作伙伴关系，形成战略联盟，提高市场份额，实现转移中心运营目标。

第二十八条　网站管理。转移中心交易服务平台为热科院网下属二级部门网站，由热科院提供运行支持，设两个模块，分别设在国内业务部和国际业务部。转移中心技术部负责网站维护管理和日常信息上传支持。各部门、会员单位应积极提供各类活动的新闻通讯、通知公告、技术需求、科技成果、相关政策法规等信息，共同建设和维护好网站。

第二十九条　资产管理。转移中心综合部应建立健全资产管理制度。确定有效和高效地实现服务所必需的工作场所和相关设施、设备、软件等基础设施，维护资产的安全和完整，优化资产配置，发挥资产最大使用效益，确保国有资产保值增值。

第三十条　项目管理。转移中心项目根据国家、地方政府、院所、企业的转移转化项目等不同来源渠道分类管理，转移中心国内业务部和国际业务部按规定做好科研计划立项、科研计划实施、科研经费管理、结题验收等事项，确保该项目按计划完成，并取得良好成效。

第三十一条　知识产权管理。转移中心综合部依据国家和依托热科院有关知识产权管理政策规定，做好知识产权管理和保护，积极开展多种形式的合作，促进知识产权共享。

第三十二条　绩效管理。转移中心综合部依据上级主管单位和依托单位有关评估规定，每年度按热科院要求对中心进行绩效总结，建立动态调整奖惩机制，推动中心的布局优化和建设发展。

第六章　财务分配管理

第三十三条　转移中心财务会计业务委托热科院本级财务部门进行管理，依据相关法律法规和院相关管理制度制定专项管理办法。

第三十四条　转移中心收入来源主要包括：政府及主管部门提供的各类资金；开展技术转移转化或技术服务活动收入；其他合法收入，包括企业捐赠、分中心上缴收入等。

（1）转移中心以公益服务为主，运行经费预算与热科院归口管理部门——热科院开发处、国际合作处一起列入热科院财政预算拨款，并积极争取海南省科技厅专项财政支持。

（2）企业承担热科院成果转化项目，转移中心可向企业收取项目资金20%～

30%的成果转化收益费；院属单位承担热科院成果转化项目，转移中心可向承担单位收取项目资金10%~20%的成果转化收益费。

（3）转移中心组织的技术成果交易活动，可向技术成果出让方收取交易标的5%~10%的成果转化收益费。

第三十五条 转移中心的各项收入应纳入中心统一预算、统一核算，专项管理，各部门均不得隐瞒、滞留、截留、挪用和坐支。转移中心职能部门和会员单位经费使用原则上由转移中心统一分配调拨，按"专款专用"原则进行项目经费支配及使用管理，并按热科院本级有关财务会计制度履行相应开支计划和审批程序。

第三十六条 转移中心建立收入能增能减，有效激励的分配制度，坚持以按劳分配为基础，突出管理创新，向作出贡献的人才倾斜。

（1）在编在岗人员的基本报酬，按本人编制所在的单位经费来源渠道发放；编制外人员基本报酬，由转移中心自行发放。

（2）转移中心按照热科院科技成果转化收益分配有关规定，自主决定科技成果转化收益分配和奖励方案。可以通过科技成果作价投资的形式予以股权激励，也可以通过自行实施或者与他人合作实施、转让、许可使用等方式直接予以现金奖励。

（3）转移中心每年可从成果转化收益费中提取不低于30%的费用作为奖励基金，以奖励对中心作出贡献的工作人员。

第七章　监督管理

第三十七条 热科院业务归口部门及会员要加强协调配合，强化监督指导，确保规范转移中心管理和促进转移中心健康发展的各项工作落到实处。

第三十八条 对违反国家有关法律法规、制度，渎职失职，造成院所国有资产流失和转移中心国有资产损失的，要严肃查处并追究有关人员责任，涉嫌犯罪的，依法移送司法机关处理。

第三十九条 转移中心应当按国家技术转移示范机构评价指标体系、海南省科技厅和热科院要求进行评估，并按要求报送有关总结报告。

第八章　附则

第四十条 本办法各项条款与法律、法规和政策不符的，以法律、法规和政策为准。

第四十一条　本办法由转移中心指导委员会（工程中心管委会）负责解释，自颁布之日起施行。

10. 热作工程中心绩效管理办法

《国家重要热带作物工程技术研究中心绩效管理办法》

第一章　总则

（1）为规范和完善国家重要热带作物工程技术研究中心（以下简称"工程中心"）绩效管理，提高工作绩效，依据中国热带农业科学院绩效考核的相关规定，制定本办法。

（2）工程中心绩效管理遵循"目标管理、量化考核、绩效奖惩"总原则，及以下几项具体原则：

①目标导向、注重过程；

②定性定量、统筹兼顾；

③全面覆盖、分类管理；

④科学规范，公正公开；

⑤突出重点、简便易行。

（3）绩效管理对象及周期

①绩效管理对象包括工程中心本部内设职能部门和各研发部。

②绩效管理周期包括年度绩效考核和阶段绩效评估。

（4）绩效管理目标。工程中心热带作物相关领域工程化研发条件持续加强，研发能力有效提高，科技贡献显著提升，经济实力较快增长，行业影响不断扩大，保持工程中心在热带作物科技研发的"火车头"、促进热带作物科技成果转化应用的"排头兵"、培养热带作物科技人才的"孵化器"和引领热带作物技术走向世界热区的"桥头堡"重要地位，推动国家重要热带作物"科技成果工程化、科技产品规模化、大宗产品市场化和上市产品品牌化"四化建设，促进我国重要热带作物产业结构调整和产业升级，助推"一带一路"国家战略。

第三章　考核指标和权重

1. 本部职能部门绩效考核指标体系

（1）考核指标。本部职能部门绩效考核指标包括定性指标和定量指标两类。

①定性指标：对职能部门工作进行总体评价。

②定量指标：包括履行职能、作风建设、制度建设、团队协作、服务基层、业务扩展、项目创新和工作奖惩8项。

（2）考核主体与权重。职能部门绩效考核的上级评价、互相评价和专家评价按3:3:4比例确定权重。

①上级评价：权重30%（中心主任占15%、中心副主任占15%）。

②互相评价：权重30%（研发部对职能部门定性评价）。

③专家评价：权重40%（定量指标打分）。

2. 研发部绩效考核指标体系。

（1）考核指标。研发部绩效考核指标包括定性指标和定量指标两类。

①定性指标：对研发部工作进行总体评价。

②定量指标：包括研发方向与条件、研发任务与成果、行业影响与贡献、运营管理能力4个一级指标组成，并细化为11个二级指标。评估指标体系，见表6-13。

表6-13　研发部绩效考核指标体系

一级指标	二级指标	评价要点	权重（%）
研发方向与条件	研发方向	工程化研发方向的合理性	5
	研发条件	工程化人才队伍的水平与结构的合理性；工程化设施设备的先进性、完备性；工程化研发经费的保障性	15
研发任务与成果	在研任务水平	工程化在研任务的先进性、创新性	10
	研发成果水平	研发成果的先进性、创新性、成熟性，竞争力	25
行业影响与贡献	行业地位与作用	行业地位与技术优势；核心技术、主导产品应用推广情况与效益；行业技术进步带动作用	10
	开放交流与服务	资源开放共享成效；产学研交流与合作机制；行业技术服务成效	20

（续表）

一级指标	二级指标	评价要点	权重（%）
运营管理能力	内部建设与效果	依托单位支持保障情况；机构、制度建设和日常管理的成效	6
	运营效益	资产配置与收入情况，经济良性循环能力	4
	发展前景	解决发展问题措施的针对性、可行性；发展目标的合理性、保障措施的有效性	5

（2）考核主体与权重。研发部绩效考核的上级评价、互相评价和专家评价按2∶2∶6比例确定权重。

①上级评价：权重20%（中心主任占15%、中心副主任占15%）。

②互相评价：权重20%（职能部门对研发部定性评价）。

③专家评价：权重60%（定量指标打分）。

3. 绩效计划和实施

（1）绩效管理组织。

①成立绩效管理工作组，由中心主任任组长、常务主任任副组长，组员由副主任、职能部门负责人组成。在中心管委会统一领导下负责对绩效管理工作进行指导、协调、评价等工作。

②综合办公室为考核工作的业务归口部门，牵头组织开展绩效考核及汇总考核结果等工作。

（2）绩效计划。

①年度绩效考核：每年年初，工程中心结合研发部年度工作计划制定职能部门和研发部年度绩效考核计划。

②阶段绩效评估：结合科技部每3~5年对工程中心的运行评估，同时，制定研发部阶段绩效评估计划。

4. 绩效过程管理

综合办公室对研发部绩效目标、指标完成情况进行沟通和督查，对实施过程中存在的问题向绩效管理工作组反馈。

第四章　绩效考核

（1）绩效考核程序。

①自评：研发部根据年度工作目标和考核方案，总结工作完成情况，开展自评，上报《研发部年度绩效自评价表》《研发部年度绩效总结报告》及相关佐证

材料。

②评价：工程中心绩效管理工作组组织开展上级评价、互相评价和专家评价。

③审核：工程中心绩效管理工作组对职能部门、研发部定性、定量指标得分进行统计排序、提名。

④审定：工程中心管委会审定职能部门、研发部考核等级。

⑤反馈：综合办公室将考核结果以书面形式反馈职能部门、研发部。

（2）绩效考核结果。

绩效考核结果。

绩效考核总分＝上级评价分×权重＋互相评价分×权重＋专家评价分×权重。考核等次以总分100分为标准，分为优秀（≥85分）、良好（≥75分）、一般（60~74分）、较差（<60分）4个等级。

原则上按不同类别机构和实际参加考核机构20%的比例，分别确定优秀等级机构。凡在考核期内存在违反财经管理责任、安全生产责任、综合治理责任、党风廉政建设责任等"一票否决"违规失职的单位不得评为优秀档次；情节严重的责任事项不得评为良好及以上档次。

（3）复核与申诉。

对考核核定等次不服的，可以按有关规定向工程中心申请复核和申诉。

（4）回避与责任追究。

考核工作实行回避制度和责任追究制度。对被考核单位若弄虚作假申报本单位的绩效工作，造成不良影响或后果的，追究相关单位（部门）和领导的责任。工作人员考核工作中弄虚作假、徇私舞弊或打击报复、泄露秘密者，要严肃处理。

第五章　绩效改进及结果运用

（1）绩效改进。

①工程中心根据各研发部评估结果，形成《工程中心年度绩效总结（运行评估）总结报告》，评价绩效目标实现程度，总结绩效管理成效和经验，分析存在问题，提出下阶段改进措施。

②工程中心组织对职能部门、研发部的绩效不足之处进行反馈，找出绩效低下原因，提出改进意见和建议。

（2）绩效结果运用。

绩效结果与工程中心战略目标调整挂钩，与各研发部评先评优挂钩，与各研发部班子建设挂钩，与支持各研发部项目挂钩，与支持各研发部预算挂钩，与各研发部机构调整挂钩。

第六章　附则

（1）本办法自发布之日起实施。原发布的有关制度与本办法相抵触的，以此为准。

（2）各研发部可根据本办法，结合本单位实际，制定研发部绩效管理办法并组织实施。

（3）本办法由工程中心负责解释。

职能部门年度绩效自评价，见表6-14；研发部年度绩效自评价，见表6-15。

表6-14　职能部门年度绩效自评价表

评估指标	评价要点和标准	打分
履行职能	贯彻落实工程中心工作的决策部署，履行部门职责、承担中心工作及完成主要目标任务情况	
作风建设	加强作风建设，密切党群干群关系，严格落实中央"八项规定"，严格会议、公务用车、公务接待制度情况	
制度建设	理论联系实际，对部门相应管理业务制度建立和完善情况	
团队协作	注重统筹协调，善于处理各种利益关系，合理安排工作，加强应急管理情况	
服务基层	主动为中心研发部服务，深入研发部一线，加强调研，了解基层实际情况	
业务扩展	围绕各自职能职责，在关键业务环节、重点领域、工作机制和运转模式上扩展情况	
项目创新	通过创新项目实施，解决制约体制、机制、管理等深层次问题，实现创新突破的情况	
工作奖惩	当年部门承担工作获得上级表彰奖励的情况，或因失职渎职被行政问责及因工作失误或履职不当造成不良后果及影响情况	

注：第一项权重为30%，其他各项权重为10%

表6-15　研发部年度绩效自评价表

评估指标	评价要点和标准	打分
工程化研发方向	◆　研发部研发方向明确、特色鲜明，与研究内容一致；符合行业技术发展趋势，面向国民经济、社会发展重大需求；针对行业关键、共性和基础性技术，持续开展深入、系统的创新性研发工作	

（续表）

评估指标	评价要点和标准	打分
工程化研发条件	◆ ①研发部主任是本领域知名的技术带头人，具有较强的组织管理与经营能力，有充分的时间投入领导工作，在运行与管理重大决策中发挥主导作用；②技术带头人和骨干人员组织协调能力强，工程化实践经验丰富；③创新团队人员素质高，专业配套，研发、管理、营销等业务结构合理 ◆ ①研发部设备条件处于本领域领先水平，关键设备国际先进水平。②具备与工程化研发需要相适应的、完备的中试实验设施和基地，运转高效 ◆ ①研发经费规模和人均水平处于本领域研发机构的前列；②根据需要，持续增加研发设备、基地建设的投入	
工程化在研任务水平	◆ 在行业关键、共性和基础性技术上承担了重大工程化研发任务，能够取得创新突破、产生重大影响，研发整体水平处于同类机构前列	
代表性成果水平	◆ 代表性成果针对行业产业共性、关键技术难题，在工程化研发方面有重大突破，掌握核心技术并进行集成创新，拥有自主知识产权，总体技术水平高，主要技术参数（性能、性状、工艺参数等）等指标达到国内外先进水平 ◆ 代表性成果技术集成度、配套性高，稳定性、可靠性强，已经形成规模化生产能力或达到实际应用的程度，经济（投入产出比、性能价格比、成本、规模等）、环境生态等指标达到国内外先进水平，具有市场竞争力	
行业地位与作用	◆ 主要研发方向有明显技术优势，主持或组织开展国家与行业重大工程化研发工作，牵头起草或制定国家和行业标准、规范、规划 ◆ 拥有一批适用性好、有竞争力的工程化成果。核心技术推广应用面广、主导产品市场占有率高，充分发挥行业技术扩散源作用 ◆ 能够引领、推动行业技术进步和竞争力提升，促进相关产业领域的结构调整和产品升级换代，取得良好的经济、社会效益	
开放交流与服务	◆ ①建立对外开放交流制度和面向企业开放的有效机制；②设备设施、信息资料等资源开放共享程度高；③与国内外技术和产业界开展高水平、实质性的合作；④接纳行业内有影响的研究成果到中心实现工程化开发 ◆ 开展人员培训、分析测试与技术咨询；为政府和社会提供优质服务	

（续表）

评估指标	评价要点和标准	打分
内部建设与效果	◆ 依托单位优先支持发展，在人员、经费、设施和后勤等方面给予支持保障 ◆ ①内部机构设置合理，分工明确，能够充分发挥整体功能；②规章制度健全；③日常管理规范有序 ◆ 切实起到吸引人才、激励研发创新、科学规范决策的作用	
运营效益	◆ 实行相对独立核算，资产配置优良 ◆ 收入结构合理，持续增长，人均收入水平处于同行、同类研究机构前列	
发展前景	◆ 对存在问题和发展瓶颈有清晰的认识和可行对策。发展目标和重点任务明确、合理，实施保障措施有效、完善	

四、依托单位省级工程技术研究中心建设与治理情况

（一）依托单位省级工程技术研究中心建设概况

依托单位—热科院自 2001 年开始组建海南省热带香料饮料作物工程技术研究中心以来，截至 2017 年年末，已建有省级工程技术研究中心 16 个，其中，海南省工程技术研究中心 11 个，广东省工程技术研究中心 5 个，具体名单，如表 6-16 所示。

表 6-16　热科院省级工程技术研究中心清单

序号	名称	批准部门及文号	依托单位
1	海南省热带香料饮料作物工程技术研究中心	海南省科技厅（琼科〔2001〕136 号）	热科院香饮所
2	海南省热带果树栽培工程技术研究中心	海南省科技厅（琼科〔2001〕136 号	热科院品资所
3	海南省热带草业工程技术研究中心	海南省科技厅（琼科函〔2009〕406 号）	热科院品资所
4	海南省热带作物病虫害生物防治工程技术研究中心	海南省科技厅（琼科函〔2009〕405 号）	热科院环植所
5	海南省热带生物质能源工程技术研究中心	海南省科技厅（琼科函〔2010〕142 号）	热科院生物所

（续表）

序号	名称	批准部门及文号	依托单位
6	海南省椰子深加工工程技术研究中心	海南省科技厅（琼科函〔2011〕8号）	热科院椰子所
7	海南省菠萝种质创新与利用工程技术中心	海南省科技厅（琼科函〔2012〕117号）	热科院南亚所 热科院农机所
8	海南省艾纳香工程技术研究中心	海南省科技厅（琼科函〔2013〕452号）	热科院品资所
9	广东省热带特色果树工程技术研究中心	广东省科技厅（粤函政字〔2013〕1589号）	热科院南亚所
10	海南省沉香工程技术研究中心	海南省科技厅（琼科函〔2014〕333号）	热科院生物所、海南香村实业有限公司
11	海南省热带观赏植物种质创新利用工程技术研究中心	海南省科技厅（琼科函〔2014〕403号）	热科院品资所
12	广东省特色热带作物产品加工工程技术研究中心	广东省科技厅（粤科函产学研字〔2014〕1090号）	热科院加工所
13	广东省菠萝叶工程技术研究中心	广东省科技厅（粤科函产学研字〔2015〕1487号）	热科院农机所
14	海南省香蕉健康种苗繁育工程技术研究中心	海南省科技厅（琼科函〔2016〕136号）	热作两院组培中心、热科院海口站
15	广东省旱作节水工程技术研究中心	广东省科技厅（粤科函产学研字〔2016〕176号）	热科院南亚所
16	广东省天然乳胶制品工程技术研究中心	广东省科技厅（粤科函产学研字〔2017〕1649号）	热科院加工所

各省级工程技术研究中心以加强科技创新、促进科技成果转化和产业化为核心，以建立产学研结合为突破口，通过优化配置工程中心与相关的科技资源，加快机制创新，增强工程中心创新能力和发展活力，提高现有科技成果的成熟性、配套性和工程化水平，推进农业科技与经济紧密结合的现代化科技创新基地和成果产业化基地的形成，推动工程化成果向热带农业辐射、转移与扩散，促进新兴产业的崛起和传统产业的升级改造，推动热带农业科技创新和热带农业经济的可持续发展。

（二）海南省热带香料饮料作物工程技术研究中心

海南省热带香料饮料作物工程技术研究中心于2001年7月批准组建，2001年9月通过验收，依托单位为中国热带农业科学院香料饮料研究所，主管部门为海南省科学技术厅。

1. 研究方向

中心以香料饮料作物产业发展和市场需求为导向、以农民增收为目的，瞄准国际科技前沿，主要从事香草兰、胡椒、咖啡、可可、苦丁茶、糯米香等热带香料饮料作物产业化配套技术研究。主要研发方向如下。

（1）种质资源收集保存、鉴定评价和创新利用。

种质资源收集保存、鉴定评价、进化与系统发育研究，常规与分子辅助育种、基因和蛋白质组学、基因工程育种。

（2）作物高效栽培理论与技术研究。

作物高效栽培技术、栽培生理、养分管理与施肥、土壤微生物与生物肥料研究。

（3）作物病虫害绿色防控技术研究。

主要病害绿色防控技术以及农业昆虫与害虫防治技术研究。

（4）产品加工原理与高值化创新技术研究。

香料作物加工特性、原理与创新技术研究，特色饮料作物加工技术研究、热带营养与功能风味食品加工技术研究以及产品质量安全和监控技术研究。

（5）热带作物工程化技术研发。

产地配套加工技术、配套加工设施和装备的集成创新与工程化、工程化产品质量安全研究。

2. 研发条件

（1）工作人员。

中心现有工作人员 197 人，其中，固定研究人员 55 人、管理人员 10 人、技术工人 102 人，营销人员 30 人。在现有研究人员中高级职称 29 人，研究生学历 41 人（其中，博士 15 人）。

（2）示范基地。

中心现有试验示范基地 740 亩、科研用房 6 126 平方米、热带香料饮料作物产品加工中试车间 4 230 平方米，配备种质资源数据工作站、电子鼻、电子舌感官分析系统等科研与中试设备 745 台/套，总值 5 424 万元。2011—2016 年共承担国家、省部级各类科研项目 166 项，获资助经费 5 262.28 万元。

3. 研发任务与成果

（1）热带香辛饮料作物优良品种选育。

通过对咖啡、胡椒、香草兰、可可等热带香辛饮料作物引种试种和系统育种法进行种质资源创制，培育出具有高产、优质、抗逆等优良性状的新品种，通过全国审定品种 3 个、海南省认定品种 4 个。其中，热研 1 号、热研 2 号咖啡品种豆粒大、品质好、抗锈病、适应性强。热研 3 号、热研 4 号咖啡产量表现优异，居世界领先水平，已成为我国咖啡主栽品种。热引 1 号胡椒经济周期长、产量高、品质优。热引 3 号香草兰投产早、产量高。热引 4 号可可产量高、品质优。通过示范推广，在海南、云南等种植区新增推广面积超过 9 万亩。

（2）海南热带经济林下复合栽培技术集成应用与示范。

通过对槟榔、椰子等热带主要经济林下复合栽培现状调查，优化了种植密度、配置方式、水肥管理、整形修剪、病虫害防控、土壤改良及采摘管理等 19 项关键技术；研究提出经济林下复合栽培配套技术 21 套和土壤改良技术 2 套；获授权发明专利 3 项，外观设计专利 1 项；在 11 个市县建立示范基地 51 个，面积 1 万亩。

（3）香草兰良种繁育及规范化规模化栽培技术研究。

开展了香草兰种苗生产、香草兰规范化生产、香草兰连作障碍消除和防落荚等关键技术研究，申请并获授权发明专利 1 项，制修订农业行业标准和地方标准各 1 项；建立种苗繁育和标准化生产示范基地 2 个，为香草兰推广种植良种化、生产管理规范化、基地建设生态化和产品绿色无公害化提供了技术支撑。

（4）咖啡优良品种及标准化栽培技术示范推广。

提出中粒种咖啡优良种苗繁育关键技术 1 项，嫁接成活率达 90% 以上；国内首次研发出以培育 2 年生一级分枝为主要结果枝的中粒种咖啡多干整形修剪法；总结出中粒种咖啡低产园芽接换种改造技术，芽接换冠成活率达 80% 以上；筛选出咖啡/香蕉、咖啡/槟榔 2 种适宜海南低海拔条件下的种植模式；建立优良品种增殖圃 2 个，面积 20 亩，实现年提供优良无性系芽条 3 万枝；建立标准化种植基地 2 个，面积 200 亩；获授权专利各 1 项，制定技术标准 4 项。

（5）病虫害综合防治技术研究。

重点开展香草兰疫病的生防菌防效试验与生防制剂研制，室内与大田农药筛选以及大田综合防治技术研究。其中，多项技术填补了国内外相关研究的空白，为我国香草兰产业发展提供了理论和技术支撑。在胡椒瘟病生物防治研究方面，主要对生防菌在胡椒根际定殖及其招募机理进行研究，对胡椒具有良好的防病和促生效果。明确了枯草芽孢杆菌具有很好的开发前景。

（6）热带特色香辛饮料作物产业技术研究与示范。

开展香草兰、胡椒、咖啡优良品种筛选、养分综合管理、高效栽培模式、病虫害安全高效防控、产品清洁高效加工和质量安全监控等关键技术研究。共选育出优良品种（系）20 多个，其中，审定、登记新品种 8 个；筛选出槟榔复合栽培胡椒等高效栽培模式 10 种，综合经济效益提高 30% 以上；研发出香草兰发酵生香等加工技术 3 套，设计研制胡椒脱皮等配套设备 5 套，实现机械化自动生产，加工周期缩短 70%，生产效率提高 30%，节水达 60% 以上。获授权发明专利 8 项、实用新型专利 7 项、软件著作权 4 项。

（7）可可系列产品研发、中试与示范。

突破了特色香料营养高效利用率低和风味协调稳定性差等加工关键技术难题；解决了海南香草兰、可可、咖啡和椰子等旅游产品特色不突出、产品附加值低等限制产业发展的瓶颈问题，总结出可可标准化生产加工的技术措施和方法，形成海南省地方标准 2 项，获授权国家发明专利 6 项，为我国可可系列产品标准化、规模化生产加工提供了技术支撑。

（8）胡椒复合调味品工程化加工技术研发。

研发出青胡椒粒、青胡椒粉和胡椒调味酱产品，并开展了工程化加工工艺研究，建设了中试生产线，开展了中试示范。提出胡椒低温热泵干燥技术和胡椒鲜果全果制备调味酱加工关键技术 2 项；研发出青胡椒粒、胡椒粉、黑胡椒酱和胡椒鲜果调味酱产品 4 种；制定加工技术规程 1 项，产品标准 1 项；建成胡椒加工生产线 1 条；中试加工胡椒产品 44.56 吨，产值达到 482.63 万元。

（9）香草兰精深加工关键技术及产品研发。

提出外源酶调控香草兰主要香气成分、微生物发酵香草兰等技术 6 项；研发出香水、香氛等系列产品 20 多种，制定加工技术规程 6 项，产品标准 1 项；建成香草兰加工生产线 2 条。行业使用率达 80% 以上，研制的香草兰系列产品提高了产品附加值与市场竞争力，为香草兰产业规模化生产与标准化加工提供了成熟配套的技术支撑。

4. 行业影响与贡献

（1）热带香辛饮料作物高效生产技术推广应用。

选育优良品种 7 个，结合"农业科技入户"示范工程、农业科技 110，在我国香辛饮料主产区海南、云南等省进行良种及栽培技术推广，良种覆盖率达到90%以上，技术普及率80%以上，累计示范面积4 785亩，辐射面积33万亩，单产提高20%，举办培训班47期，培训农技人员和农民3 500多人次，实现社会效益50亿元以上，显著提升热带香辛饮料作物产业的生产技术水平。其中，云南绿春县胡椒种植面积从1 000多亩发展到3万多亩，成为"云南胡椒之乡"；海南国营东昌农场胡椒种植面积达2.3万亩，成为"全国最大的胡椒生产基地"；云南省保山隆阳区潞江镇新寨村咖啡种植面积发展到1.5万多亩，成为"中国第一个万亩咖啡园"和"中国咖啡第一村"。

（2）复合栽培技术集成应用与示范。

联合了海南省农业科学院热带果树研究所、海南省农垦科学院、海南省林业科学研究所和澄迈福海热带作物种植专业合作社等9家科研院所与企业，开展了橡胶、椰子、槟榔经济林下复合栽培香料饮料作物、菌类、花卉和草本果蔬等模式和技术研究。19项关键技术在11个市县建立示范基地51个，面积1万亩，辐射推广面积5.21万亩；举办培训班86期，培训科技骨干及农户6 900人次，通过复合栽培技术集成推广项目的实施和辐射带动作用，直接或间接提供就业岗位3万个，农民增收15%以上、农业增效15%以上、综合经济效益提高20%以上。为海南林下经济发展提供了有力的技术支撑。

（3）热带特色香辛饮料作物产业技术研究与示范。

通过生产技术优化集成，在海南省、云南省等主产区推广新品种3万亩，建立示范基地10个，示范面积4 785公顷，辐射33万公顷，带动从业人员增加80%以上；通过集成配套工艺与装备，实现了技术工程化中试与产品规模化生产，现已在主要适宜种植区推广应用，累计实现经济效益8亿元以上，带动了产业技术升级，促进优势产业带形成，实现了由"小作物"向"大产业"转变，对促进农民增产增收和维护我国南部边疆繁荣稳定产生重大的社会效益。

（4）可可系列产品研发、中试与示范。

采用"科研院所+公司+基地+农户""科研院所+农户"等推广模式，向海南省生产企业和农户传授可可、香草兰和咖啡原料生产管理和初加工技术，科技成果推广覆盖面积达1 000公顷以上；向海南、江苏和上海等省市生产单位转化可可系列加工技术，转化产值年均达5 000万元以上，生产的系列产品比初产品产值提高10倍以上，大大提高可可系列产品的附加值，促进了周边种植、加工业的发展，起到较好的示范、辐射与带动作用。

（5）胡椒复合调味品工程化加工技术研发。

技术成果在海南兴科热带作物工程技术有限公司、海南兴科兴隆热带植物园开发有限公司、海南国营东昌农场、海南来发农业综合发展有限公司和广东粤花罐头食品进行了中试转化，2014 年和 2015 年共加工胡椒 40 多吨，产品上市销售后得到了消费者的喜爱。推广企业应用实现经济效益 1 000 多万元。

（6）香草兰精深加工关键技术及产品研发。

技术成果已在海南兴科热带作物工程技术有限公司、海南兴科兴隆热带植物园开发有限公司等企业推广应用，研制出香荚兰豆酊、浸膏、油树脂、精油等深加工产品、开发出香水、香氛、香薰等化妆品，巧克力糖果、配制酒、茶等特色产品近 20 余种 40 多种规格，并注册"兴科"牌商标，申请并获授权国家发明专利 13 项，创建自主品牌；2006 年至今，累计实现产品销售收入总额过 5 000 万元，创造社会效益 5 亿元以上，提供劳动就业人员 800 多人，社会经济效益显著。

（三）海南省热带果树栽培工程技术研究中心

海南省热带果树栽培工程技术研究中心于 2001 年 7 月批准组建，2004 年 4 月通过验收。依托单位为中国热带农业科学院热带作物品种资源研究所，主管部门为海南省科学技术厅。

1. 研发方向

中心主要从事热带果树种质资源创新利用和新品种培育、热带果树栽培分子生理学和栽培技术研究、热带果树产业化及关键技术研究。中心的目标是立足海南省的热带果树，坚持科研和生产相结合的方针，以应用基础研究和应用技术研究为主，传统技术手段和现代生物技术手段相结合，紧紧围绕热带果树产业中存在的重大问题开展工作，力争在热带果树种质资源创新、新品种培育、热带果树产业相关关键技术和产业化开发等方面有重大突破。

2. 研发条件

①中心面向海南省内外开放，现有人员 41 人，其中，固定人员 26 人，客座人员 15 人。现有科研人员中博士 12 人，高级职称人员 16 人。其中，博士研究生导师 1 人，硕士研究生导师 1 人。为提高该中心科技人员的科研水平，委派科技人员赴西南农业大学、华南农业大学、美国等国内外合作研究单位学习深造。支持中心科研人员赴美进行为期 1 年的访问研究，支持优秀青年研究人员赴基层

挂职锻炼。

②加大经费投入力度，不断更新和完善科研试验基地的基本设施，已逐步形成设施设备齐全、功能强大的科研试验基地。中心现在热科院儋州院区有科研试验基地 390 亩，在东方有基地 400 多亩。实验科研用房 1 776 平方米，包括组织培养室、分子生物学功能实验室、种质资源库、工具房等 900 平方米，果树栽培生理实验室、泵房等 400 平方米。建成设施塑料温室大棚 3 072 平方米。实验室条件建设得到很大的改善，中心现有人工气候室、多功能荧光酶标仪、凝胶成像及分析系统等仪器设备，价值约 420 万元。

③近 5 年，依托工程中心申报各类科研项目 200 余项，获批 124 项，总合同额达 3 226.9 万元。其中，国家级科技计划项目 21 项，合同总金额 714.3 万元；省部级各类科研课题 75 项，合同总金额 2 077.8 万元；自选课题 27 项，合同总金额 424.8 万元；另外，还有一项委托项目和一项国际合作项目。

3. 研发任务与成果

①该中心是全国从事热带果树研究的中心之一，由于地处我国的热区，在热带果树的研发方面具有得天独厚的优势，承担了大量省部级科研项目的实施。近 5 年来，承担国家及省部级等项目 100 余项；鉴定成果 1 项；获奖成果 5 项，其中，中华农业科技奖一等奖 1 项，科技成果转化一等奖 1 项，海南省科技进步一等奖 2 项，科技进步二等奖 1 项；认定审定植物新品种 8 个；获批专利 8 项；主持制定标准 4 项。

②由中心牵头的公益性芒果行业科技项目，围绕芒果产业的创建和升级，以促进农民增收为落脚点，联合热区主要科研单位，协作攻关，系统开展芒果种质资源研究、创新与利用，形成一批资源、品种、专利和技术及标准，并集成推广应用，为芒果种质资源的保护、高效利用提供物质和技术基础，促进芒果产业发展壮大和升级。建立统一的芒果种质资源收集、整理和保存技术体系，在海南、云南、广西、四川、广东、福建等 6 省区，联合开展芒果种质资源考察收集，查明国内芒果种质资源的地理分布和富集程度；建设的农业部芒果种质资源圃为我国目前保存种类和份数最多的芒果种质圃；建立统一的种质资源评价技术体系，对资源进行系统评价鉴定，从中筛选出优异种质，直接在生产上推广应用或作为育种材料；采取实生选择、自然芽变筛选和杂交等技术手段，有目的地创制部分优异种质作为优良育种材料；通过评价筛选、实生选种、芽变选种、杂交育种等技术手段选育优良新品种，并研发配套种苗生产技术，实现良种良法推广应用。

整合了全国芒果科研力量，在病虫害防治、产期调节、配方施肥和采后处理等方面都达到了国际先进水平。

③一些阶段性成果和实用新技术的实施应用，如控释氮配方肥的最佳施肥次数及控释氮比例及其对香蕉生长发育、产期、产量、氮肥利用率等的影响，筛选适宜香蕉生长的控释氮配方肥的施用技术，建立海南北部香蕉轻简、合理、高效的施肥模式等；在热带果树生产和栽培上取得显著的经济和社会效益。

4. 行业影响与贡献

①芒果行业科技、荔枝龙眼产业体系及香蕉产业体系的实施，从产业的产前、产中、产后各关键环节开展技术研发，促进了行业整体技术水平的提高，在主产区建立示范基地、培植示范户、举办培训班，将品种更新、产期调节、套袋、合理施肥、病虫害防治、采后处理等技术示范推广，带动、辐射周边地区，取得良好的效果。减低了芒果生产成本，降低了农药残留，提升了产品质量安全水平，商品果率提高了 20% 以上。研发了芒果采后热处理、气调保鲜等采后保鲜技术，将促进芒果产业的可持续发展；荔枝龙眼在产区进行高接换种和反季节龙眼技术推广，收到了良好的社会效益；香蕉专用肥的研发极大地改善了种植户指导性用肥的效率；腰果栽培技术已经走出国门，在新时期"一带一路"的影响下更是起到了我国与各热区国家的链接纽带作用。

②中心经常与世界上主要的热带果树研发单位进行科研合作与交流，如美国佛罗里达大学、泰国农业大学、巴基斯坦农业大学等，也和国内主要热带果树研究机构和科教单位开展合作，如海南大学、广西大学、华南农业大学、福建农林大学、华侨大学、云南省农科院、海南省农科院、广西农科院和福建农科院等单位，及时把握我国热带果树产业存在的问题，并针对问题开展研究，对我国热带水果产业升级起到积极的推动作用。

近 5 年来，中心组织各类学术研讨会 50 余次，其中，主办会议 30 次，承办会议 5 次，邀请国内外专家作学术报告 8 场次，组织科研人员参加国内外学术交流 55 场次，参加人员 270 人次；组织专家进行科技下乡活动 70 余人次，组织技术培训 20 余场次，培训农民及技术骨干逾 2 000 人次。培养硕士研究生 12 人、博士研究生 1 人。

（四）海南省热带生物质能源工程技术研究中心

海南省热带生物质能源工程技术研究中心于 2006 年 9 月批准组建，2009 年

11 月通过验收。依托单位中国热带农业科学院热带生物技术研究所，主管部门为海南省科学技术厅。

1. 研发方向

中心旨在充分利用热带特有生物资源，整合工程化相关研究力量，积极争取国家资源，发展生物能源品种及产品技术，建立一流的生物能源技术孵化平台，并通过与企业的横向联合，建立新型能源产业，带动海南热带农业产业发展。

主要研发方向：热带能源植物资源收集、保存及其能效评价；能源植物高能效分子机理研究；主要能源植物的遗传改良；能源植物在环境修复领域的应用；生物质燃料的转化技术。

2. 研发条件

中心现有技术人员 25 人，其中，固定人员 20 人，流动人员 5 人；高级职称 20 人，中级职称 4 人。试验区建筑面积 600 平方米以上，拥有试验基地 500 亩。大中型仪器设备有品质成分分析类仪器、显微探头调制叶绿素荧光成像系统、便携式光合测定仪、氢分析仪等 80 台件，固定资产总值 1 800 万元。

3. 研发任务与成果

①中心近 5 年收集保存木薯、甘蔗、微藻、浮萍、小桐子等能源植物种质资源 2 000 多份。建立了能源浮萍、能源微藻种质资源库，获授权国家发明专利 6 件。

②甘蔗脱毒健康种苗及其配套栽培技术。培育的甘蔗脱毒健康种苗具有生长速度快、分蘖力强、成茎率高、产量高、用种量少等优点，增产效果显著。甘蔗健康种苗及其配套栽培技术能短时期内快速提高甘蔗单产和总产。

③新型能源植物浮萍研究取得突破性成果。在昆明利用少根紫萍净化滇池污水，在达标排放的同时，还创造了每亩水面生产 800 千克淀粉的成绩。通过污水梯级净化，少根紫萍淀粉含量最高达到 76%，创造了浮萍最高淀粉含量纪录。在海南利用浮萍净化市政废水、罗非鱼养殖废水以及橡胶加工废水也取得显著成效，其中，利用跑道池环流设施和市政废水养殖浮萍，达到每亩 20 吨浮萍（鲜重）的产量，若加以改良，将会取得更大的成效。浮萍生物质制备乙醇和丁醇以及饲料的研究也取得显著进展。

4. 行业影响与贡献

①中心建成了物种资源最齐全的浮萍种质资源库以及微藻种质资源库，已为国内外科研人员提供种质资源 20 份。甘蔗健康种苗 5 年来累计推广面积 100 万亩以上。

②利用能源浮萍梯级净化污水，创造了每亩 800 千克淀粉的年产量记录。浮萍在畜禽生态养殖示范方面进展顺利。

③甘蔗脱毒健康种苗及其配套栽培技术在全国主要蔗区进行大面积示范和推广，取得了良好的经济和社会效益。该成果还成功地转让给企业使用，进一步加快科技成果转化的步伐，更好地为服务"三农"作贡献。甘蔗健康种苗 5 年来累计推广面积 100 万亩以上，按照 15%增产效果计，社会经济效益在 3 亿元以上。

（五）海南省椰子深加工工程技术研究中心

海南省椰子深加工工程技术研究中心于 2009 年 9 月批准组建，2011 年 1 月通过验收，依托单位中国热带农业科学院椰子研究所、文昌市春光食品有限公司，主管部门为海南省科学技术厅。

1. 研发方向

根据海南经济和社会发展需要及椰子加工产业现状，确定了以下 4 个研究方向。

①针对椰子功能活性及加工特性，开发高附加值椰子产品：充分利用两个依托单位优势，深入挖掘椰子的利用价值，开发高附加值产品。

②对制约海南椰子加工业健康发展的关键共性问题进行集中攻关和示范，促进企业生产效率和产业竞争力的提高，促进产业改造和升级。

③研究椰子加工副产物的综合利用途径，减少废弃物的排放，如研究椰子水、椰子种皮、椰衣、椰糠的深加工技术，为由粗放加工向精细加工转变提供依据和技术支撑。

④完善椰子加工质量控制体系，建立和完善椰子加工标准体系和产品质量检测体系，促进抵御市场风险能力，提高技术水平。

2. 研发条件

①中心是我国唯一的椰子研究专业机构，拥有一支技术力量雄厚、经验丰富

的科技开发队伍。专门从事椰子产品综合加工技术研究的技术人员中拥有高级职称人员7人、中级职称人员8人，技术人员3人，其中，拥有硕士学历以上人员14人，培养研究生15人。

②2011—2016年，承担科研项目15项，其中，省部级以上和国际合作项目12项，包括国家重要成果转化项目、公益性行业科技、海南省重大科技专项、海南省工程中心专项等。建立2个工程化研发与中试基地：国家重要热带作物工程技术研究中心椰子油加工基地和椰子产品综合加工中试工厂。科研设备投入资金3 000万元，其中，单价在20万元以上的科研仪器设备达到42台（套）。

3. 研发任务与成果

2011—2016年，获奖成果4项："椰子生产全程质量控制技术研究与应用"（2013年海南省科技进步奖三等奖）、"椰衣栽培介质产品开发关键技术研究、示范与推广"（2013年全国农牧渔业丰收奖一等奖）、"天然椰子油湿法加工工艺改进及产品研发"（2013年中国粮油学会科学技术三等奖）、"椰衣栽培介质产品开发及推广利用"（2013年海南省成果转化二等奖）。授权专利3项，出版专著1部；授权专利17项，其中，国内发明专利12项；制定行业标准2项。

（1）同时生产天然椰子油和低脂椰子汁的方法。

该技术可在不改变原油椰子汁生产线而增加部分设备的情况下，采用离心分离法从新鲜椰奶中同时获得粗制椰子油和椰子乳清，经干燥除水和调配后分别得到成品天然椰子油和成品低脂椰子汁。

（2）中链脂肪酸甘油三酯（MCT）产品开发。

以椰子油为原料，利用生物酶水解、酯化合成、蒸馏纯化、精炼等多项技术，将椰子油中的主要功能成分MCT进行分离纯化，开发出纯度高达99.6%的MCT产品。MCT作为椰子油的二代升级产品，具有快速补充人体能量的特性，可以在减肥食品、保健食品、化妆品、医药等多个领域具有高效的应用。

（3）新鲜椰肉保鲜技术。

该技术主要解决新鲜椰肉在贮藏过程中极易发生变质的问题，可将椰肉贮藏期由3天提升至3个月以上。该技术的突破，能够改变我国椰子的进口方式，使传统的进口椰子果改为进口新鲜椰肉，提升运输效率，降低我国椰肉的供应成本。

（4）椰子水饮料系列产品开发。

针对椰子水加工，已有成熟的天然椰子水色变和味变控制技术，掌握椰子水浓缩技术；开发了100%天然嫩椰子水饮料、100%天然老椰子水饮料、水果复合椰子水饮料和复原椰子水饮料等，保质期达12个月。

4. 行业影响与贡献

我国拥有比较完善的椰子加工产业链，椰子综合加工利用技术已居国际先进水平，但目前我国的椰子加工企业，在椰子产品加工总体技术水平、科技含量、技术创新、生产规模和质量等方面与菲律宾、马来西亚和泰国等椰子主产国相比还有很大差距，仍有很大的升值空间可挖掘。中心的建设，为科研机构与企业之间提供了一个产学研相结合的技术创新平台，既可解决由于企业的科技人员不足，自主研发创新力量有限的问题，又可解决科研机构由于研发工作脱离实际，研究课题与市场需求脱钩，科技成果转化率低的问题，有效地促进我国椰子产业的可持续发展。

近年来，椰子研究所在椰子食品加工工艺方面进行了广泛的研究，在酶法提取天然椰子油的工艺、无（低）硫糖渍椰肉加工工艺、椰花汁采集及保鲜工艺、同时生产天然椰子油和低脂椰子汁工艺、中链脂肪酸甘油三酯（MCT）生产工艺以及椰子水饮料系列产品开发等方面进行了深入的研究，为产业示范及成果推广提供支持。代表我国在椰子研究领域与国外进行广泛的交流和合作，与 IPGRI（国际植物基因资源研究）、APCC（亚太椰子共同体）、FAO（联合国粮农组织）、COGENT（椰子基因资源网络）、IRHO（法国油脂油料研究所）等国外椰子专业组织进行不同程度的学术、技术和人员交流，加快我国椰子技术走出去。

（六）海南省热带草业工程技术研究中心

海南省热带草业工程技术中心于2009年11月批准组建，2012年6月通过验收，依托单位中国热带农业科学院热带作物品种资源研究所，主管部门为海南省科学技术厅。

1. 研发方向

中心定位在我国热带牧草行业建立一个具有集成组装、消化吸收、研究开发、传播辐射、人才培育功能的工程技术中心。研发方向以热带、亚热带地区丰富的牧草种质资源研究为基础，以牧草种质改良研究为核心，并对其相关配套技术进行集成开发研究。

2. 研发条件

（1）人才队伍发展。

中心现有人员 38 人，其中，高级职称 16 人，中级职称 20 人。

（2）设施设备等条件建设。

中心设施设备条件主要为依托单位设施设备，拥有仪器设备 40 台，价值 395 万元。

（3）研发投入。

中心研发投入主要来源于国家、省部级相关项目经费，并按照项目管理办法执行。

3. 研发任务与成果

中心在依托单位的支持下，承担草种质资源保护、国家牧草产业技术体系岗位、973 专项等任务，获中华农业科技进步奖一等奖 1 项，二等奖 1 项；授权国内发明专利 5 项，实用新型专利 2 项，植物新品种 1 个。代表性成果如下。

（1）热研 4 号王草选育及产业化推广利用。

热研 4 号王草生产性能好，相关配套技术熟化程度高，为现代畜牧业发展提供了重要的物质基础和技术支撑。

（2）柱花草种质创新及利用。

针对我国热带、亚热带地区生态安全和产业需求，广泛收集了柱花草种质资源，构建了育种技术体系，培育出新品种，研发和集成相关技术，为草畜发展提供了技术支撑。该项成果体达到同类研究国际先进水平。

4. 行业影响与贡献

（1）为热区畜牧产业的可持续发展提供饲草品种支撑。

我国多数热带牧草种质的利用尚停留在原始品系的直接筛选利用或引用国外优良品种阶段，缺乏具有自主知识产权的新品种，因而，导致了生产上急需的抗病虫、抗逆性强的新品种缺乏；新品种的推广具有较大的盲目性，缺乏针对性，与市场需求吻合性差。中心建设为热带牧草种质改良及其配套工程技术研究开发提供了平台，对我国热带牧草资源进行深入、系统地研究，利用优良种质，培育新品种，改良现有推广品种，改善品质，提高商业利用价值等方面具有积极的推动作用，从而为热区畜牧产业的可持续发展提供饲草品种支撑。

（2）为热带草业的可持续发展提供技术支持。

热带草业为我国热带农业的可持续发展提供新的经济增长点，同时，也是我国能源结构多元化调整的物质保障，更是热带地区，特别是边远山区农民增收、加快脱贫致富的一大重要手段。21 世纪我国热带农业可持续发展，以及热区农民生活质量的提高，将主要依托热带作物产业的不断发展与升级，而草地畜牧业是农业可持续发展的重要模式，但相对于大宗农作物而言，我国热带草业科研基础差，热带草业产业化、标准化、现代化水平较低，一些关键技术有待突破。中心从草种质的研究到草品种的利用，对热带草业的熟化发展提供了平台，同时，热带草业的发展亦促进了热带作物产业的可持续发展。

（3）为热带草业培养大批人才。

中心实行开放服务，接受国家、行业或部门、地方以及企业、科研机构和高等院校等单位委托的工程技术研究、设计和试验任务，并为其提供技术咨询服务。在人才建设上，除设立流动岗聘用优秀中高级人才之外，还制定了研究人员的再深造学习制度，鼓励中心研究人员攻读高学位，提升本部研究人员的理论水平和科研能力。采取多种政策鼓励应、往届的本科毕业生报考本单位的研究生，培养适合热区农业发展的高层次人才。

（七）海南省热带作物病虫害生物防治工程技术研究中心

海南省热带作物病虫害生物防治工程技术研究中心于 2009 年 12 月批准组建，2014 年 4 月通过验收，依托单位为中国热带农业科学院环境与植物保护研究所，主管部门为海南省科学技术厅。

1. 研发方向

中心紧紧围绕热带作物重要害虫防控科技问题与技术需求，瞄准生物防治研究前沿与发展趋势，以提升科技自主创新能力和科技服务水平为主线，以绿色植保技术与产品的研发创制为重要导向，以提升热带作物病虫害生物防治理论研究水平、服务"三农"实力和为我国热区农业农村经济、社会的发展提供科技支撑为主要目标，创建科研、孵化、生产、开发一条龙的产业化工程体系，搭建产业与科研之间的"桥梁"，逐步将中心发展成为一个集产研学为一体的天敌、生防微生物、信息素、抗性种苗、生物农药等病虫害生物防治技术体系的研发、成果转化和人才培养基地，为保障我国热带农产品安全供给与产地环境安全提供强有力的科技支撑。主要研发方向如下。

（1）天敌昆虫资源开发与应用。

重点开展热区天敌昆虫资源系统收集与保存，天敌昆虫资源鉴定、功能评价与风险评估，天敌昆虫产品研发与生防技术推广应用。

（2）生防微生物资源开发与应用。

重点开展热区生防微生物资源系统收集与保存，生防微生物资源鉴定、功能评价与风险评估，生防微生物产品研发与生防技术推广应用。

（3）昆虫信息素资源开发与应用。

开展昆虫信息素资源的收集、鉴定、功能评价及引诱关键技术研究，研发切实有效的害虫引诱产品。

（4）抗性种苗、生物药剂等其他生防资源开发与应用。

重点开展不同栽培模式抗性健康种苗培育防灾减灾关键技术、合理间套作防灾减灾关键技术、生物药剂毒饵诱杀关键技术、生物农药有效靶标关键技术等研究。

2. 研发条件

（1）人员配备及到岗情况。

中心工作人员30人，配备主任1人，副主任1人，其他固定科技人员26人。在固定研究人员中，高级职称25人，博士以上学位人员19人；客座人员2人。

（2）人才引进与培养。

中心研究生导师人数增加为25人，培养和正在培养的博士研究生达10人，硕士研究生136人。此外，积极组织人员出国进行学习与考察，2011—2016年相继派出60人次参加美国、德国、加拿大、澳大利亚、越南、印度等境外培训与实地考察。

（3）设施装备等条件建设。

中心支撑环境与配套设施良好，已拥有气相色谱仪、高效液相色谱仪等国内外先进的仪器设备，仪器设备总价值达1 300多万元，其中，价值在10万元以上的仪器设备11台/件。另外，中心已建成200平方米实验室，1个40平方米隔离圃，1个60平方米的隔离实验室，1个226平方米的天敌繁殖工厂，1个977平方米温室大棚，1个25亩的有害生物防控试验基地和6个研发基地（天敌等繁育工厂、生防微生物资源开发基地、昆虫信息素资源开发基地、抗性种苗繁育基地、生物药剂研发基地、生防菌肥研发基地）。

（4）研发投入。

2011—2016 年，工程中心共承担省部级项目 145 项，到位经费共计 9 905万元。通过项目的有效实施，有效解决了热带作物安全高效规模化生产与病虫害安全有效绿色防控之间的矛盾，达到产品安全高效生产、害虫有效绿色防控、产地生态环境安全和农民增产增收四重效果。

3. 研发任务与成果

通过 2011—2016 年的运行，中心获得海南省科学技术奖 25 项，其中一等奖 4 项、二等奖 10 项、三等奖 11 项；获授权专利 82 项，制订或修订各类标准 30 项，为我省热带作物病虫害可持续控制提供技术支撑。代表性成果如下。

（1）剑麻斑马纹病病原生物学、遗传多态性及防治技术研究。

采用室内毒力测定及田间药效试验相结合，开展多种杀菌剂对剑麻斑马纹病的药剂筛选，防效达 90%左右；利用不同的农业栽培措施防控剑麻斑马纹病，构建斑马纹病综合防控体系。利用斑马纹病强致病力菌株筛选 11 种高抗剑麻种质，4 种中抗剑麻种质。

（2）抗蚜辣椒品种的挖掘及其创新利用与示范。

该成果针对生产实际需求，采用离中率方法建立了切实可行的辣椒抗蚜性评价标准，提高了抗压性评价方法的稳定性，筛选出抗性稳定的抗、感蚜虫辣椒品种。该成果整体达到同类研究国内领先水平，在辣椒抗蚜性评级标准和抗性机理等研究方面达到了国际先进水平。

（3）重要入侵害虫螺旋粉虱监测与控制的基础和关键技术研究及应用。

筛选出高效氯氰菊酯、啶虫脒和毒死蜱等多种高效低毒的化学防治药剂，集成了以化学防治为主的螺旋粉虱应急防控技术体系，编制形成了螺旋粉虱应急防控技术规范，为螺旋粉虱的应急防控提供了技术支撑。

（4）橡胶树重要叶部病害检测、监测与控制技术研究。

建立棒孢霉落叶病监测技术；构建遗传转化体系，建立抗病性评价方法，建立多主棒孢病菌毒素分离与纯化技术；研发出中试产品"保叶清"，并进行技术示范与应用，取得良好防效。

（5）木薯、瓜菜地下害虫绿色防控关键技术研究与示范。

研发出木薯种茎和瓜菜种苗根无害化药剂处理及土坑诱杀木薯地下害虫与土坑毒饵诱杀瓜菜地下害虫防灾减灾轻简化实用技术；设计 1 种木薯地下害虫成虫诱捕器；研发出环境友好复合型中试药剂"扫虫光"及其靶标技术；研发出木

薯、瓜菜地下害虫绿色综合防控技术。

（6）热带作物几种重要病虫害绿色生防化防技术研究与应用。

研发了以微生物菌剂防控为核心的绿色生物防控新技术；形成了以绿僵菌、拟青霉为主的多种剂型研发体系，研制出粉剂、细粒剂等6种生防产品，获得菌肥登记产品1个；研发了以农药新剂型为核心的环保化学防控新技术，申请专利17项，获授权2项；获登记的产品19个，研制出6种微生物中试产品，5项生防真菌中试发酵工艺。

（7）重要入侵害虫红棕象甲防控基础与关键技术研究及应用。

研制出红棕象甲聚集信息素微胶囊引诱剂、诱芯及诱捕器；筛选出4种对红棕象甲幼虫防效优良的药剂及混剂配方，并明确了其最佳施药方法；研制出防效较好的剂型、传菌装置及使用方法。

（8）热带作物几种重要病虫害绿色防控技术研究与应用。

研发了以微生物菌剂防控为核心的绿色生物防控新技术，形成了以绿僵菌、拟青霉为主的多种剂型研发体系，研制出粉剂、细粒剂等6种生防产品，获得菌肥登记产品1个；研发以农药新剂型为核心的环保化学防控新技术。

（9）香蕉枯萎病生防内生菌资源的收集、评价与利用研究。

建立 BEB99 和 HND5 菌株回接香蕉种苗技术，并结合利用微生物和植物组织培养技术建立了一套香蕉生防种苗工厂化生产及应用技术。获授权国家发明专利4件。

（10）海南岛珍稀水果病害调查、病原鉴定及防治技术研究与应用。

弄清了16种海南岛珍稀水果病害及其病原菌的种类，明确了10种病原菌的生物学特性；建立了2种珍稀水果种质资源的抗病性鉴定方法，并筛选出一批抗病材料；示范推广了6种珍稀水果病害综合防治技术；制定了2项珍稀水果病害防治技术规程。

（11）重要入侵害虫螺旋粉虱检测、监测与控制技术研究与应用。

研制出黄绿色诱板、诱瓶和 LED 诱灯等3种监测产品；研发出以新药剂筛选与创制为重点的螺旋粉虱应急防控技术及以利用哥德恩蚜小蜂、草蛉和蜡蚧轮枝菌等天敌及生防菌为主的生物防治技术；首次构建起螺旋粉虱的防控技术体系。获得专利9项；制定行业标准1项；登记农药产品1项，天敌产品注册商标1种。

（12）几种热带瓜菜重要害虫绿色综合防控技术研究与示范。

针对性研发出10个新农药、5项成功阻断害虫发生与传播危害轻简化技术和 3 套绿色综合防控技术，获授权国家发明专利 6 件和实用新型专利 1 件，制定企业标准 10 项。

（13）芒果重要病害防控基础与关键技术研究及应用。

研发了炭疽病菌的多重巢式 PCR 检测方法、细菌性黑斑病菌的 PCR 检测方法、畸形病菌的巢式 PCR 和 RealAmp 2 种检测方法，并制定农业行业标准 1 项；获得 4 种重要病害防治药剂和新增效配方 13 个；获得炭疽病诱抗剂配方 3 个，研制生防制剂 1 种；申请发明专利 3 件。

（14）高效耐热淡紫拟青霉 E7 菌肥的研发与推广应用。

发明了以甘蔗渣为载体、几丁质为选择性培养的高温高湿规模化原位灭菌和液固发酵新工艺，研发了激活 E7 萌发和有效成分分泌的田间营养液，商品名为绿农林 51B，获防控根结线虫的 E7 菌株微生物菌剂登记证。

4. 行业影响与贡献

中心深入开展热带作物病虫害生物防治基础与技术研究，在天敌昆虫资源开发与应用、生防微生物资源开发与应用、抗性种苗、生物药剂、生防菌肥开发与应用等领域取得重要突破，整体处于国际先进或领先水平，成为我省热带作物病虫害生物防治理论与技术研究、对外开放共享和交流合作的核心基地。行业影响与贡献如下。

（1）天敌昆虫资源开发与应用。

构建了完整的寄生蜂防治椰心叶甲研究技术体系，在引进和利用天敌寄生蜂防控椰心叶甲技术领域走在了世界前列。建立了 4 个椰心叶甲引进天敌寄生蜂繁育工厂，日产蜂 200 万头，在海南各市县椰心叶甲主要发生乡镇选点示范、推广与应用，累积释放椰心叶甲天敌寄生蜂量达 26 亿头，放蜂面积 150 多万亩，持续控制面积达 112 多万亩，防治效果达 70% 以上，椰心叶甲的为害已得到有效控制。

（2）生防微生物资源开发与应用。

通过对香蕉枯萎病的生防技术研发，建立了香蕉内生细菌的应用技术，从植保技术上保障香蕉生产的顺利发展，提高香蕉产业的经济效益，增加蕉农及相关加工、运输行业从业人员的收入水平，具有巨大的社会效益和经济效益，而且还可减少化学农药的使用，保障生态安全。研发出高效、安全、针对性强、兼防香蕉其他土传病害的菌剂新配方和环境保护新剂型，有效改良土壤微生态环境，避免盲目和片面使用化学用药导致生态环境的污染和破坏。

（3）抗性种苗与生物药剂开发与应用。

筛选出适应性强、控害效果好和具有良好应用开发前景的辣椒抗蚜性品种及橡胶、木薯、西瓜和芒果等生物药剂资源，并通过试验示范促进了抗性种苗、生物药剂、生防菌肥及其防灾减灾技术推广应用。阿维菌素抗药性分子快速检测及综合治理技术研发，2011—2013年累计应用与推广面积约6.6万亩，防治效果达90%以上，有效解决了海南棉铃虫对阿维菌素的抗药性治理问题和阿维菌素在热带瓜菜生产中的可持续利用问题，取得了良好的经济、生态和社会效益。

（八）海南省菠萝种质创新与利用工程技术中心

海南省菠萝种质创新与利用工程技术中心于2012年3月批准组建，2014年8月通过验收，依托单位为中国热带农业科学院南亚热带作物研究所和中国热带农业科学院农业机械研究所，主管部门为海南省科学技术厅。

1. 研发方向

中心主要任务是将近年来我国菠萝科研在品种选育及栽培技术、贮藏保鲜技术、综合利用技术等方面的成果，通过进一步的研发配套组装集成，进行中试，发现产业发展中的关键性问题，开展针对性的研发，为海南菠萝产业的发展提供技术支撑。

2. 研发条件

①在团队建设上，中心人员固定人员23人，高级专业技术职称人员13人（研究员3人）；博士后1人，博士7人，硕士10人，中高级熟练技工6人。在人才培养上，引进留学研修回国人员2人，1人赴澳大利亚攻读博士学位。

②中心2012—2016年项目总经费1 720余万元，具备从事菠萝种质创新与利用工程技术研发的基础条件，能较好地完成研发任务。2012年以来购置仪器设备23件套，共900余万元。

3. 研发任务与成果

中心在菠萝种质资源筛选与种质创新、栽培技术、良种繁育技术等方面取得突破，杂交育种、催花、育苗技术等获国家授权发明专利技术。中心围绕纤维提取技术、精细化处理技术及装备等开展工作，研发试制了小批量菠萝叶纤维粘胶产品，提高了菠萝叶纤维纺织产品的档次。获奖成果4项：获农业部农业科技进步二奖 1 项：菠萝产期调节与品质调控的研究与应用（2015）；获广东省科学技术奖三等奖 1 项：菠萝叶纤维精细化纺织加工关键技术研发与产业化（2014 年）；获湛江市科学技术奖一等奖 1 项：菠萝叶纤维精细化纺织加工关键技术研究与开发（2012 年）；获湛江市科学技术奖三等奖 1 项：加工型菠萝新品种栽培技术研究及其产业化（2014 年）。

（1）种质利用。

从引进菠萝种质资源中选育出：MD-2、台农 16、台农 17 等优良种质，已在海南各地较大面积生产应用，表现良好。其中 MD-2 由于其品质优、货架期长、耐贮运性强，效益优势表现明显。台农 16、台农 17 是早年引种至海南的优质品种，由中心研发并配套以催花技术为核心的栽培技术，在海南省大面积推广和应用。

（2）栽培技术研发。

研发叶芽插育苗法，较快的培育壮苗，为广大种植户等提供了 MD-2 等种苗。针对 MD-2、台农 16、台农 17 等优良品种，研究其产期调节技术和安全催花技术。针对 MD-2 的心腐病，采用综合防控，取得了良好的效果。通过肥水等栽培管理技术，合理使用微量元素、植物激素促进果实品质的形成，增加果实的香气，提高风味。

（3）综合利用技术研究。

集中于菠萝叶纤维提取设备定型及样机试验，菠萝叶纤维分选处理设备定型，菠萝叶纤维细度分选机的生产试验，菠萝叶纤维脱胶试验工艺中试及生产性试验菠萝叶纤维纺织工艺技术研究与产品研发中试，目前将菠萝叶纤维及其粘胶纤维与不同材料进行混纺，研发试制出了多种纺织新产品。

4. 行业影响与贡献

①MD-2 等新品种和配套技术的应用，促进了菠萝产业品种结构的调整和升级，品质提高，产期拉长，效益收入增加，提高了海南省菠萝产业的竞争力，促进了农村经济和社会的稳定，增加了城乡人民的优质果品供应。

②综合利用技术的应用，每亩可提取纤维 75 千克，以海南省 20 万亩计，纤维年产量 1.5 万吨，价值 7.5 亿元；还可生产青贮饲料 60 万吨或有机肥 80 万吨，或生产沼气 0.4 亿立方米，满足 40 多万人的沼气需要，对延长菠萝产业链、提升产业科技水平、实现农业增效、农民增收具有重要意义。

③菠萝叶纤维由于具有天然杀菌、除臭、驱螨、吸放湿性强、导热性好、柔

软细腻的特殊优点，是一种具有优异特性的天然纺织原料，在开发服用、家用、保健及医用纺织品方面具有良好的市场前景。中国是纺织大国，纺织原料需求巨大，菠萝叶纤维因其特有的性能，具有明显的优势。

④生态效益明显。优良新品种及配套栽培技术的应用，减少了农民农用化学物质的滥施，减少了对土壤环境和生态的不良影响。叶纤维的综合利用，节省土地资源，在不新增农业用地的情况下，每年可为纺织行业提供新型纤维 1.5 万吨，相当于 40 万亩亚麻或 20 万亩棉田纤维产量，节省宝贵土地资源。将农业废弃物进行有效综合开发，研制了系列特色产品，获得了良好的经济、社会和生态效益。

⑤培养博士及硕士研究生共 8 人，华中农业大学博士 1 人、硕士 5 人，海南大学硕士 1 人，黑龙江八一农垦大学硕士 1 人。在国内菠萝主产区推广优良品种、栽培新技术、应用菠萝叶纤维提取加工和叶渣利用技术等，培训农民 3 000多人次。

（九）海南省艾纳香工程技术研究中心

海南省艾纳香工程技术研究中心于 2013 年 9 月批准组建，依托单位为中国热带农业科学院热带作物品种资源研究所，主管部门为海南省科学技术厅。

1. 研发方向

（1）艾纳香种质资源的收集、保存、鉴定与评价。

着重对国内外艾纳香及其近缘种属药用植物资源进行考察、收集、保存与评价，并应用现代生物技术和生态学的研究手段对国内外艾纳香进行濒危机制、离体快繁、人工抚育等方面的研究。

（2）艾纳香良种选育与种子种苗生产工程技术研究。

以常规选育为基础，结合转基因、多倍体育种、太空育种及分子标记辅助育种等技术，选育适宜不同生产目的具有特定优良性状的栽培品种，并利用组培快繁技术、脱毒微繁技术、克隆种苗繁育技术、优质种子苗繁育技术等技术手段与方法实现艾纳香良种的快速繁育与品种推广。

（3）艾纳香 GAP 规范化生产技术研究。

解决艾纳香 GAP 规范化生产中的关键技术问题，建立规范的生产技术体系，开发规范化生产过程控制的相关配套产品；加强中药材规范化生产关键技术的集成，实现对主要生产环节的科学控制，培育出"安全、有效、稳定、可控"的药材，达到艾纳香药材定向培育的目的。

（4）艾纳香加工关键技术研究与集成应用。

对艾纳香药效物质提取加工关键技术、生产工艺及配套加工设备进行研究，实现艾纳香提取加工关键技术的突破和产业延伸，以满足医药企业对特色艾纳香原料药材的需求，为我国热带特色作物农产品加工业和艾纳香产业的发展提供技术支撑。

2. 研发条件

（1）中心现有研究人员 30 人，其中，高级研究人员 12 人，中级职称人员 12 人，初级职称 6 人；博士 12 人，博士生导师 4 人，硕士生导师 8 人，已招收硕、博研究生 50 余人，在读 13 人，为中心项目的具体实施提供了良好的知识人才结构和高素质的科研人员。

（2）中心具备相应的分子生物学实验室、植物化学实验室、遗传育种实验室、组织培养中心等专业实验室。资源研究的相关仪器设备和条件装备齐全，如台式高速离心机、PCR 仪等大型仪器和设备，为中心的建设提供了各种先进的试验场所和试验设备。

（3）近 3 年来，该中心承担了包括国家自然科学基金，贵州省重大专项，海南省科技合作项目、海南省中药现代化及海南省基金等国家及省部级科研项目 7 项，实施产学研合作项目 10 余项，科研经费 661 万元。

3. 研发任务与成果

中心重点开展种质资源收集评价与遗传改良、GAP 规范化栽培、提取加工工艺优化、功能性产品研发、示范与推广等多方面综合研究，以系统收集国内外艾纳香植物资源、建立艾纳香植物种质圃和植物资源数据库为基础，通过种质资源评价、改良、规范化栽培、功能性产品、推广和示范，建立和健全海南艾纳香种质资源安全保存和高效利用的模式，更好地为国家种质资源尤其是药用植物种质保护，海南艾纳香的国家化、现代化进程和热带农业的可持续发展服务。

（1）艾纳香种质资源收集与评价。

对国内外艾纳香等热带药用作物资源进行收集、保存与评价，现已建成南药种质资源圃 1 个，收集保存药用作物资源 2 000 余份；艾纳香种质资源保存圃 1 个，收集保存艾纳香国内外种质资源 50 余份，艾纳香近缘种质 30 余份，并利用分子标记技术、形态筛选、选育种等对资源进行了深入研究与拓展。

（2）艾纳香规范化生产技术研究与示范推广。

研究艾纳香药材质量形成的机制及定向培育技术，解决艾纳香 GAP 规范化生产中的关键技术问题，累计推广艾纳香种植 20 余万亩，累计增加经济效益 1.2 亿元。

（3）艾纳香提取加工技术集成。

研发艾纳香专利加工设备 2 台套，首次实现了艾纳香高产、高效节能的工业化生产。将艾纳香加工效率提高了 50%，综合能耗降低了 40%，可实现每亩产值提高 600 元，技术成果已在贵州宏宇药业开发有限公司、贵州艾源生态药业开发有限公司及贵州、海南、广西、云南等省区推广，取得了较好的社会效益、经济效益和生态效益。

（4）艾纳香功能性产品研发。

深入挖掘黎族民间经方验方，依据中药配伍原则，以艾粉、艾纳香油等为主要功效物质，研发了功能性产品 30 余个，研发"艾纳香专利提取加工设备" 2 台套。

4. 行业影响与贡献

中心在注重基础研究的同时，积极促进产品研发与技术成果的转化，其中研发"艾纳香专利提取加工设备" 2 台套，其中大型加工设备已在贵州宏宇药业开发有限公司、贵州艾源生态药业开发有限公司、海南艾纳香生物科技发展有限公司等企业推广使用，产地加工设备在贵州、海南等省区累计推广 2 000 余套，使用该技术可使每亩提高产值 600 元，增加就业岗位 3 000 多个，累计增加产值 4 000 万元，现已累计生产艾粉 1 万千克，艾纳香油 4 000 千克，累计增加产值过亿，其产品"艾片""艾粉"和"艾纳香油"市场占有率超过 95%；研发高值化功能产品 30 余个，其中，艾纳香功能药妆品实现了中国黎族药妆品零的突破，并在第十五届中国国际高交会荣获优秀产品奖，相关系列成果已经在企业实现转化，市场前景极其广阔，2014 年以技术持股的方式与企业合作，成功融资 2 000 万元对技术成果进行市场化运作，促进了艾纳香产业可持续发展。

（十）广东省热带特色果树工程技术研究中心

广东省热带特色果树工程技术研究中心于 2013 年 12 月批准组建，2017 年 3 月通过验收，建设依托单位为中国热带农业科学院南亚热带作物研究所，主管部门为广东省科学技术厅。

1. 研发方向

中心主要是以解决广东省热带特色果树产业存在的关键性技术难点问题为目标，建成具有国内先进水平的热带特色果树产业技术研究中心。

2. 研发条件

①中心共有领导班子成员3人，学术委员（专家指导委员会）7人，主要技术人员31人（其中，研发人员25人，管理人员2人，推广人员4人），已形成了一支学术造诣深、结构合理的科研队伍。其中正高8名，副高22名，具有博士学位19人；博士生导师4人，硕士生导师9人，具备了开展热带特色果树研究的人才优势。

②中心目前已拥有1万元以上仪器30多台，其中，10万元以上的仪器9台（套）。中心共承担省部级以上重点项目7项，项目经费达1000多万元。承担的课题包括国家科技支撑计划、农业部公益性行业科研专项以及广东省科技计划等项目。经过近几年的研究，中心在新品种选育与种质创新、轻简高效栽培技术、保鲜贮运关键技术与新产品研发等方面取得较大进展。

3. 研发任务与成果

自2013年批准筹建至今，中心承担热带特色果树新品种选育与种质创新、轻简高效栽培技术、保鲜贮运关键技术、新产品研发等方面的国家、省部级重大或重点课题22项，研究经费累计1 449.3万元；完成省部级鉴定/评价科技成果4项；通过审定新品种4个，登记品种3个；研发新产品3类12种；获授权发明专利11项，实用新型专利17项；制定农业行业标准2项，广东省地方标准1项；获国家科技进步二等奖2项，省部级奖励5项，湛江市科技进步奖2项。

4. 行业影响与贡献

①中心与广东省阳春市政府、广东省旭诚农业发展有限公司、佛冈县石澳农业发展有限公司、广西岑溪市金哥水果专业合作社、云南省云县香香苗圃、贵州省亚热带作物研究所等单位进行合作，应用中心依托单位研发的《基于WGD-3配方的澳洲坚果嫁接繁殖技术研究》成果，开展澳洲坚果育苗技术示范及推广工作，建立澳洲坚果育苗示范基地190亩，建立优良品种示范基地3 000余亩，辐射带动周边发展澳洲坚果2万余亩。

②在广东徐闻建立 50 亩菠萝水肥一体化技术示范田，采用水肥一体化栽培技术，平均增产 19.3%，商品果率高达 95%；氮、磷、钾的利用效率分别提高 23%、11%和 33%，肥料贡献率达 56%，N、P_2O_5、K_2O 分别节省 43%、59%、20%，节肥明显；产出投入比为 2.97：1，肥料成本节省了 402 元/亩，用工成本节省了 75 元/亩，经济效益较常规施肥提高 4 644元/亩，增收 44.3%。吸引了海南和广东菠萝种植大户和肥料经销商前来观摩，改变了传统菠萝不用灌水的观念，辐射带动菠萝主产区种植管理模式的改变，取得了广泛的经济效益与社会效益。

③芒果果实套袋栽培技术于 2004 年开始，在广东省湛江市、雷州覃斗镇等地小面积示范，现已在广东、广西、四川和云南等省区芒果主产区推广试点 20 多个，累计直接推广面积 3 万亩，辐射带动面积 20 余万亩。在经济效益方面，与不套袋相比，采用套袋技术平均每亩增加纯利润 2 300元。

④培养在职博士学位人才 4 人，联合培养硕士研究生 14 人，培养农业部"热带果树创新团队"核心成员若干名；开展国际合作与交流 13 人次，先后承担"格林纳达热带果蔬种植技术培训班""亚洲发展中国家果树生产技术培训班"等国际培训班部分培训课程。

（十一）广东省特色热带作物产品加工工程技术研究中心

广东省特色热带作物产品加工工程技术研究中心于 2014 年 8 月通过认定，依托单位为中国热带农业科学院农产品加工研究所，主管部门为广东省科学技术厅。

1. 研发方向

中心根据国家和产业发展的需求，搭建热带作物产品加工技术转化平台，围绕天然橡胶、甘蔗、剑麻、木薯、香蕉、荔枝、龙眼、菠萝、南药等特色热带作物开展产品加工技术工程化研究，以加快广东省特色热带作物产品加工科技创新和关键技术集成推广应用。

（1）天然橡胶精深加工技术工程化研究。

重点开展特种工程天然橡胶新材料研发及其在航空航天、汽车工业、轨道交通等领域的应用；天然橡胶连续湿法混炼工艺关键技术工程化研究；新型恒粘天然橡胶生产技术工程化开发及应用；高品质天然胶乳加工技术工程化研究及应用。

（2）热带作物产品加工国家和行业标准的制订及应用。

重点开展热带作物产品加工标准体系研究；热带作物生产加工规程及管理规范制订；热带作物生产加工环境要求及分析测试方法、包装标志与贮存技术标准制订；热带作物产品加工国家标准和行业标准的制修订及其在行业推广应用。

（3）热带特色食品加工技术工程化研究。

重点开展热带果蔬高品质、高值化加工技术工程化研究；热区特色植物精油加工技术工程化研究；南疆民族特色食品生产技术工程化研究。

（4）热带农业废弃物综合利用工程化技术研究。

重点开展菠萝叶、香蕉茎秆和甘蔗叶向纺织材料、沼气和饲料行业转化技术工程化研究；菠萝、香蕉、龙眼、荔枝等大宗水果加工副产物向功能产品和饲料行业转化技术工程化研究；甘蔗渣向保湿地膜和精细纤维素产品行业转化技术工程化研究。

2. 研发条件

（1）人才队伍发展。

拥有一支优秀的从事天然橡胶加工、有机高分子材料、食品工艺、热带作物产品加工、加工装备、畜禽与水产品加工、农产品质量安全与标准化研究的科技创新团队。现有在职科技人员 92 人，其中，研究员 8 名、副研究员 15 名，具有博士学位的研究人员 16 名，享受国务院特殊津贴专家 1 人，中国热带农业科学院二级岗位研究员 3 名，海南省 515 人才工程专家 2 人，院拔尖人才 1 人，院青年拔尖人才 2 人。

（2）研发投入。

建立了我国较完备的天然橡胶加工技术体系，自行设计了我国标准胶加工厂和浓缩天然胶乳加工厂；研发了标准橡胶大型加工工艺与浓缩胶乳质量控制理论，推动第一代标准橡胶和浓缩胶乳加工厂升级为标准化大型加工厂；研发了杂胶标准胶连续化生产线。从"十一五"开始，发展我国第三代天然橡胶加工技术体系，围绕制约整个橡胶行业发展的环境污染和高能耗等问题，研发出天然橡胶低碳加工技术。近年来，开展了天然橡胶高性能化加工技术研究，并在高性能天然橡胶的制备技术方面取得突破，采用此技术制备的天然橡胶性能同比超过进口胶的相关性能。

（3）条件建设。

拥有农业部热带作物产品加工重点实验室、农业部食品质量监督检验测试中心（湛江）、农业部农产品加工质量安全风险评估实验室、全国橡胶与橡胶制品标准化技术委员会天然橡胶分技术委员会秘书处、国家农产品加工技术研发热带水果加工专业分中心、海南省天然橡胶加工重点实验室、海南省果蔬贮藏与加工重点实验室等 8 个国家或省部级先进的工程技术创新平台。另外，在海南省儋州和琼海分别建立了天然橡胶加工科技创新基地，专用科研仪器设备及加工设备原值达 5 600多万元。

3. 研发任务与成果

（1）特种工程天然橡胶工程化研究及应用。

针对我国军工业（高性能军用飞机轮胎，直升机桨叶缓冲悬挂构件，舰艇发动机减振元件等）、汽车工业（高性能轮胎、车辆减震件）、轨道交通（轨道阻尼器）等领域的快速发展，研发高性能特种天然橡胶新产品，在专用天然胶乳原料控制、生胶关键加工工艺、加工装备与标准化研究等工程化技术领域开展研究，并与某军工企业达成了合作协议，正在开展进一步的材料应用合作。

（2）天然橡胶湿法混炼胶生产关键技术研发。

针对天然橡胶连续湿法混炼工艺存在的关键技术问题，研发天然橡胶胶乳/填料体系高效混合技术，共混乳液快速凝固技术、防沉技术，胶料挤压脱水、薄层带式连续干燥技术，并在相关企业应用推广示范，使生产过程较传统工艺节能20%以上。

（3）新型恒粘天然橡胶生产技术。

针对我国天然橡胶质量一致性低、门尼黏度变异性较大，严重影响轮胎生产工艺控制的瓶颈问题，采用硫醇化合物控制天然橡胶门尼黏度，制备恒粘天然橡胶。本技术直接在新鲜胶乳中添加硫醇化合物，使其均匀地分散于天然橡胶中。所制备的恒粘天然橡胶门尼黏度波动小，显著地提高了天然橡胶质量一致性。由于硫醇化合物是橡胶工业常用配合剂，保障了恒粘天然橡胶的安全使用。

（4）均相纳米纤维素技术。

研发的"液态均相质构重组技术"可以将废弃甘蔗渣制备出一维直径约10nm 的纳米纤维素，液态均相质构重组技术纤维素转化率达100%，现行技术转化率一般为20%～78%，技术达到国际领先水平。基于液态均相质构重组技术，建立了年生产能力达 50 吨的纳米纤维素中试生产工艺，生产的纳米纤维素产品具有良好的理化性能，在化妆品、纺织产品、补强材料等领域应用前景非常广阔。

（5）特色热带植物精油分子蒸馏提纯技术。

通过分子蒸馏技术进一步纯化特色热带植物精油，富集有效活性成分，降低有害物质，并且很好地保存了精油活性成分，使天然香料的品质大大提高，该项技术用于热带植物精油的提取，真正保持了纯天然的特性，使精油的质量迈上一个新台阶。

4. 行业影响与贡献

中心成果和技术的推广符合国家产业发展需求，产品技术达到国际先进水平，运用领域广泛，具有良好的市场经济效益；其成果推广不仅能带动热区农产品加工产业发展，优化产业结构，推动产业化进程，还能解决社会就业问题，提高企业和农民收入，提高农产品的附加值。

（1）技术产业化情况。

中心转化了一批重要技术成果，在提升特种工程天然橡胶性能，特种橡胶工程化应用，热带农产品竞争力和附加值，做大做强优势特色产业方面作出了贡献。天然植物精油提取纯化技术、药用级菠萝蛋白酶提取技术、高良姜加工技术、辣木加工技术、全自动腰果破壳机、全粉固体饮料加工等30多项新技术、新装备在广东、海南、福建等企业转移转化，取得良好成效。

（2）科技成果辐射、扩散及对行业发展影响情况。

建立了一批科企联创平台，在践行"科研＋政府＋企业＋市场＋互联网"的成果转化平台创新方面取得成效。围绕产业和市场需求，与企业紧密联系，建立了一批科企联创平台，与海南景和农业开发有限公司、湛江联弘投资有限公司、兴宁市绿也生物科技有限公司、浙江米果果生态农业集团有限公司等企业共建联创平台6个，共同推进热带农产品加工业转型升级。

（3）基地建设和能力建设情况。

在发展布局上，基本形成了"一点三片"的布局。以南亚热带农业科技创新中心——加工所综合实验室为中心，以湛江市郊"热带特色农产品加工技术集成试验基地"和儋州"高性能天然橡胶加工技术试验基地"为两翼，以江门综合试验示范基地为拓展，奠定了实验室未来发展基础。

（4）开放服务及人才培训情况。

2016年各部委、地方政府、科研院所、企业等到我所调研、指导、交流50多批次。先后开展天然橡胶加工技术、热带农产品加工技术、农产品质量安全检验检测技术等各类科技培训与科普活动100多次，培训技术人员与农民2万人次。

（十二）海南省沉香工程技术研究中心

海南省沉香工程技术研究中心于 2014 年 8 月批准组建，依托单位为中国热带农业科学院热带生物技术研究所和海南香村实业有限公司，主管部门为海南省科学技术厅。

1. 研发方向

中心集沉香鉴定、育种、产品研发、培训等功能为一体。下设七个研究组，分别从事沉香的化学成分研究、药理研究、结香研究、白木香种植与育种、沉香的质量控制和产品开发等工作。

主要研发方向：沉香种质资源的收集与保存；沉香人工结香技术及结香机理研究；沉香化学成分和药理活性研究；沉香品质评价与真伪鉴定；沉香人工结香技术培训；沉香相关产品的开发。

2. 研发条件

①中心现有工作人员 39 人，其中，固定人员 29 人，流动人员 10 人；高级技术职称人员 16 人，中技术职称人员 12 人。

②中心现有核磁共振仪、X-单晶衍射仪、质谱仪、液-质联用仪等大型专用设备 7 台，其他仪器设备 20 余台，总价值 1 500 余万元，且聘请有专人进行大型仪器的操作与维护；具有实验室面积 600 平方米以上。

③中心近 5 年获得省部级以上科研项目经费支持近千万，主要用于沉香种质资源的收集与保存、沉香人工结香技术及结香机理的研究、沉香化学成分和药理活性研究、沉香品质评价与真伪鉴定、沉香人工结香技术培训、沉香相关产品的开发等方面工作的开展。

3. 研发任务与成果

①中心近 5 年从越南引进了沉香植物种子 350 份和实生苗 23 份，建立了沉香种质资源圃；出版了《沉香实用栽培和人工结香技术》；获授权国家发明专利 3 件，实用新型专利 1 件；认定"热科 1 号沉香"新品种 1 个，已经获得林木良种证；"土沉香整树结香技术规程"获批海南省地方标准；开发出沉香精油、沉香香水、沉香面膜、沉香香薰器等系列产品 25 款。

②中心对引进罗伯特·布兰切特教授的人工结香专利技术进行消化吸收，自主创新出人工结香专利技术"沉香整树结香法"，获得国家发明专利授权。此项技术可以加速促进沉香物质的合成，缩短沉香结香的周期，可以得到质量较优的沉香，整棵树均可结香，与传统结香比较，产量可增加至少60倍以上。

4. 行业影响与贡献

①中心目前已经建立沉香种质资源圃，自主研发出沉香整树结香技术，对不同产地、品质及不同结香方法所得的沉香进行了系统的化学成分与药理活性研究，建立分析鉴定沉香中化学成分及鉴定沉香真伪的完整分析方法1套，可以简单、快速地实现沉香的真伪鉴定，为规范沉香贸易市场、打击不法造假分子及促进沉香产业的健康发展有着非常重要的作用。通过生产工艺的改进，关键技术的突破等措施，开发出高端的沉香精油、沉香香水、沉香普洱茶等系列产品25款以及对白木香的叶子、花和种子进行综合利用，减少了沉香资源的浪费，形成了沉香产业链，促进了沉香资源的综合开发利用，是未来沉香产业的发展趋势。上述各项研究工作在国内均处于领先地位。

②中心研发的沉香整树结香技术前期已应用于海南、广东和广西等省区白木香树主栽区的56个沉香林场，累计结香8万株，带动我国新增种植面积50万亩；并已成功推广到越南、马来西亚、老挝、柬埔寨、泰国和印度尼西亚，累计结香12万株。拥有的技术和产品的推广与应用对沉香产业的发展至关重要，充分保护并开发了沉香资源植物（白木香），引导香农扩大对白木香的种植规模，带动香农脱贫致富，在很大程度上满足了市场对沉香的需求，有效促进了我国沉香产业的持续发展。

③中心的高效液相色谱仪、核磁共振仪、液相-质谱联用仪等许多大型仪器开展了对外检测和测试共享，进行了如有机酸、糖的测定，核磁共振波谱及质谱的测定等，服务于海南大学、海南师范大学、海南医学院、海南省农业科学院等多家高校科研单位及部分医药企业，累计检测样品200余批次，取得了一定的成效。

（十三）海南省热带观赏植物种质创新利用工程技术研究中心

海南省热带观赏植物种质创新利用工程技术研究中心于2014年10月批准组建，依托单位为中国热带农业科学院热带作物品种资源研究所，主管部门为海南省科学技术厅。

1. 研发方向

中心以热带观赏植物的种质资源收集、保存和评价为基础，以科技为导向，以资源开发为中心，以服务海南热带观赏植物产业为目标，充分发挥科研优势，搭建海南省热带观赏植物种质改良与育种技术集成、种苗繁育以及生产示范三大技术平台和热带观赏植物技术人才交流与培训基地，加快推动海南热带观赏植物产业向前发展，实现自主创新和带动农民增收的共同发展，构筑支撑热带观赏植物产业发展的人才梯队和学科群体。

围绕热带景观植物种质资源保护与利用，设置以下六大研发方向：热带观赏植物种质资源收集、保存、鉴定与评价；热带观赏植物选育种研究；热带观赏植物种苗繁育技术研究；优良品种标准化生产栽培技术研究；野生热带观赏植物驯化栽培技术研究；优良品种示范推广。

2. 研发条件

①中心紧紧围绕"建设国际一流的热带花卉资源保存、品种孵化、技术创新、示范推广和人才培养平台，打造一支专业水平高、创新能力强的热带观赏植物科研团队"的目标。中心现有人员 54 人，其中，高级职称 10 人、中级职称 10 人；具有博士学位 6 人，硕士学位 9 人；博士生导师 2 人、硕士生导师 3 人。已形成了一支涵盖资源、育种、栽培、生理等专业和学科在内的人才队伍。

②中心拥有科研用地 210 亩，其中，防雨降温高档大棚 1.1 万平方米、简易遮阳大棚 2.86 万平方米。建有 600 平方米的热带花卉田间实验室，拥有组培室、常规实验室、生理生化实验室和分子生物学实验室，装备了齐全的花卉资源研究的相关仪器设备共 245 台套，价值 951.2 万元。

③中心自成立以来，共投入科研经费 952 万元，依托单位通过基础建设投入 492 万元。中心通过研发产品和技术服务共收入 390.2 万元，其中，种苗销售收入 299.2 万元，技术性服务收入 91 万元。

3. 研发任务与成果

(1) 4 种海南野生兰人工驯化与开发利用研究。

收集到 4 种野生兰资源的 371 份，其中黄花美冠兰 120 份、海南钻喙兰 123 份、密花石斛 85 份、竹叶兰 43 份。对野生兰花开展了形态学评价、细胞学鉴定和分子生物学评价。从野生资源中筛选出适合我国热区规模化栽培的变异类型或观赏特性优的类型 5 个。获得 2016 年海南省科学技术进步三等奖。

（2）热带观赏植物种质资源收集。

从国内外引进热带观赏植物种质资源累计超 786 份，其中，包括各种热带兰花、红掌、姜花、空气凤梨、地被菊、三角梅、紫薇等。并进行了适应性驯化栽培、植株扩繁和初步评价，为育种应用和生产开发拓展了资源基础。对地方野生花卉资源开展了系统考察和鉴定；对三角梅资源观赏性、石斛兰抗寒性、红掌群体遗传结构等，进行了针对性的鉴定评价。

（3）新品种选育。

以杂交育种为主，累计配制各类杂交组合 >1 500 个（热带兰类 516 个，杂交组合红掌 622 个，朱槿 231 个等），获得大量的后代分离群体和衍生种质。在红掌、蝴蝶兰、石斛兰、文心兰、野生兰、朱槿等多种花卉的规模化育种方面，获得一大批具有观赏性好、适应性强、开发应用潜力大的优良后代。在国际植物品种权威机构登录了中国大陆地区第一批文心兰 3 个、朱槿新品种 11 个；获海南省林木新品种审（认）定第一批鹤蕉、石斛兰、竹叶兰、朱槿新品种共 8 个。

（4）产业化关键技术获得创新突破。

建立了多个新植物（品种）的种苗繁殖技术、石斛兰花期调控技术，并在大规模生产中获得成功应用；研发出植物新型生根、石斛兰幼苗促生菌剂等。

（5）红掌和石斛兰分子标记遗传连锁图谱构建。

采用简化基因组测序策略高通亮开发了红掌 SNP 分子标记，并构建了高密度 SNP 遗传连锁图谱。挖掘了红掌花色相关的关键转录因子基因 3 个，秋石斛花色相关的关键转录因子基因 2 个。通过转录组数据筛选出秋石斛抗性相关候选基因 28 个，开花相关候选基因 8 个，花香相关候选基因 8 个。

4. 行业影响与贡献

（1）成果示范。

成果"4 种海南野生兰人工驯化与开发利用研究"在儋州基地和东方市迦南兰花种植农民专业合作社进行示范栽培，建成示范基地 20 亩，繁育种苗 115 万株。通过与广州花木公司、广州草香园艺有限公司、广西清秀山公园等单位合作应用，推广种植及销售应用种苗 270 万株，种植面积达 400 多亩。成果"红掌新品种选育及配套关键技术研究"中与红掌盆花优良品种和生产相关的部分技术已转让给海南中科花海云商科技股份有限公司，为对方企业产生了 150 万元的经济效益。

（2）咨询指导。

通过举办技术培训班和农业科技 110 服务体系，深入生产现场进行技术指导，为热带花卉种植者提供技术咨询、技术指导等服务。2016 年中心累计派出科技人员 34 人次，累计服务"三农"高达 880 人次。服务地点包括贵州省兴义市、安徽合肥市、海南海口市、文昌、昌江、临高、东方、三亚等。服务内容包括三角梅、鸡蛋花、紫薇、朱槿、红掌等高效栽培技术服务，以及基地布局、水肥管理、产业规划、景观布置等。

（3）开放共享。

中心设立了 2 个开放课题："美丽海南之热带花卉文化研究""石斛兰遗传图谱构建"。中心开放植物学生理实验室和植物分子生物学实验室 2 个，开放仪器设备 26 台套，已有海南大学、华中农业大学、黑龙江八一农垦大学、贵州省农业科学研究院园艺研究所、四川攀枝花林业科学研究所、中国热带农业科学院下属研究所等单位研究生和科研人员来中心实验室开展科研工作。

（4）学术交流。

2016 年累计派科技人员 77 人次，通过参加国内外学术交流、研讨、培训等会议加强信息交流，促进合作。通过与海口市园林局合作举办了 2016 海口市三角梅产业发展研讨会，为三角梅产业合作提供交流平台，推动海南三角梅产业发展。举办了 2016 年格林纳达热带果蔬种植技术培训班，为格林纳达学员作红掌栽培技术专业培训。

（十四）广东省菠萝叶工程技术研究中心

广东省菠萝叶工程技术研究中心于 2015 年 10 月通过认定，依托单位为中国热带农业科学院农业机械研究所和中国热带农业科学院南亚热带作物研究所，主管部门为广东省科学技术厅。

1. 研发方向

中心针对广东省菠萝产业发展需求，围绕菠萝叶综合利用、发展绿色循环经济，重点开展高含纤菠萝品种的选育与栽培技术，菠萝叶纤维纺织产品开发，菠萝叶渣能源化、饲料化和肥料化利用研究等，建成一个机构设置完整、人员配备合理、仪器设备齐全、运行机制高效，集基础研究、技术研发、成果转化、国际交流和人才培养于一体的面向广东、服务热区，辐射东南亚地区的综合平台，为我国菠萝叶综合利用技术研发、工程化、技术推广和产业化提供有力支撑，有助于加强菠萝产业科技创新能力，推进菠萝传统产业升级，促进农业增效农民增收。

2. 研发条件

①中心设研究室 5 个，研发人员 26 人，其中，高级职称 13 人，中级职称 13 人，中高级熟练技术工 2 人。具有博士学位 4 人，硕士学位 15 人，研发人员以中青年骨干为主，涵盖作物育种、栽培、植保、加工、机械、管理及推广等专业领域的人才。

②中心现有科研用房 2 000 多平方米，中试基地 2 个，仪器设备 50 多台（套）。

③近 2 年多，菠萝叶综合利用方面的科研项目主要来源于国家自然科学基金、公益性行业（农业）科研专项、广东省科技计划项目、广东省自然科学基金项目、海南省自然科学基金项目，研发经费投入约 1 000 余万元。

3. 研发任务与成果

（1）菠萝品种选育。

从引进菠萝种质资源中选育出 MD-2、台农 16、台农 17 等优良种质，已在各地较大面积生产应用。其中 MD-2 品质优、货架期长、耐贮运性强，效益优势表现明显。台农 16、台农 17 是早年引种中心研发并配套以催花技术为核心的栽培技术，其中台农 17 口感好，耐贮运，深受市场喜爱。

（2）菠萝栽培技术研发。

开展了优良品种种苗繁育技术，催花技术，主要病虫害综合防治技术的研发。研发叶芽插育苗法，较快地培育壮苗，满足广大种植户种苗需求。开发的产期调节技术和安全催花技术，通过种植季节、种植苗木大小以及催花标准、催花药剂及浓度、时间等控制防止早花、调节产期。针对 MD-2 的心腐病，通过肥水等栽培管理技术，合理使用微量元素、植物激素促进果实品质的形成，增加果实的香气，提高风味。相关技术成果获农业部农业科技进步二等奖 1 项、农业部科技成果鉴定 1 项。

（3）菠萝叶纤维高效提取装备。

与相关企业协同创新，研制菠萝叶纤维高效提取样机，实现菠萝叶收获和纤维提取联合作业，并在广东徐闻进行中试试验。三代样机对关键部件和参数进行调整与优化，加快菠萝叶喂入速度，纤维得率提高，工作稳定。相关成果获国家发明专利 2 项，实用新型专利 3 项。

（4）菠萝叶纤维细度分选设备。

研制菠萝叶纤维细度分选机，将纤维按根、中、梢分段，经相同脱胶及精细化加工处理后，由数据统计分析结果可知，纤维细度差异性显著，最粗达 400 公支，最细可达 800 公支。相关成果获实用新型专利 1 项。

（5）菠萝叶纤维工艺纤维生产性试验及纺织产品开发。

优化菠萝叶纤维化学脱胶工艺，进一步提高纤维细度与柔软度，改善纺织品外观品质，分别与棉、粘胶纤维、绢丝进行混纺，制备不同混纺比例的纱线约 8 吨，开发双珠地、单珠地、平纹、弹力平纹等不同风格的面料，年试制 2 万多双袜子、1 700 件 T 恤、2 000 条内裤。相关成果获海南省科技进步一等奖 1 项、广东省科学技术三等奖 1 项；获国家发明专利 1 项，实用新型专利 7 项。

（6）菠萝叶渣干法厌氧发酵反应器及配套设备设施研发。

结合菠萝茎叶高水分、高纤维等特点，开展反应器、搅拌机、太阳能–空气能供热及在线监测系统的研制。研制的户用沼气干发酵罐，用于农村家庭沼气处理废弃物和畜禽粪便，获实用新型专利 1 项。研制的连续式滚筒恒温干法厌氧发酵反应器，在保证发酵温度的同时，还提供了操作间的空调冷气，能耗低，获实用新型专利 1 项。研制的物料搅拌机适用于多种农业物料的混合，也可用于小型养殖场饲料混合搅拌。研制的太阳能–空气能联合增温系统，充分利用太阳能、空气低温热能。研制的在线监测系统，用于沼气厌氧发酵气体分析及数据监控，获实用新型专利 2 项。

（7）菠萝叶渣青贮饲料生产及搭配饲喂育肥猪。

用菠萝叶渣青贮饲料代替部分精饲料有助于降低饲喂育肥猪成本。其中以干物质 4% 的比例添加效果最好，适口性好，育肥猪毛色光洁、肉色红亮、体征健康、血液生化指标正常、生长性能良好，可以提高猪肉 PH 值，显著降低肌肉的失水率，可延长猪肉保鲜度，减少 PSE 肉的发生。

（8）菠萝茎叶肥料化利用。

针对菠萝茎叶粉碎还田、提升地力的需求以及目前我国菠萝茎叶粉碎还田机械作业次数多、作业效率低、能耗高等问题，提出了双辊式菠萝茎叶粉碎还田机的方案，研制的 1JHB-90/100/150 型系列菠萝茎叶粉碎还田机进行了田间试验，突破了以往菠萝茎叶无法一次作业满足还田农艺要求的瓶颈，使得作业效率大幅提高 80%、作业能耗大幅降低 32.3%。相关成果获实用新型专利 4 项。

4. 行业影响与贡献

①中心解决了菠萝叶综合利用产业中的一些重大科技问题，形成多项专利技术和成果。MD-2、台农 16、台农 17 等新品种和配套技术的应用，促进了菠萝产业品种结构的调整和升级，品质提高，产期拉长，效益收入增加，提高了菠萝产业的竞争力，增加了城乡人民的优质果品供应。

②菠萝叶纤维的开发利用可为新兴的菠萝叶纤维纺织产业提供技术储备，进一步拉长菠萝产业链条。菠萝叶渣的饲料化、肥料化、能源化利用，有效提高了热带农业废弃物综合利用率水平，增加农村就业率，促进农村社会的稳定，减少资源浪费和废弃物对农业生态环境的污染，促进菠萝主产区农业可持续发展。

③中心与华中农业大学、海南大学、黑龙江八一农垦大学联合培养硕士研究生共 5 人。在国内菠萝主产区推广优良品种、栽培新技术、菠萝叶纤维提取加工和叶渣利用技术，培训农民 300 多人次。

（十五）海南省香蕉健康种苗繁育工程技术研究中心

海南省香蕉健康种苗繁育工程技术研究中心于 2016 年 12 月批准组建，依托单位为热作两院种苗组培中心、中国热带农业科学院海口实验站，主管部门为海南省科学技术厅。

1. 研发方向

中心旨在为香蕉新品种培育与种苗快速繁育技术创新提供技术支撑，通过优质种苗的推广应用，达到加快提高优良品种覆盖率的速度，进而推进香蕉产业的可持续健康发展。中心以市场为导向，以科技成果转化为目标，以现代生物技术为手段，对各种名、优、特、稀的植物品种的快速繁殖和病毒脱除技术等进行研究和产业化开发，并推广先进的栽培技术，推动农村经济的发展，逐步将中心打造成为农业部乃至国家级香蕉"育繁推一体化"的良种良苗繁育与示范推广的现代化科技型骨干企业。

中心研发方向是在香蕉种质资源收集、保存、鉴定及评价的基础上，采用生物学、物理与化学等手段，使种质资源产生变异，进而从园艺性状进行筛选，为培育香蕉新品种奠定资源基础。对具有优良性状的植株进行种苗的快速繁育，研究快速繁育过程中种苗的外植体选择、人工培养条件及方法、种苗质量检验、种苗大田栽培与管理等。

2. 研发条件

①中心研发技术力量雄厚。拥有 30 人的稳定香蕉种质创新与繁育技术研究队伍，其中，高级职称人数 13 人，中级职称人数 14 人，博士 15 人。"热作两院种苗组培中心"为海口实验站下属企业，国家高新技术企业，年生产香蕉种苗的能力达 3 600 万株，为中心将来新品种的推广建立了良好的产业示范基地，形成一个完整的链条。

②中心建立了热带植物繁育技术研究中心，拥有设计室、实验室、分析室等，配置了先进的研发设备，新品种繁育室、病毒检测室、新品种测试室、炼苗圃等科研用房超过 3 000 平方米。拥有较强生物技术研究装备，有 DNA 测序仪、细胞融合仪等先进仪器和设施。并建立了生物技术产品研制的中试车间。

③中心设有香蕉专项研发经费，近 3 年来包括争取的各类资金支持超过 500 万元，确保研发工作的顺利进行。

3. 研发任务与成果

（1）香蕉新品种选育。

申报了 1 个香蕉新品种（热粉 1 号）审定，该品种具有较好的抗低温和叶斑病性状，适宜在华南热带、亚热带地区种植。果实品质较好，推广该品种并坚持应用优质果品生产技术，可实现香蕉产业开发由产量效益型向质量效益型转化。

（2）热带植物繁育技术研究。

主要开展香蕉胚性细胞悬浮培养及再生研究，香蕉原生质体培养研究，香蕉多芽体培养研究，海南黄花梨的组织培养，沉香的组织培养，铁皮石斛兰的再生体系建立，裸花紫珠再生研究及组培苗栽培管理研究，山竹、火龙果、番石榴等热带果树的组织培养技术研究。

（3）新型优质香蕉种苗快繁技术的产业化推广。

利用香蕉雄花离体快繁新技术进一步在工厂化生产应用方面得到了检验，达到了世界先进水平。同时，通过香蕉雄花组培苗生产示范基地的建设，对产区进行相关的技术培训和示范。香蕉花将不再是香蕉园断蕾后的废弃物，而是可以直接利用的生产原料，变废为宝。改变了传统的挖吸芽的方式，香蕉生产母株不再受到伤害，间接提高香蕉园的经济产量。

（4）中心严格选取健康种源进行组培扩繁。

香蕉苗的生产经香蕉 BBTV 病毒的多重 PCR（聚合酶链式反应）检测，保证了香蕉组培苗的无病毒性。该项技术的使用，获得了海南省科学技术进步二等奖。中心自行研发的香蕉苗无土栽培基质技术，用于香蕉组培苗的假植技术获"海南省高新技术产品"证书。

4. 行业影响与贡献

①中心的建立可促使建成全省规模最大、技术最先进的优质香蕉新品种生产基地，集成一批植物繁育技术和育种研究专家，建设国内一流的香蕉种质创新和繁育技术研究、开发和检测平台，从而对周围地区下游行业形成强有力的辐射，促进海南省整个行业的升级和跨越发展。

②通过香蕉种质创新与繁育技术研究和开发，使海南省香蕉种业行业在品种和技术的创新能力上领先于全国同行，迅速缩短与国际先进水平的差距，并在部分品种和技术领域上达到国际先进水平，为海南本省乃至全国的香蕉繁育技术及品种质量与国际接轨提供强有力支撑；并为制定和完善我国的香蕉繁育技术国家标准和行业标准提供依据和载体。为省内香蕉产业建立一个高水平的种苗检测基地，并在信息采集、标准研究上成为省内行业的中心，不但可直接为国内外用户服务，也可为本省同行的科研与生产提供检测能力的保障。为省内同行提供一个良好的人才培训基地，通过高层次人才培养，为我国香蕉种业行业的发展增添后劲。

③显著提升种苗企业的研发能力，促进种业行业向"产学研"方向快速发展，有效推动我国香蕉种业行业整体发展。通过优良香蕉品种等热带植物优质种苗的生产与销售、香蕉茎秆有机肥的推广，以及科研副产品香蕉果实的销售，近3年来取得了1 000多万元的技术性收入。同时，依托海南省110龙头服务站及各类项目的实施，进行科技成果的推广与技术服务。在科技部成果转化项目的实施中，中心成立了成果推广工作组，并联合两院种苗组培中心、海南万钟实业有限公司、云南河口南溪农场等单位共同进行示范与推广。

④通过技术创新，提高生产效率，现代生物技术育种等技术的研究和推广应用，将全面提高香蕉种苗行业生产的产品质量和档次，引导我省植物种苗产业向质量效益型转变，提高整体竞争能力。通过中心在信息采集、标准化研究、检测咨询、人才培训等方面的工作，有力带动香蕉种苗行业的发展，显著的促进海南省种苗行业的技术进步和科技创新，提升种苗行业的市场竞争能力。

（十六）广东省旱作节水工程技术研究中心

广东省旱作节水工程技术研究中心于 2016 年 10 月批准组建，依托单位为中国热带农业科学院南亚热带作物研究所，主管部门为广东省科学技术厅。

1. 研发方向

中心以广东省季节性干旱造成的农业生产存在的关键技术难点为出发点，建成具有全国性的旱作节水农业理论和应用研究的科研平台，打造出 4 个具有国内领先水平的旱作节水农业技术研究基地，即抗旱种质资源保存、抗旱节水新品种的筛选基地，高效节水栽培技术研发试验基地，抗旱节水技术集成与新技术研发、保水环保新材料研发的原创基地，旱作节水农业专业人才培训和学术交流中心基地，成为广东省旱作农业技术"孵化器"与节水技术应用的"服务器"。主要研发方向如下。

（1）抗旱种质资源创新与利用。

以甘蔗、甜糯玉米、陆稻、木薯、菠萝和短季替代作物等作为研究对象，在抗旱种质资源收集、保存和评价的基础上，采用分子遗传改良、诱变育种和有性杂交等技术手段，开展抗旱节水、优质和高产新品种和新材料的培育工作。

（2）旱作节水农业高效低耗栽培技术研究。

以甘蔗、甜糯玉米、陆稻、木薯、菠萝和短季替代作物为载体，开展抗旱生理生态与需水规律研究，结合广东省气候和土壤特点，重点开展集雨补灌技术、水肥一体化技术、大苗抗旱种植技术、覆盖技术、土壤蓄水保墒技术的研发与集成，形成适宜广东省的旱作节水农业高效低耗综合栽培技术。

（3）抗旱节水技术及保水新产品研发。

瞄准国际旱作农业高新技术前沿，开展旱作农业抗旱、保水材料与设施高新技术研究，充分利用热带地区农业废弃物，使其资源化，减量化，加强与农田高效循环利用水肥结合，开发相适应的保水剂、抗旱剂、新型生态可降解的保水抗旱地膜材料、缓/控释颗粒生物有机肥包膜材料、低耗的水肥一体化喷灌设施研制及产品开发应用。开展热区节水、抗旱技术研究，构建不同类型区抗旱、节水综合配套技术体系。

（4）旱区农业防灾减灾及水肥高效利用技术研究与集成示范。

围绕严重危害我国热区农业生产的旱灾，开展监测预警与防控技术研究，有效降低灾害损失。针对热区农作的致灾新形势和新特点，强化水稻、玉米、木薯、蔬菜和果树等主要农作物生物灾害监测预警与综合防控关键技术研究。开展农作抗旱及保水剂、抗旱剂、节水系统等材料的潜力评估与挖掘、农田节水低耗技术研究，充分发挥抗旱、节水、减灾功能。

2. 研发条件

①中心设立 4 个研究室和 1 个管理办公室，即抗旱种质资源创新与利用研究室、轻简高效抗旱栽培技术研究室、抗旱节水技术研究室、抗旱新产品研发研究室和管理办公室。中心现有固定人员 13 人，高级职称 4 人，中级职称 9 人。设主任 1 人，4 个研究方向各设 1 名学术带头人，并设有中心学术委员会。

②中心具有工程试验研发用房 1 728 平方米、办公用房 440 平方米，仪器设备约 200 台套，346.7 万元，可以满足中心的正常运作。实行"资源共享、开放、联合、流动"的运行机制，实行开放式管理，实现仪器设备资源共享。以科研项目为主线，采用联合申报重大项目与设立开放基金相结合的方法，与国内外科研院所、高校、企业开展广泛的合作，形成多学科交叉渗透、互补的研究体系。

③中心运作经费主要来源为产学研项目合作经费、财政项目经费和院所（站）资助经费。近年来主持热带科技创新团队项目、农业部农垦财政专项、广东省自然科学基金、海南省自然科学基金、农业部 948 重点项目子课题等 20 多项，累积研究经费 600 多万元。投入仪器设备购置修缮费用 198 万元。

3. 研发任务与成果

中心近年来发表科技论文 61 篇，其中，SCI 论文 5 篇，出版专著 1 部，获得发明专利 3 项，实用新型专利 10 项。

（1）抗旱种质资源创新与利用。

收集甘蔗、甜玉米、高粱、陆稻等抗旱资源 300 多份，鉴定抗旱材料 100 余份，克隆抗旱基因 10 多个。对收集到的材料进行了鉴定和遗传多样性分析，其中，割手密 68 份、斑茅 64 份、蔗茅 4 份、白茅 8 份、荻 7 份、芒 25 份涉及 5 个属 6 个种。开展甜玉米、饲用高粱等典型旱地作物适应性试种和选育种研究，目前已筛选良好的育种材料 30 余份。对甘蔗干旱胁迫前后材料进行转录组测序与分析，获得 95 个差异基因，已初步鉴定上调表达基因 5 个和下调表达基因 6 个。在 2 个小 RNA 测序文库中检测到 402 个 miRNA，216 个 miRNA 响应干旱胁迫。其中，55 个上调表达，161 个下调表达。149 个基因被鉴定为 48 个 miRNA 的靶基因。成功分离了甘蔗抗旱氧化系统（SOD、POD、CAT 和 GST）、脯氨酸代谢相关（P5CS 和 δ-OAT）基因以及 DREB 转录因子和 REMO 调控因子等重要基因。

（2）旱作节水农业高效低耗栽培技术研究。

对甘蔗及其野生资源抗旱生理指标和光合指标进行了测定，研究发现甘蔗野生资源，斑茅、割手密 SOD、POD 和 CAT 酶活性都显著高于栽培种甘蔗。野生种的抗氧化能力高于栽培种。采用叶绿素荧光技术从光合活性和光保护机制的角度对甘蔗抗旱能力进行甄别和鉴定。研究发现较强的光保护能力是耐旱品种表现出高抗旱性的主要原因之一。对干旱胁迫敏感且在不同 PAR 下较为稳定的 ΦNO 可作为甘蔗苗期抗旱性的快速诊断和评价指标。

（3）抗旱节水技术及保水新产品研发。

开展菠萝滴灌施肥试验。与常规施肥相比，在菠萝上使用滴灌施肥技术，产量可达到 8.14 万千克/公顷，增产 39.04%，果实内在品质无下降，但商品品质得到大幅度提高，商品果率为 95.73%，较常规处理高 11.51%。净收入较常规施肥处理高 6.97 万元/公顷，增长 92.07%，节省用工成本 1 125 元/公顷，产出投入比由 2∶1 上升到 2.97∶1。成功研发可生物降解除草地膜产品 1 个，目前正在研发改进的地膜。

（4）旱区农业防灾减灾及水肥高效利用技术研究与集成示范。

首先对热区九省旱作节水农业区划进行了研究，对热区降水量、温度以及作物分布有了系统的了解。集成甜玉米水一体化灌溉技术和菠萝水肥一体化技术 2 项，研制了一种适于盆栽散尾葵生产的农林废弃物混合基质。

4. 行业影响与贡献

中心对目前热区旱作农业存在的问题进行了深入调研，对季节性干旱的问题进行了深入思考，与中国农业大学、中国农业科学院、广东省农业科学院、广东中能酒精有限公司和广东华芝路生物科技有限公司合作，在热区旱作农业研究领域具有一定的影响力。

近年来所做的工作得到农业部和广东省的高度认可和支持。2017 年农田水分检测任务已列入农业部长期性基础性工作，成功获批"广东省耕地保育与节水农业"研发中心平台，同时获得了农业部旱作节水重点实验室开放项目的支持。2017 年主持召开了第一届热带旱作节水学术讨论会，邀请国内知名专家到站作专题报告，影响力得到显著提高。同时，近年来在国内外多个学术交流会上做了热带旱作节水相关的专题报告，不断提升科技影响力。近年来，继续加强国际合作与交流，2016 年 1 人赴美国堪萨斯州立大学交流访问，2017 年 1 人赴卢旺达执行商务部援外培训项目，1 人赴尼日利亚执行 948 重点任务并开展旱作农业研究考察，完成中非和尼日利亚国别报告，为国家实施"一带一路"战略提供参考。

（十七）广东省天然乳胶制品工程技术研究中心

广东省天然乳胶制品工程技术研究中心于 2017 年 9 月批准组建，依托单位为中国热带农业科学院农产品加工研究所，主管部门为广东省科学技术厅。

1．研发方向

中心以天然乳胶制品新技术、新产品开发和新型乳胶制品生产工艺改进为主要研究内容，对接天然乳胶制品企业技术需求，实现科研成果转化的省级科研平台。

（1）高性能乳胶制品研发。

从原材料、生产技术、设备改进与检测技术等方面，加强对天然乳胶制品生产新技术、新工艺和新装备研发及应用，不断完善和提高乳胶制品的质量和安全性，加快产品结构调整和产业升级，开发多样化、功能化的新产品，以满足国内外的市场需求，推动整个天然乳胶制品产业的技术进步与发展。

（2）新技术、新工艺和新产品的开发应用。

从原料着手，去除天然胶乳中的蛋白质或脱蛋白是开发新材料、新工艺，降低或消除天然乳胶制品的致敏问题。通过物理化学改性技术，纳米填料改性技术等提高胶乳制品的强度和致密性。加快新产品开发步伐，研究更新先进生产技术，做好技术开发和储备工作，适应国内外市场需要，开发高质量、功能化、多样化的乳胶产品。

（3）新型设备改进与开发。

随着科学技术的发展，乳胶制品生产装置自动化、连动化程度越来越高。在安全套电检方面，目前已由自动化装置取代多人方能完成的套膜工序。生产乳胶制品用辅助设备的改造与更新，也是行业降低生产成本、加强环境保护的途径之一。

2. 研发条件

（1）人才队伍发展。

拥有一支优秀的从事天然橡胶加工、有机高分子材料、食品工艺、热带作物产品加工、加工装备、畜禽与水产品加工、农产品质量安全与标准化研究的科技创新团队。现有在职科技人员 92 人，其中，研究员 8 名、副研究员 15 名，具有博士学位的研究人员 16 名，享受国务院特殊津贴专家 1 人，中国热带农业科学院二级岗位研究员 3 名，海南省 515 人才工程专家 2 人，院拔尖人才 1 人，院青年拔尖人才 2 人。

（2）条件建设。

拥有农业部热带作物产品加工重点实验室、农业部农产品加工质量安全风险评估实验室、全国橡胶与橡胶制品标准化技术委员会天然橡胶分技术委员会秘书处、海南省天然橡胶加工重点实验室等个国家或省部级先进的工程技术创新平台。另外，在海南省儋州和琼海分别建立了天然橡胶加工科技创新基地，专用科研仪器设备及加工设备原值达 5 600 多万元。

（3）研发投入。

建立了我国较完备的天然橡胶加工技术体系，自行设计了我国标准胶加工厂和浓缩天然胶乳加工厂；研发了标准橡胶大型加工工艺与浓缩胶乳质量控制理论，推动第一代标准橡胶和浓缩胶乳加工厂升级为标准化大型加工厂；研发了杂胶标准胶连续化生产线。发展我国第三代天然橡胶加工技术体系，围绕制约整个橡胶行业发展的环境污染和高能耗等问题，研发出天然橡胶低碳加工技术。近年来，开展了天然橡胶高性能化加工技术研究，并在高性天然橡胶的制备技术方面取得突破，采用此技术制备的天然橡胶性能同比超过进口胶的相关性能。

3. 研发任务与成果

围绕高性能乳胶制品生产对原材料、生产工艺及装备、产品后处理技术等要求，成功研发了天然胶乳低氨保存技术、天然乳胶制品纳米补强和表面改性技术、便携式快速胶乳干胶含量检测技术、乳胶制品自动化浸渍生产工艺与装备、天然胶乳高性能化生产技术及天然胶乳表面处理技术等一系列成果，实现了高性能天然乳胶制品技术进行集成及应用。

（1）天然胶乳低氨保存和脱蛋白纯化技术。

采用低氨保存技术对天然胶乳进行保存，通过加入硫醇基苯并噻唑，不仅将浓缩天然胶乳的氨水用量降低至 0.2%，还能控制浓缩天然胶乳的挥发性脂肪酸值，显著提高了浓缩天然胶乳的稳定性，解决了天然胶乳传统保存剂对制品质量的影响。天然胶乳脱蛋白纯化技术制备低蛋白胶乳，通过乳液接枝共聚技术，在一定的反应条件下使亲水性单体接枝共聚到天然胶乳粒子表面，可按常规生产工艺生产各种医用乳胶制品的低蛋白天然胶乳降低天然胶乳中水溶性蛋白含量，同时，可提高制品的力学性能和在医疗器械中的使用安全性。

（2）天然胶乳纳米补强技术。

通过填料表面改性技术，提高填料与天然胶乳的相容性，从而达到改善填料在天然橡胶基体中分散性的效果，提高产品的均匀性和综合力学性能。采用偶联剂对纳米二氧化硅表面改性，制备天然橡胶-二氧化硅纳米复合材料，实现了纳米二氧化硅在天然橡胶中的均匀分布且粒径小，提高了天然橡胶的力学性能，为制备综合性能优异的纳米复合材料橡胶制品提供了技术保证。该方法工艺简单、材料来源广泛、成本较低、易于规模化生产。

（3）天然胶乳干胶含量快速测定技术。

针对传统烘干法测量胶乳中干胶含量的方法耗时长、效率低等缺陷，开发出了一种基于高频电磁波技术的天然胶乳干胶含量测定仪，大大缩短了测定天然胶乳中干胶含量的时间。与烘箱烘干法测量结果相比，测量误差在±0.1%范围之内，具有快速、准确、便携的优点。

（4）天然乳胶制品自动化生产技术及装备。

针对当前乳胶制品手工操作生产效率低和产品质量一致性差等问题，开发了一种胶乳制品自动浸渍机，并更换不同的模具生产不同的胶乳制品，结构简单，操作简易，适用范围广，可代替传统胶乳制品浸渍过程中的手工作业模式，大大提高胶乳制品的生产自动化程度和生产效率，同时，能有效控制产品质量的一致性，降低产品的次品率。针对模具浸渍法生产的天然乳胶片产品规格受限、厚度不均匀等缺陷，开发出无限长乳胶片的生产线，利用循环轮的转动带动成型钢带浸渍胶乳，浸渍时间由循环轮的转动控制，实现了连续化生产和制品长度无限制，使乳胶片的厚度均匀。

（5）天然乳胶制品表面改性技术。

针对天然橡胶的表面亲水性差和生物特性差的缺陷，利用带有双键的单体在天然橡胶制品表面进行接枝改性，进一步拓宽了天然橡胶在医用材料领域的应用范围，经过在医用手套试用，相对于天然乳胶手套，马来酰化壳聚糖接枝改性的乳胶手套力学性能得到明显提高。针对天然乳胶制品中除菌困难特性，秋兰姆类促进剂和纳米银和锌复合抗菌剂被用作抗菌剂提高乳胶制品的表面抗菌性，开发了一种新型复合抗菌剂即秋兰姆类促进剂作为有机抗菌剂与纳米银和锌复合无机抗菌剂联合使用，解决了单独使用纳米银抗菌剂时的沉降和变色问题。

4. 行业影响与贡献

依托单位作为专业型的研究机构，长期以来科研项目的选题来源于生产实际，在科研工作开展过程中，通常邀请相关企业共同开展研究工作。该中心的申请所涉及的天然橡胶加工技术，均为天然橡胶加工领域急需解决的关键问题，在前期研究中，一些国营或民营企业已经参与了部分研究工作。相关技术在中心完成工程化技术研究后，形成可以直接应用于产业化加工技术后，优先在合作企业进行示范性生产。然后以此为依托，向整个产业全面推广，引领我国天然橡胶加工行业不断进步。在乳胶制品加工领域，将结合广东省乳胶制品加工企业多，技术较薄弱的特点，重点研发企业急需的关键技术，并优先在合作企业进行技术示范推广，然后以点带面，实现技术辐射到整个相关行业，促进行业的技术升级。同时，中心和广东农垦合作，积极响应国家"一带一路"和"走出去"的国际合作政策，与泰国的企业和高校建立合作关系，把先进的天然橡胶加工技术推向国际化，扩大了中心在国际天然橡胶领域的影响力。

五、国家重要热带作物工程技术研究中心发展设想

（一）热带作物科技创新面临新要求

"十八大"以来，国家作出了创新驱动发展战略的重大部署，提出了农业现代化发展道路要求，我国热带农业发展进入"转方式、调结构"的新阶段。农业供给侧结构性改革、国家"一带一路"战略、建设绿色农业、高效农业、品牌农业以及实施热区农村脱贫等重点任务，对热带作物产业发展提出了更新、更高的要求，我国热带作物产业发展进入结构升级、方式转变、动力转换的关键时期。热带作物产业发展已经到了必须更加依靠科技创新才能实现持续稳定发展的新阶段，急需以科技创新和成果转化突破资源与环境约束，发挥比较优势，实现增产、提质、增效。

1. 保障安全供给需要

我国热带地区地处老边少地区，经济发展水平低，面积仅占国土面积的 5%，而庞大的人口基数以及社会经济的快速发展对热带农产品的供给提出了更高的要求。目前我国天然橡胶 80% 以上需要进口，是世界上最大的木薯淀粉进口国，热带水果很大一部分还依靠国外进口，如 2016 年就进口香蕉 88.7 万吨。热带农产品特别是橡胶等工业原材料的需求不可能完全依靠国际市场，在有限的热带农业资源条件下，只能依靠科技创新，不断提高热带农业综合生产能力，才能保障天然橡胶战略物资以及其他热带农产品的有效供给。

2. 保障可持续发展需要

我国热带作物产业发展正面临农业资源过度开发、农业投入品过量使用、地下水超采以及农业内、外源污染等一系列问题。我国 40% 以上的耕地不断退化，30% 左右的耕地存在不同程度的水土流失，旱涝灾害、病虫鼠害、低温冻害、台风冰雹等自然灾害频繁发生，给热带农业的生产特别是天然橡胶的生产、冬季瓜菜的稳定供给带来了较大影响。而且，热带地区由于光温条件较好，复种指数高，病虫为害重，对土壤地力的过度性消耗和化肥农药的过度使用等情况更加严重。为有效缓解对热带农业资源的过度利用，改善热带农业生态环境，必须依靠热带农业科技创新，推广热带农业资源高效利用技术，增强热带农业抗风险的能力，实现热带农业可持续发展。

3. 保障国际竞争力提升需要

提质增效，提高产业竞争力是热带农业发展重中之重。要加强品牌建设，以规模化、品牌化为抓手，提升农产品质量安全和改善产品品质；要构建现代农业产业体系，以机械化、信息化、产业化为核心，提升农产品综合价值和农业比较效益。热带农产品国际竞争力的提升，归根结底是科技创新实力的竞争。统筹利用国际国内 2 个市场、两种资源，加强与"一带一路"沿线及周边国家和地区、亚非拉重点国家的农业合作，提升中国热带农业竞争力和影响力，赢得参与国际市场竞争的主动权，是当前必须应对的重大任务。只有增强热带农业科技自主创新能力，才能抢占热带农业科技的制高点，把握先机，赢得主动。

（二）热作工程中心发展存在主要问题

自 2007 年组建以来，热作工程中心利用国家深化科技体制改革、大力推进科技创新驱动发展战略、促进科技成果转化、强化农业供给侧结构性改革等有利政策形势，针对热带作物产业发展对科技创新的迫切需求，优化调整中心研发方向，加强完善中心条件建设、努力承担研发任务，积极探索中心运营治理，推动热带作物工程技术集成创新与重大科技成果的孵化与转化，取得了很好的成效，但在发展过程中与大多国家工程技术研究中心一样，仍存在一些不平衡不充分的问题，支撑热带作物产业发展仍显不足，主要体现如下。

1. 发展不平衡问题

一是部分领域研发方向缺乏，如热带作物机械化、信息化等；部分领域科技成果转化为现实生产力不强，产业化基地有待拓展，热作工程中心科技产业化、市场化和品牌化规划建设亟待增强。二是部分研发作物在工程化技术研发力量薄弱，产业发展关键技术成果供给不足，主导产业核心技术缺乏，育种、生产机械、保鲜储运、精深加工等领域的技术问题从根本上还没有得到解决。三是部分研发产品结构不能有效满足日益变化的市场需求，价值创造重心仍停留在种植、初加工等产业链低端环节，精深加工、仓储物流、贸易等发展相对滞后，缺乏有影响力的产品品牌和企业品牌。四是部分研发部门科企协同创新不足，与国内外产业界开展高水平的合作不多，接纳行业内有影响的研究成果到热作工程中心实现工程化开发相对较少。

2. 发展不充分问题

一是管理体制有待创新。热作工程中心依托热科院及其下属参建单位运行，创新与转化活动分散在不同的研发部，管理相对松散，难以形成成果中试熟化的合力。二是管理体系有待完善。热作工程中心在品牌化管理、知识产权管理与交易、科技成果转移转化、科技咨询服务体系等方面配套管理体系的建设还有待进一步完善，成果转化的主体作用还需要进一步增强。三是运行机制有待完善。热作工程中心市场化运作不够，技术贸易信息交流不够灵活，科技成果转移转化定价、评价和激励机制不活，重大成果孵化及转移转化不足。四是科技成果熟化不够。科技成果多处于研发的"后熟"阶段，存在较大不确定性和商业化风险，热作工程中心难以与需求方对接，难以顺利转化。四是研发投入有待加强。热作工程中心缺乏稳定性的项目经费支持，社会化资金项目来源少；且中心更多地注重社会效益，自身产业创收方面的"造血功能"尚不足。四是人才队伍建设有待优化。热作工程中心从事成果转化、公司策划和品牌营销等专业人才不足，在一定程度上影响了科技成果的推广转化和产业化的进程。

（三）新时期热带农业科技创新重点任务

当前，在供给侧结构性改革的大背景下，我国热带农业正处在数量增长向质量、数量增长并重的发展新阶段，热带农业科技必须紧紧把握现代热带农业发展新态势，通过技术集成创新，为显著提升热带农业的质量、效益和竞争力提供强力支撑。

1. 调整优化研究布局，提升科技创新水平

围绕热带农业转型升级、产业融合、可持续发展和对外开放走出去、引进来等涉及长远发展和国家战略安全的"卡脖子"问题，以"绿色、健康、智能"为引领，以种质资源保存核心化和评价精准化、优良品种培育本土化、资源利用高效化、投入品减量化、生产过程清洁化、农业废弃物资源化、农产品质量绿色化、全程生产机械化、物联网与智能生产信息化为重点创新任务。

（1）推进优异种质资源发掘和优良品种定向培育。

持续开展主要热带作物种质资源收集、保存和评价，深度挖掘利用高产、优质、多抗基因资源；推进热带作物高产、优质、抗病、抗逆育种重大科研联合攻关，培育和推广一批优质高产多抗广适新品种；开展热带畜禽遗传资源保护和品种改良研究，加快培育优异畜禽新品种。

（2）推进重要热带作物产业升级关键技术研究。

加快天然橡胶智能化割胶设备升级和推广，高端工程胶研发取得新突破；强化甘蔗良种良苗繁育及标准化种植技术研究，提升甘蔗生产全程机械化水平；加强农产品初加工、精深加工及综合利用加工协调发展，重点突破咖啡、胡椒、可可等香辛饮料作物的精深加工和高值化利用技术，突破热带油料作物油脂制备和功能性油脂加工技术，突破剑麻、菠萝叶等热带纤维提取新设备、纤维精细化处理和纺织技术；加快南药林下种植配套技术研究，挖掘南药新功能，研发高值化新产品；大力推进"互联网+"现代农业，应用物联网、云计算、大数据、移动互联等现代信息技术，推动热带农业全产业链改造升级。

（3）推进热区生态农业和环境保护研究。

围绕"一控两减三基本"目标，加大农业面源污染防治研究力度，强化控水、减肥、减药等资源高效利用研究，强化橡胶白粉病、介壳虫等重要热作病虫害的统防统治技术研究，强化热带果树、冬种瓜菜病虫害绿色防控技术研究；加大种养业废弃物资源化利用、无害化处理研究和示范，突破香蕉茎秆、木薯叶等农业废弃物加工饲料化利用技术，突破利用甘蔗渣（叶）加工可降解地膜的技术；开展热带海洋滩涂、岛礁农业生态开发研究，解决热带大型海藻饲料化加工技术研发，在沿海滩涂盐碱地改造方面突破了一批关键技术，维护海岸带生态系统结构与功能；开展滇桂黔石漠化区、滇西边境特困连片山区、林下等非耕地的生态开发研究，构建粮经饲统筹、农林牧渔结合、种养加一体、一二三产业融合发展的高效立体种养和资源综合利用循环农业模式。

（4）推进热带农产品质量安全监测。

建立热区产地土壤质量和肥料效应变化、主要致灾性病虫害种群动态和农产品质量安全等的监测与分析系统，强化动植物疫情疫病监测防控，严防外来有害物种入侵；加快健全从农田到餐桌的农产品质量和食品安全监管技术体系，加强标准体系建设，构建热带农业科技大数据中心，加强热带农业全产业链信息分析预警，建立全程可追溯、互联共享的信息平台。

（5）推进南繁育种、产地环境与产品质量安全等长期性基础性监测工作。

开展南繁区域生物安全监测与控制技术研究，促进国家南繁种业健康发展；持续开展热区产地土壤质量、大气环境等变化的监测，加强农产品质量安全等的监测与预警，构建农业生态环境的安全监测体系。

（6）推进协同创新和开放共享。

打造热带产业智库，顶层设计和系统谋划全国热带农业学科发展体系，提升热带农业科研系统协同创新水平，引领热带农业科学技术发展方向。集聚全国热带农业科技创新资源，建立共享共用、协作共赢的发展机制，谋划重大科研任务，围绕热带农业提质增效这个中心任务，强化多学科交叉融合，开展热区山地林草畜一体化高效种养、生态循环农业和热带农产品质量安全科技创新等重大科技攻关，提高支撑和服务产业能力。

2. 创新科技服务模式，支撑热区特色产业脱贫攻坚

热带农业科技创新要紧紧围绕国家关于扎实推进特色产业精准脱贫工作要求，充分发挥科研院校科技及人才优势，紧密联合当地政府和龙头企业，发展新产业新业态，加快培育农业农村发展新动能。通过大力发展特色热带作物、热带

果树、山地生态草牧业、南药产业以及农产品精深加工等产业，提高贫困地区特色产业发展水平，将小作物做成在大产业，为特色产业精准脱贫提供技术支撑。

（1）加强特色产业精准扶贫精准脱贫。

围绕贵州、云南、四川、西藏等省区的连片特困山区，结合贫困地区的实际条件，科学制定特色产业发展规划，实施"一村一品"强村富民工程，发挥科技优势，支持贫困地区依托资源优势发展壮大主导产业，打造一二三产业融合的六次产业发展示范模式，让农户更多地分享二三产业价值，促进农民就业增收。

（2）加强特色产业试验示范基地建设。

围绕天然橡胶、咖啡、香蕉、芒果和山地草牧业等特色产业发展需求，建设试验示范基地，加快推进科技成果和专利技术的集成开发和示范应用，大力培育热带作物种植业、高效养殖业、农产品加工业等产业集群，大力培育家庭农场、专业大户、农民合作社、农业产业化龙头企业等新型农业经营主体，支持热区发挥农村能人的示范带动作用，带动大多数贫困户脱贫致富。

（3）强化贫困户种养实用技术培训。

积极组织专家队伍和科技人员深入基层一线，通过"新型职业农民培训"等活动，务实推进科技服务"三农"工作，努力提高服务效果。重点强化对贫困户进行种养实用技术培训。围绕区域农业的优势产业和发展产业的关键技术开展培训，让农民切实掌握实用种养技术，及时帮助农户解决生产中遇到的技术难题，有效提高劳动生产效率。

3. 加强国际交流合作，提升我国热作科技竞争力

中国热区小，世界热区大，世界热区大多属经济欠发达地区，我国"一带一路"国家战略、农业"走出去"战略的推进，热作科技大有可为。

（1）加强境内外国际合作平台建设。

围绕国家"一带一路"战略，在国内建设热带农业科技国际合作基地，打造中国农业对外合作重要窗口，统筹规划境外热带农业科技研发中心建设布局。在中非合作论坛、中阿合作论坛和中国—东盟等合作框架下，成立"热带农业国际培训中心"，建立一批热带现代农业展示区、热带农业科技研发基地和国际联合实验室，提升中国热带农业科技的国际影响力。

（2）积极开展国际合作研究和培训。

加强与美国、巴西等国家和国际热带农业中心等开展木薯、热带牧草和芒果等种质资源创新利用的合作研究；进一步加强与法国开展橡胶、油棕、椰子等重

要热带作物分子标记辅助育种的合作研究；大力推动中国与埃塞俄比亚的咖啡育种与加工合作研究；承办一批有影响力的国际培训班，培训一批"一带一路"国家农业官员和技术人员。

（3）支撑企业"走出去"。

调研了解企业"走出去"技术需求，为企业培训技术骨干，促进热带农业技术在境外的推广应用，增强企业"走出去"的生存发展能力。在农业"走出去"部际联席会议指导下，加强与大型企业合作，支撑这些企业在境外开发热带农业产业。

（四）新时期热作工程中心发展思路及目标

1. 发展思路

以落实国家创新驱动发展战略部署以及促进科技成果转化法律法规和政策精神为行动指导，按照加快科技创新基地优化调整，推进科技治理现代化的各项要求，坚持"创新、协调、绿色、开放、共享"的发展新理念，围绕国家战略、热区"三农"和我国农业"走出去"需求，设计科学化建设布局，拓展工程中心研发和服务产业领域，强化工程技术研发体系建设，提升我国热带农业工程技术创新能力，助推"一带一路"国家战略；构建现代化治理体系，提升现代化治理能力，以机制创新改革为突破口，强化科技成果转化体系建设，促进我国热带农业成果转化能力提升，重点加强创新转化平台与科技产业集团建设；探索现代化治理模式，以"科技+政府+企业+金融+互联网"的五位一体发展模式为载体，加强协同创新与转化联动，推动重要热带作物"科技成果工程化、科技产品规模化、大宗产品市场化和上市产品品牌化"四化建设，促进我国重要热带作物产业结构调整和产业升级。

2. 发展目标

（1）总体目标。

"十三五"期间，热作工程中心将立足中国热区，面向世界热区，围绕热带能源作物、热带糖料作物、热带果蔬花卉、热带木本油料、热带香辛饮料、热带药用作物等国家需要和热作产业发展需求，重点实施良种繁育、高效安全栽培、产品精深加工、资源综合利用、农业机械化、农业信息化技术及相关产品开发等工程技术的集成与创新能力提升行动，初步建成设施完善、机制灵活的集热带作物生产技术研究、成果转化、产品开发、引进消化、技术培训为一体，在国内具有一流水平、在国际有影响的国家工程技术研究中心，推动我国热带农业"走出去"，引领世界热带农业工程技术发展，提升国家战略物资供给安全、促进热区农民增收和热区社会经济发展。进一步确立工程中心在热带作物科技研发的"火车头"、促进热带作物科技成果转化应用的"排头兵"、培养热带作物科技人才的"孵化器"和引领热带作物技术走向世界热区的"桥头堡"重要地位。

（2）具体目标。

一是工程化研发条件显著增强。调整优化工程中心研发机构，拓展优化成果展示区域布局，强化工程技术研发与成果转化平台建设，到"十三五"末，在我国主要热区建立热作工程分中心，建设农产品加工科技园区4~5个，建立中试基地、示范基地和产业基地40~50个，建立热带农业工程技术研究中心服务平台、热作产业创新智库平台和热带农业技术转移交易服务平台。优化创新、管理、市场3支人才队伍建设，使研发人员、管理人员、经营人员比例达到7∶1∶2。

二是工程化研发能力显著提升。围绕主要热带作物领域，重点推进育种、栽培和农产品加工3个学科的工程化技术的集成创新，积极争取国家和地方重点研发专项等项目，在高性能特种胶加工、甘蔗脱毒种苗生产与机械化栽培、热带木本油料和香辛饮料新产品加工等工程化、产业化加工技术体系以及菠萝叶和香蕉茎秆纤维等精细化处理新技术、南海资源综合利用技术等取得重大研发突破，并在相关领域达到国内领先或国际先进水平。

三是市场竞争力显著提升。以市场为导向，基于热带作物核心产业，成立新型的科技开发实体，组建重要热带作物科技产业集团，挖掘科技成果的商业价值，提升主导产品市场占有率；深入开展与国内相关企业的合作交流，利用配套工程化条件对合作产出科技成果进行工程化转化、熟化，带动科技产业升级，经济社会效益比"十二五"增长30%以上。

四是国内外影响力显著提升。围绕主要热带作物领域，重点开展科技推广、人员培训、技术咨询、分析测试和工程信息服务，为政府和社会提供服务比"十二五"增长30%以上。建立开放共享的有效机制，资源开放共享程度高，与国内外技术和产业界开展高水平、实质性的合作，科技支撑企业走出去，促进热带农业技术转移，接纳行业内有影响的研究成果到中心实现工程化开发比"十二五"增长30%以上。

五是科技贡献率显著提升。力争在新品种、新技术、新产品、新材料、新工艺、新装备等科技产出取得突破性、系统性和集成性重要进展，牵头制定一批国家和行业标准、规范、规划，产出一批解决行业、产业的关键、共性和基础性工程技术问题的科技成果，核心技术推广应用面广，充分发挥行业技术扩散源作用，引领、推动热作产业技术进步和竞争力提升，促进热作产业领域的结构调整和产品升级换代，示范效应显著，科技贡献率比"十二五"增长10%以上。

（五）新时期热作工程中心发展对策

1. 加强中心顶层设计

结合热作工程中心优势、审时度势、直面挑战，面向国家需求、行业需求和市场需求，瞄准热带作物产业核心技术，加强中心顶层设计，加强技术创新、技术组装、集成和工程化，加速技术成果的转化和产业化，为我国热带作物产业提供具有国际竞争力的技术支撑，提升行业技术水平，促进产业升级，缩短国际行业差距。

（1）明确发展定位。

热作工程中心是以热带作物科技创新与成果转化为目标的公益性特殊研究机构。必须积极探索在新形势下，以"三农"获得最大社会经济效益为目标，增强中心技术创新能力，形成具有较强的产业化开发和成果转化能力，使自己的特色更"特"、优势更"优"，提高中心的影响力、知名度和在行业中的竞争优势。

（2）瞄准建设目标。

热作工程中心要按照"四个一流"（一流的工程化、产业化水平，一流的工程技术人才，一流的工程试验条件，一流的管理运行水平）的要求，着眼于工程化和技术扩散能力的提升，加大一流人才的引进和培养，加快一流工程试验条件建设，加强一流管理运行水平提升，打造国家品牌、争创一流效益。

（3）找准建设方向。

大力推进热作工程中心建设，整合科研条件资源，在我国热区各省建立热作工程分中心，重点从热带作物良种繁育、高效安全栽培、农产品精深加工、资源综合利用、农业机械化、农业信息化5个领域组建相应的研发部门。建设热作产业创新智库平台和热带农业技术转移交易服务平台，加大科技加工园区建设，加强与大中型农业龙头企业合作。

（4）增强治理能力。

提高产业技术创新能力，推动农业科技成果产业化、促进科学技术转化为现实生产力,是热作工程中心建设的主要目标,实现这一目标不仅是热作工程中心的职责,也是实现自身快速发展的必然要求。要提高现代化治理能力,增强产业化开发和成果转化能力,有效发挥热作工程中心作用,促进热带作物产业升级。

2. 加快管理体制创新

热作工程中心要获得持久发展,并行使其基本功能,实现政、产、学、研的结合是基本前提。而要实现政、产、学、研的真正有效结合,必须建立完全有别于现行研究院所新的管理体制,建立与国际接轨、富有特色的现代农业科技管理体制,通过体制创新使中心更好地适应开发生产、经营环境发展变化的需要。

(1)创新产权制度。

明晰热作工程中心产权,可采用股份制的组织管理方式来运作,以经济利益为纽带,以经济杠杆来调节,按市场规律来运行,使热作工程中心成为一个开放的系统,有利于各方资金、技术、人才在这一开放的大系统中合理流动、良性循环。明确热作工程中心的投资主体、负责对象,各方投资者在同一平台上承担风险、分享利益,共同推动中心的成长和发展。

(2)创新组织制度。

建立以法人治理结构为核心的现代组织制度,依托单位的代表进入热作工程中心,行使国有资产监管职能,中心成为自主经营的实体和市场竞争的主体。上级部门执行"股东"职能,间接管理热作工程中心,依据法律行使国家的权利与义务,而不再干预中心日常业务。

(3)创新领导制度。

参照公司制要求,设立热作工程中心董事会、监事会和中心主任分层次的组织机构和权力机构,并明确规定他们各自的职责和相互之间的关系,不同权力机构能权责分明,各司其职,各负其责,形成层次分明、相互制约、逐级负责的纵向授权的领导体制。

3. 加快运行机制创新

创新热作工程中心运行机制,建立联合协作机制、技术转移机制、人才激励机制和市场开发机制,形成有利于热作工程中心自身发展和良性循环格局,增强中心活力和实力,成为现代化的成果产业化基地和资源共享的科技创新基地。

(1)构建联合协作机制。

围绕国家热带农业发展的重大需求,全面推行以任务分工为基础、以权益合理分配和资源信息共享为核心、以项目为纽带建立热作工程中心开放合作的有效机制。采取联合、兼容等多种形式，建立创新团队，促进突破性创新成果的产生和创新效率的提高；与大学、企业合作建立继续教育基地，培养工程技术专家等人才；建立与企业、中介服务机构等组织的有效联系渠道，开展科技成果试验、示范和培训等农业技术推广活动，加快成果的推广应用。

（2）构建技术转移机制。

结合农业实际，积极探索热作工程中心技术转移模式。一是采用科研、生产、销售一体化的方式，中心自身将工程化成果转化为中小批量产品，直接面向用户，以产品的覆盖来影响全国同行业的发展。二是中心将工程化技术包括全套工艺装备转让给企业，由企业生产大批量产品，通过企业面向用户。三是中心可以通过技术攻关，解决企业生产中的某一关键技术，同时，提供核心产品。也可以按企业要求，连同工艺设计、工程设计、设备选型、设备安装调试和部分关键产品，配制成为一个"技术包"，实施交钥匙工程。

（3）构建人才激励机制。

加快构建热作工程中心人才激励机制，为优秀人才提供更大的发展空间。对技术骨干和管理骨干实施期权等激励政策，探索建立知识、技术、管理等要素参与分配的具体办法；制定和实施聘用和培养高层次科技人才和市场营销等复合型人才措施，吸引和招聘外籍科学家和工程师；制定优惠政策，为科研院所和高等院校的科技人员创造进入中心创新创业条件。

（4）构建市场开发机制。

加快构建热作工程中心市场开发机制，以求开拓、占领新的市场。首先重点实施首创型市场创新，通过首次引入某种新的市场要素，为实现其市场化而开辟一种新市场，以提高市场竞争力。其次实施改进型市场创新，通过对已有的首创市场进行改进和创新，有效地利用各种创新资源。还有实施模仿型市场创新，通过模仿首创者或改进者新的产品或服务、新的市场定位、新的市场组织、新的成果交易方式等占领一部分市场份额。

4. 增强技术创新能力

技术创新能力是构成热作工程中心核心竞争力的决定性能力。以市场需求为导向，围绕市场信息或产品开发或实物质量，包括从新创意到技术开发、产品研制、生产制造、市场营销和服务的全过程，将科技优势转化为市场优势。

（1）围绕市场信息进行技术创新。

不仅要与国际信息系统、农业信息中心、国际互联网连接，而且通过热作工程中心内部局域网实现资源共享，以准确捕捉国际市场信息，广泛采集国内外农业科技情报，提高良种繁育、高效安全栽培、产品精深加工、资源综合利用、农业机械化、农业信息化技术创新决策的科学性。

（2）围绕产品开发进行技术创新。

必须坚持"生产一代，研制一代，构思一代"，不仅要加大热作工程中心新品种、新材料、新产品、新装备的开发工作，更要与国际、国内同行进行联合开发；同时，要站在市场前沿，依据国家热带农业产业政策，选择符合战略性、前瞻性、科学性的产品开发作为技术创新的切入点。

（3）围绕实物质量进行技术创新。

就要瞄准国内外先进农业科技企业实物质量，按国际标准组织生产，并不断地进行工艺、技术改良，形成热作工程中心自身的系列核心技术，还要注意技术创新的经济性，力争质量、品种、生产和使用成本、效率等要素的最佳组合。

5. 增强转化扩散能力

转化扩散能力是热作工程中心走向市场的关键环节，也是促进科技与经济有机融合的重要举措。要面向国家热作产业发展需求，推动重大科技成果熟化、产业化，推动共性关键技术的加速形成和有效传播、转移扩散，促进热作产业结构调整和产品升级换代。

（1）选准产业突破口。

由于热作产业自身的特点，生产的工业化水平较低，技术物化程度低，工程化难度较大。热作工程中心要根据自身的优势领域选择工程化开发项目，选准各作物产业链突破口，先易后难，逐步发展。同时，必须提供整个生产过程的全套整装的综合配套技术和实现技术要素的物质载体。

（2）开发形成拳头产品。

热作工程中心要实现经济自立并获得较大发展，必须面向市场，面向生产需要，以自身技术优势，开发形成自身的拳头产品，打造"热作高科"品牌，实现技术的商品价值。在以高科技含量的产品覆盖行业生产，推动行业技术进步的同时，不断壮大自身经济实力，增加科技开发再投入能力，促进中心良性循环、滚动发展。

（3）拓展技术服务范畴。

积极探索开展技术转让、技术入股、工程咨询、工程承包、人才培养等技术服务模式，坚持以服务质量为核心的现代质量观念，建立自身农业科技服务品牌，提高热作工程中心的信誉，从而提高中心技术转移能力，拓宽技术辐射渠道，带动行业技术进步，培育支柱产业，提升产业发展规模和档次，壮大现代热带农业发展的产业基础。

6. 加大投入支撑能力

投入支撑能力是热作工程中心开展科技活动的重要基础，是维系中心对外交流的基本物质手段。强化资源支持，建立起高效的投入体系、条件体系、平台体系和队伍体系，营造良好发展环境。

（1）建立多渠道的投入体系。

充分发挥政府在投入中的引导作用，通过财政直接投入、税收优惠等多种财政投入方式，支持市场机制不能有效解决的热作工程中心科技活动，并引导企业和全社会的科技投入。统筹安排中心组建实施所需经费，切实保障热带农业工程中心的顺利实施；积极推进中心企业进入股票市场，特别是创业板市场融资；积极争取金融部门加大对中心持续投入，形成新的科技投融资机制。

（2）建立较强实力的条件体系。

大力推进热作工程中心农产品加工科技园区建设，装备一批高水平的研发设施，建立起现代化的、机动性、通用性较强的中试设备和中试装置，一定规模的产品研制基地和中试生产线，使热作工程中心具备工程化研究开发所必需的基本设施和手段，更好地行使科研成果孵化器的功能。

（3）建立比较完整的平台体系。

统筹规划，推进共享，逐步形成以大型农业科研设施及仪器设备、科技文献及科技基础数据、科技规范和标准、热带农业工程技术研究中心服务平台、热作产业创新智库平台、热带农业技术转移交易服务平台和商务平台等为主体的热作工程中心条件支撑保障平台。整合依托单位国家级、省部级、院市级工程技术研究中心、研发中心、合作企业等，建成热作工程中心+分中心+基地部+推广部联盟体系，在整体上使中心条件保障能力有较大提升。

（4）建立有战斗力的队伍体系。

强化热作工程中心人才投入，优化中心人才队伍结构，加强转化、推广、营销和管理等支撑团队建设，打造有强烈的工程化意识，有丰富的面向市场进行成果开发转化实践经验，有良好的团结合作精神的创新研发、管理、市场营销3支团队，提升中心的整体影响力和竞争力。

7. 强化协同管理能力

协同管理能力是一门科学，又是一门艺术。它的根本任务是科学合理地配置资源的科学性依赖于对资源的全面掌握，而对资源的全面掌握依赖于信息的丰富和准确。热作工程中心的运行不仅是一个复杂的技术活动，更是一个多层次、全方位、多界面的管理活动。

（1）树立现代治理思想。

治理是一项复杂的系统工程。热作工程中心机制的建立、任务的完成、功能的实现、作用的发挥、凝聚力的形成，都要依靠严格的组织和科学的管理。中心尤其是其负责人，必须要向建立工程化意识一样建立治理工程意识，以系统工程思想实施治理工作，实现中心内外部管理机制和多项管理措施的综合配套和统一协调。

（2）选配精干高效的工作班子。

有力的治理依赖于高效的班子。热作工程中心依托于其母体来建设，不能重铺摊子，应尽可能利用依托单位的现有条件，进行机构设置和人员配备，建立精干高效的工作班子。中心负责人不仅要有科学家的智慧和头脑，是学术权威和学科带头人，还要有企业家的胆略和魄力，富于改革思想和开拓精神，有很强的组织、管理及社会活动能力，能够组织起一个团结务实、精诚协作、具有凝聚力的工作班子。

（3）建立规范化的管理制度。

建立规范化的管理制度是实现管理者管理意图的重要保证。要按照国家工程中心管理办法的原则要求，结合热作工程中心自身的实际情况，建立具体可行的章程、管理制度和办法，消除管理操作上的随意性，促使中心的建设和治理工作按预定的方向和轨道顺利发展。

（4）建立良好外部协作关系。

热作工程中心要与政府、依托单位、企业、行业和社会机构建立良好协作关系，建立跨地域、跨单位、跨部门的信息共享和业务协同，成为支撑热作产业上下游衔接、功能配套、分工协作的平台联盟，促进热带农业科技创新共同治理、协同发展。

8. 培育创新治理文化

创新治理文化是热作工程中心的主流价值观念、道德观念、团队精神、中心形象、行为准则、制度规范、管理模式等方面的提升和凝练。培育创新治理文化，必须把传统的农业科研文化氛围与现代企业管理理念相结合，形成自身独特的创新治理文化。

（1）构建以创新为核心的文化。

构筑起倡导求真唯实、鼓励首创精神、鼓励合作竞争、尊重知识、尊重人才的热作工程中心文化，营造良好的发展氛围，形成各具特色的创新治理文化，最大限度地激发科技人员的创新活力。倡导勇于探索、学术民主、淡泊名利、甘为人梯的创新治理文化；倡导面向生产、勇于创新、求真务实、团结协作的创新治理文化；倡导扎根基层、爱岗敬业、吃苦耐劳、甘于奉献的创新治理文化。

（2）培育进取的创新精神。

建立追求个人价值和热作工程中心利益共同发展的理念和价值观，树立奋斗不息的创业观，培养全体员工协作、贡献的创新精神，主动关注热作工程中心的前途，维护中心的声誉，团结协作，为中心贡献自己的力量。

（3）创造良好的文化机制。

把创新治理文化建设纳入热作工程中心总体发展规划，立足于中心的整体发展，使其与战略决策、目标管理、制度建设、基础建设与环境建设等融为一体；将创新治理文化建设与思想政治工作、精神文明建设工作等相结合，积极探索和培植丰厚的创新治理文化土壤，从而适应中心发展的需要，提高治理绩效。

9. 加强对外交流合作

随着科学技术的发展，科学问题的研究越来越社会化。科学技术研发不再是手工作坊式的个体研发，而是具有一定规模的集体研发；科研人员的工作不再是分散、封闭的形式，而是强调协作、开放的形式。热作工程中心更需要加大交流合作，才能适应日益复杂化和专业化的市场竞争。

（1）加强国内外行业合作研究。

充分利用国内外农业基础数据、农业科技信息、农业科技设施等共享资源，开展国内外行业合作研究，在农业科学技术标准和规范的制订方面实现与国际接轨，增进国际学术交流，提高农业科研条件相关技术的学术和应用水平。

（2）建立内部紧密联合机制。

统筹依托热科院下属单位省级工程技术研究中心，促进热作工程中心各分中心、研发部门、产业部门以不同方式加强交流与合作，形成联系密切的网络体系，促进技术的扩散和流动。建立热作工程中心与农口国家工程技术研究中心的日常科技合作机制，加强沟通与交流，促进技术的互补和提升。

（3）支撑农业企业"走出去"。

充分利用对外开放的有利条件，扩大热作工程中心多种形式的国际和地区工程技术研究中心科技合作与交流，加快热带农业"走出去"；积极与海外研究开发机构建立联合研发中心，实现优势互补，扩大高新技术及其产品的引进或扩散，参与国际分工；在东盟、非洲、拉美国家大力开展热带农业国际技术转移工作，科技支撑企业走出去。

10. 完善制度政策环境

从我国国情和农业科研条件实际出发，建立符合社会主义市场经济体制、有利于热作工程中心发展的制度政策环境体系，使中心的发展与投入、机构与队伍、地位与作用等得到合理的保护和支持。规范市场行为，营造一个竞争有序的市场环境。

（1）加大政策支持力度。

建议省主管部门对工程中心给予热作工程中心适度的科技政策、经济政策、产业政策、财政政策、税收政策等扶持，创造良好的合作环境平台和"走出去"平台。依托单位制定符合热作工程中心特点的管理办法，促进中心的健康和可持续发展。

（2）提高科技经费使用效益。

建立和完善适应科学研究规律和科技工作特点的热作工程中心科技经费管理制度，按照国家预算管理的规定，提高财政资金使用的规范性、安全性和有效性。提高中心科技计划管理的公开性、透明度和公正性，逐步建立财政科技经费的预算绩效评价体系，建立健全相应的评估和监督管理机制。

（3）建立完善的评估机制。

依托单位应按照科技部运行评估标准，制定科学的热作工程中心运行评估机制，建立与中心发展目标相一致的评估考核指标体系，强化对各分中心和研发部运行评估，建立健全中心绩效评价和奖惩机制，推进"目标管理、量化考核、绩效奖罚"。

（4）做好内部的优化调整。

明确热作工程中心各分中心和研发部组建、合并、取消的程序以及依托单位的责任，以中心目标和战略需求为导向，根据中心功能定位，加强整体设计，统筹布局，加强各分中心和研发部之间的相互衔接，避免低水平、交叉和重复建设，形成布局合理、定位清晰、管理科学、开放共享、多元投入、动态调整的治理体系。

参考文献

白炎 . 2016. 科技供给侧改革如何着手 ［J］. 智慧中国 （4）：13-14.

蔡军迎 . 2015. 马克思主义科技生产力理论研究：从马克思到哈贝马斯和邓
　　小平 ［D］. 吉林大学，5.

陈芳，穆荣平，宋河发 . 2013. 科技创新基地与平台建设支持政策关联性研
　　究 ［J］. 科研管理，34 （1）：55-62.

陈套 . 2015. 从科技管理到创新治理的嬗变：内涵、模式和路径选择 ［J］.
　　西北工业大学学报 （社会科学版），35 （3）：1-6.

陈套 . 2016. 中国创新体系的治理与区域创新治理能力评价研究 ［D］. 中国
　　科学技术大学，10.

陈伟维，曹煜中 . 2014. 关于国家工程技术研究中心管理创新的实践和探索
　　［J］. 中国科技论坛 （2）：150-153.

段小华 . 2014. 多载体联合组建创新基地要解决的若干治理问题 ［J］. 创新
　　科技 （7）：20-21.

费钟琳，黄幸婷，曹丽 . 2017. 基于两权分离理论的产业创新平台治理模式
　　分类研究 ［J］. 管理现代化 （5）：25-28.

郭海婷 . 2013. 福建省重大科技创新平台建设运行机制研究 ［D］. 福建农林
　　大学，4.

国家发展和改革委员会，教育部，财政部，等 . 2016. 关于印发国家重大科
　　技基础设施建设 "十三五" 规划的通知 . 12，23.

国务院新闻办公室、中央文献研究室、中国外文局 . 2014. 习近平谈治国理
　　政 ［M］. 中国外文出版社，9.

韩敬云 . 2017. 制度创新与中国供给侧结构性改革 ［D］. 中央民族大学，5.

胡伟 . 2016. 科技创新必须推进国家科技治理现代化 ［J］. 人民论坛 （17）：
　　24-25，159.

黄庶识 . 2005. 转制地方科研机构产权制度改革的探讨 ［J］. 科技管理研究
　　（2）：159-161.

科技部，国家发展改革委，财政部．2017．关于印发《"十三五"国家科技创新基地与条件保障能力建设专项规划》的通知．10，24．

科技部，农业部，等．2017．关于印发《"十三五"农业农村科技创新专项规划》的通知．6，9．

科技部基础研究司．2016．国家工程技术研究中心 2015 年度报告［D］．10．

李慧聪，霍国庆．2015．现代科研院所治理：内涵、演进路径及量化体系［J］．科学学与科学技术管理，36，（8）：10-17．

梁梓萱，何海燕．2017．科技成果转化创新模式探析［J］．中国高校科技，（1）：108-110．

农业部．2016．关于印发《"十三五"全国农业农村信息化发展规划》的通知．8，29．

农业部．2016．关于印发《农业科技创新能力条件建设规划（2016—2020年）》的通知．11，23．

农业部．2016．关于印发《农业资源与生态环境保护工程规划（2016—2020年）》的通知．12，30．

农业部．2016．关于印发《全国草食畜牧业发展规划（2016—2020年）》的通知．7，6．

农业部．2016．关于印发《全国农产品加工业与农村一二三产业融合发展规划（2016—2020年）》的通知．11，14．

农业部．2016．关于印发《全国农业机械化发展第十三个五年规划》的通知．12，29．

农业部．2016．关于印发《全国种植业结构调整规划（2016—2020年）》的通知．4，11．

农业部．2017．关于印发《"十三五"渔业科技发展规划》的通知．1，18．

沈国强，冯志强．2004．工程技术研究中心建设模式探讨［J］．科技管理研究，3：59-60，71．

孙福全．2014．加快实现从科技管理向创新治理转变［J］．科学发展，（10）：64-67．

王春玲．2016．马克思恩格斯科技创新思想及其当代启示［D］．渤海大学，6．

王发明，蔡宁．2009．国家工程技术研究中心理想运行目标体系研究［J］．科技进步与对策，23（6）：25-28．

王健，柳春，屈明剑，等 . 2014. 国家工程技术研究中心建设布局分析和建议 [J]. 科技管理研究，(23)：64-68，72.

王庆煌 . 2018. 新时期中国热带农业科技的新使命 [J]. 农学学报，8 (1)：113-117.

薛澜，张帆，武沐瑶 . 2015. 国家治理体系与治理能力研究：回顾与前瞻 [J]. 公共管理学报，12 (3)：1-12.

杨东昌 . 2017. 试论科技创新的内涵及其系统构成要素 [J]. 科技信息（科学教研），(24)：324.

于大勇 . 2017. 国家科技创新基地优化整合方案发布 [N]. 中国高新技术产业导报，8，28 (1).

岳闻 . 2017. 我国将优化整合国家科技创新基地 [N]. 中国财经报，8，29 (1).

张仁开 . 2016. 从科技管理到创新治理——全球科技创新中心的制度建构 [J]. 上海城市规划，(6)：46-50.

张显明，陈新 . 2016. 科技创新基地整合发展的思考 [J]. 实验室研究与探索，36 (7)：240-243.

中共中央文献研究室 . 2016. 习近平关于科技创新论述摘编 [M]. 中央文献出版社，1.

周琼琼，何亮 . 2013. 国家工程技术研究中心发展历程与现状研究 [J]. 科技管理研究，(2)：20-23.

周琼琼 . 2015. 创新基地科技资源配置对其技术创新能力影响研究 [D]. 西南交通大学，11.